陸軍将校たちの戦後史

「陸軍の反省」から「歴史修正主義」への変容

角田 燎
Tsunoda Ryo

新曜社

目次

陸軍将校たちの戦後史――「陸軍の反省」から「歴史修正主義」への変容

装幀＝吉田憲二

凡例

・単行本、新聞、雑誌、会報名は『　』で、新聞、雑誌、会報の記事名は「　」で示す。
・引用に際し、文献表記は基本的に「社会学評論スタイルガイド」（第三版）に従う。
・会報や一部雑誌からの引用に際しては、出典情報を次のように記す。
　例：『偕行』(1977. 8: 28) →『偕行』一九七七年八月号の二八頁を参照。
・新聞からの引用に際しては、出典情報を次のように記す。
　例：『読売新聞』(1960. 6. 2. 夕刊：6) →『読売新聞』一九六〇年六月二日の夕刊六面を参照。
・資料の引用に際して、原則として旧字体を新字体に改めた。
・仮名遣いは原則として原文どおりとする。
・基本的に漢数字を用いるが、資料からの引用文中や出典情報については原文表記に従う。
・引用文中の引用者による補足は、〔　〕で示すこととする。
・引用文中の引用者による中略は、〔中略〕と示すこととする。
・引用文中の強調は、とくに断りがない限り、原文どおりである。

序章　陸軍将校の戦後史を紐解く意義

偕行誌は一般の同窓会誌と違っていて当たり前ではありませんか。会員数が刻々減りこそすれ、増えることのない同窓会であり、会員は、ほとんど全員が敗戦の責任者であるはずの同窓会であります。

〔中略〕

会の特殊性からして、オヂイチャンのご機嫌を取り持つような甘い文章だけから成る会誌では、大した意味がないのです。中には、痛烈な自己批判もなければ、偕行誌は骨抜きみたいなものになってしまいませんか。

〔中略〕繰り返しますが、われわれは敗戦の責任者としての自己批判こそあるべけれ、「仲間」の「メンツ」を立てるために、口を封じ筆を枉げることがあってはならないと存じます[1]。

これは、一九七七年に元陸軍将校の親睦組織である偕行社で、その会誌のあり方をめぐってかわされた誌上論争の一部である。この文章から、戦時体制の中心的担い手であり、「保守的」「右派的」と見られる元陸軍将校が「敗戦の責任者」になった自身たちの「責任」と向き合い、自己批判を強く求める姿勢が窺える。偕行社において、こうした自身たちの「責任」と向き合おうとする姿勢はこの論争だけに留まらない。一九八〇年代には「南京事件」についての調査を行い、その不法行為を認め、中国人民への謝罪を行っている。更に一九九〇年代には、「陸軍の反省」に関する座談会を開き、自身たちの責任と向き合おうとしていた。会の運営においても、「保守的」「右派的」な政治運動を求める声が一部にあったものの、そうした声を抑えて、一九九〇年代までは政治的中立を掲げていた。

しかし、偕行社は、一九九〇年代以降「歴史修正主義」[2]に接近し、「新しい歴史教科書をつくる会」(つくる会)の「歴史教科書改善運動」に参加するなど政治運動を積極的に行うようになる。その状況下では、過去に行っていた「陸軍の反省」が否定的に扱われるようになるのである。陸軍将校であった自身たちの責任と向き合い、自己批判が求められていた偕行社において、なぜ「歴史修正主義」が台頭したのか。いや、そもそも彼らは、なぜ自身たちの責任と向き合い、会の政治的中立を求めたのだろうか。そこに、彼ら元陸軍将校のエリート意識や陸軍において一定の職責を有していたことはどのように関係していたのであろうか。

自らの意思で陸軍将校となった人々は、参謀本部や陸軍省、現地部隊で戦争遂行の中枢を担い、指揮官として兵士たちの命を預かる立場にあった。徴兵などによって、否応なく軍隊に入隊した兵士たちと、主体的に軍隊に参加し、軍内部で責任ある立場にあった陸軍将校では、戦後の戦争への認識に関する議論も大きく違ったのではないか[3]。そして、そのような「責任」が付与されたのは、彼らが国民の中から選抜された「エリート」軍人だったからであった。彼らが、戦後にエリートであった過去を追想することは、自身たちの誇りを持つことにつながるが、そのエリートであった過去には不可避的に陸軍将校であった責任がついて回るのである。

こうしたエリート意識と責任の狭間で、彼らは自身たちの戦争体験とどのように向き合ったのだろうか。そこには、元兵士たちとは異なる戦争との向き合い方があったのではないだろうか。そして、責任ある立場にあった将校たちの戦後史を考えることは、日本の戦争責任や、戦後の戦争への向き合い方を考えることにつながるのではないのか。そうした将校たちの戦後史を本書では考えていきたい。

1　元エリート軍人をめぐる研究の不在

こうした問題関心の上で、先行研究を概観していく。先行研究として、戦争観・戦争の記憶研究と、軍隊体験者の戦後史研究、元兵士たちの集団である戦友会の研究群がある。

戦争観・戦争の記憶研究

まず、広義の先行研究群として、戦争観・戦争の記憶研究がある。戦後五〇年である一九九五年前後から、「戦争の記憶」ブームが起きたと言われる[4]。このブームの背景には、戦後五〇年が経過し、研究者の世代交代が進み、「過去の戦争の経験が、もはやその当事者でないことを自明の前提とするところから対象化され分析されるようになった」ことがあった[5]。

その結果、戦後日本における戦争観や戦争の記憶に関する研究蓄積は急速に進んできた。代表的なものとして、吉田裕[6]や成田龍一[7]、福間良明[8]、小熊英二[9]の研究があげられる。こうした研究は、世論調査や知識人の言説、新聞、雑誌などの様々なメディアや資料を広く見渡し、アジア・太平洋戦争という苛烈な総力戦が、戦後社会の形成にいかに影響を与えたのかを解明してきた。そして、戦争への認識や語りはどのように形成され、いかに変化してきたのかを明らかにしてきた。

この他にも、地域[10]や具体的な主題[11]に関する、戦争の記憶や戦争観の戦後史が繰り返し検討されてきた[12]。こうした一連の研究によって、様々な地域、次元で「戦争の記憶」が戦後社会に与えた影響やその変容が明らかにされてきた[13]。

一方、野上元は、「戦争の記憶」研究において、「兵士の戦場体験」が諸研究の中で周縁に追いやられていることを指摘している[14]。たしかに、「戦争の記憶」研究において、広島・長崎の被爆体験に関するものや、沖縄といった地域や「市民」を主題とする研究が進む一方で、戦場体験や戦場体験者に関する研究が進んでいるとはいえない。また、「戦争の記憶」の変容において、社会状況や国際情勢の変化、世代といった要素の重要性がこれまでの研究で確認されてきたが、軍隊内部における立ち位置の違いといった視点は充分に考慮されているとはいえないだろう。

軍隊経験は、責任ある将校であったのか、少年兵であったのか、徴兵された兵士であったのかで大きく違う。その軍隊経験の違いは、戦後の戦争の記憶や戦争観の形成に大きな影響を与えたのではないか。

軍隊経験者の戦後史研究

では、軍隊経験者の戦後史については、どのように検討されてきたのだろうか。軍隊経験者の戦後史に関する代表的な研究として、吉田裕や清水亮の研究がある。こうした研究では、主に末端の兵士や、兵士と将校の間に位置する「準エリート」である下士官が注目されてきた。吉田裕は、戦後に刊行された戦友会等の膨大な資料をもとに、「兵士たち」の戦後史を明らかにしている。吉田は、元兵士たちが、戦後社会の中で、自身たちの戦争体験をどのように位置付け、証言記録を行ったのかを明らかにした。そして、元兵士たちが、「過激なナショナリズムの温床」とはならず、戦争の侵略性や加害性への認識を深めていったことを指摘している。[15]

海軍飛行予科練習生(予科練)の戦友会の研究を行った清水亮は、予科練のような下士官をエリート=士官(陸軍士官学校・海軍兵学校・学徒兵)、ノンエリート=兵(徴兵など)の間にある「準エリート」と位置付けている。[16]清水は、その上で予科練の戦友会が、大規模な記憶の形態(かたち)=記念館、予科練碑などをつくりだすことが可能となったプロセスを、戦友会をとりまく社会関係から説明した。そして、準エリートならではの悩みである学歴認定の問題や旧軍士官への複雑な思いといった特徴が、彼らの記憶の形態(かたち)にどのような影響を与えたのかを明らかにしている。

こうした研究によって、元兵士(ノンエリート)たちや下士官(準エリート)が戦後社会をどのように生き、自身の経験といかに向き合ったのかが明らかにされてきた。しかし、兵士や下士官が注目される一方で、エリート軍人の戦後史、戦争観については、これまで充分に扱われてきたとはいえない。吉田裕は、学歴の高い階層にあり、戦後も社会的に成功を収め、まとまった回想記などを執筆する機会と能力に恵まれた士官、将校ではなく、できる限り兵士や下士官を中心に「兵士たちの戦後史」を描こうとしていたという。[17]こうしたいわば「民衆史」的な関心がエリート軍人の戦後史、戦争観を後景化させているといえないだろうか。

無論、吉田や先行研究がエリート軍人の戦後史を全く無視していたわけではない。しかし、そうした研究では、再軍備や政治に関与した個人や特定のグループといった一部のエリート軍人の動向しか検討されていない[18]。そのため、エリート軍人「たち」が戦後どのように過ごしたのか、彼らは集団として、どのような記憶を形成したのか。そこでは、自分たちの責任やエリート性とどのように向き合ったのかについては、充分に検討されてこなかった[19]。

戦友会研究

この他に、元兵士たちの集まりである戦友会に関する研究も行われてきた[20]。戦友会研究会は、当初部外者には謎のベールに覆われていた元兵士たちの「記憶の貯蔵所」であり、元兵士たちが、相互のアイデンティティを確認し合う場として機能した戦友会の実態を明らかにした[21]。そして、戦友会では「現在」の属性（職業、社会的地位など）は、すべてカッコに入れられ、メンバーは皆一様に戦中の「原集団体験者」というカテゴリーに括られるという。こうした一種の平等主義の規範によって、戦争体験者が自己のアイデンティティを確認する戦友会が成立していたことを指摘している[22]。一方、戦中の軍隊での階級の違いは、現在の戦友会の場でも時に顕在化するが、階級差に基づいて実際に権力が行使されるわけではないため、戦友会の場ではそれほど重要ではないと指摘されている[23]。

ただし、こうした戦友会内の平等主義の規範は、兵士と士官が混在する（数としてはおそらく兵士の方が多い）戦中の部隊戦友会を念頭に立論されているといえるだろう。戦友会研究会の一員である伊藤公雄は、戦友会の再結合の契機に着目して、戦中の部隊を原集団に持つ部隊戦友会と軍学校を原集団として持つ学校戦友会に区分している[24]。その上で、部隊戦友会が過去志向なのに対して、「エリート性」を持つ学校戦友会は、過去の話題よりも現在の話題を志向するという[25]。こうした志向の違いによって、政治や靖国問題への向き合い方、戦友会という場の雰囲気の違いが生み出されることを伊藤は指摘している。

では、こうしたエリート性を持つ、現在志向の学校戦友会、その構成員である元将校は自身たちのキャリアをどのように振り返り、戦後どのように記憶を紡いだのだろうか。兵士と士官が混在する戦友会と異なり、士官のみで構成される戦友会には、果たして平等主義の規範が存在したのだろうか。そして、士官のみの戦友会であることは、他の戦友会とは異なる言説や、「戦争の記憶」を生成する要素になったのではないのか。

2　偕行社からみる元陸軍将校の戦後史

先行研究では、戦争の記憶は多く論じられながらも、戦争遂行に直接的な責任を有した士官層の「記憶」は、ほとんど顧みられていない。それは、責任と記憶の接合あるいは乖離が問われずに済まされてきたということではないか。その意味で、元士官の記憶の変遷を洗い出すことは、単にこれまでなされてこなかった部分を埋めるのではなく、指揮・命令権者という戦争遂行の中心にあった人々の記憶を抽出するものであり、見過ごしてはならないものである。

野上元は、「士官への問い」は、社会におけるエリートの存在とその意味に関する研究として位置付けることができることを指摘している。[26] 戦前期の「学歴エリート」である士官の戦後史を明らかにすることは、彼らが自身たちのエリート性や戦争での責任にどのように向き合ってきたのかを問うことにつながる。そして、彼らエリートの視点から「戦争責任」や戦争観の変遷を整理することは、現代においても問題となっている日本の「戦争責任」や「歴史認識」に関する問題を考えることにつながるのではないのか。こうした視点から、本書では、戦争遂行の現場で責任を有した陸軍将校たちの戦後史を検討する。軍隊内でのエリートという面で言えば、海軍士官という選択肢もあるが、後述する資料的特徴や戦後「海軍善玉陸軍悪玉論」の中、厳しい批判に晒され、自身たちの責任と向き合わざるを得なかった陸軍将校を選択した。

元陸軍将校に着目することで、エリート軍人の戦争観の変容を浮き彫りにするのと同時に、その背後にある陸軍将校内の戦後の軋轢も見えるはずである。陸軍将校と一言に言っても、世代によってその戦争体験は大きく違った。そして、世代差による戦争体験の違いは、戦後の彼らの戦争観にも大きな影響を与えたのではないか。世代間の戦争観への向き合い方の違いは、世代間対立や軋轢を生んだのではないのか。こうした世代差とエリート軍人というキャリアの中で、戦争や戦争責任、「歴史修正主義」への向き合い方はどのように形成されてきたのだろうか。

こうした点を考えるために、本書では、元陸軍将校の戦友会である偕行社の戦後史に着目する。先述したように戦友会は、戦争体験者にとって自己のアイデンティティを確認し合う集まりであった。偕行社という戦友会において、元陸軍将校たちはどのようなアイデンティティを確認し合い、戦争への向き合い方を形作っていたのであろうか。また、偕行社は近年、元自衛官を会に迎え入れている。体験に固執するはずの戦友会において、なぜ戦後派世代の元自衛官が会に参加することになったのか。そこに彼らのエリート軍人としてのアイデンティティや戦争観の変容がどのように関わっていたのだろうか。

本書では、元陸軍将校の親睦組織である偕行社の戦後史を明らかにすることを通じて、旧軍のキャリアがどのような記憶の形成を促してきたのかを検討する。

3　陸軍将校の概要

陸軍将校について

初めに、偕行社の主たる構成員であった陸軍将校とはいかなる存在であったのか確認しよう。陸軍将校とは、陸軍における大将―中将―少将(将官)、大佐―中佐―少佐(佐官)、大尉―中尉―少尉(尉官)の人々を指し、陸軍将校になるには、基本的に陸軍士官学校を卒業しなければならなかった[27]。陸軍士官学校への入学は一般的には満一六歳以上一九歳までの男子を公募、旧制中等学校四年第一学期修了程度の学力試験、体格検査によって選定された。このほか陸軍部内の現役下士官・兵等にあっては、二五歳を限度とし所属長の許可を得て受験することができた[28]。また、陸軍幼年学校も存在した。幼年学校は一三〜一四歳の少年を対象に旧制中学一年程度の学力により公募された。幼年学校三年の課程を終えると無試験で士官学校予科に進み、中等学校経由で直接入学してきたグループと合流する[29]。

陸軍士官学校・幼年学校は、受験倍率が高く、戦前・戦中のエリートであった。将校生徒は、皇室と接触する様々な機会が与えられ、「天皇への距離の近さ[30]」から将校生徒のエリートとしての地位や名誉を実感していた[31]。

では、陸軍将校になれる人はどのような人であったのか。広田照幸は、陸士・陸幼の受験倍率、出身中学での校内順位で見る限り、「優秀なごく一部の者だけが選ばれる」厳しい選抜であり続けたという。しかし、その競争は、都市部の富裕で学力も高い、一流中学に在学する最上層のエリート中学生を含まない競争になっていたという。そして、最上層のエリート中学生は、「軍人への道」を敬遠し、高校進学へと流れていったという。つまり、軍人養成ルートの傍系化・二流化の中で軍人志向の地域的な偏りが形成されていたのだ。陸士や海兵の者たちは、自分が「一流」のコースを進んでいると考えていたが、最初から陸士や海兵を問題にしない層が存在したという(32)。

陸軍将校の教育は、フォーマルな教育目標やカリキュラムでは、天皇への忠誠・国体の尊厳など、「無私の献身」を要求するイデオロギーに満ち溢れており、功名心や名声の追求は望ましくないものとして否定されていた。しかし、日常の訓話や作文の指導では、生徒の個人的な野心が必ずしも否定・冷却されていたわけではない(33)。そして、陸軍の教育の間に作られたのは、全く見返りを要求しない「献身」への決意ではなく、天皇や所属集団のために献身を誓いつつ、それが同時に自分の私的欲求充足の手段でもある、というような意識構造であった(34)。

また、広田の指摘で本書において重要な点は、天皇への献身感情が戦後に進んだということがある。敗戦によって、個人的欲望と天皇への献身との予定調和は破綻を迎えたが、私的欲望は意識下へ抑圧され、戦時中の自らの行為や思考はあたかも純粋な献身行為として追体験されたという(35)。

陸軍士官学校の卒業年次について

次に陸軍士官学校の卒業年次についてみていきたい。先述した教育課程を経た陸軍将校たちは、徐々に出世し、陸軍省勤務や指揮官となり、陸軍や国家の中枢を担うことになる。しかし、陸軍の中枢を担う役職に就くには、同期生内の熾烈な出世競争に勝利しなければならなかった。また、それ以上にどの時期に陸軍士官学校を卒業するかによって、陸軍での立ち位置や戦争体験も大きく異なる。こうした陸軍士官学

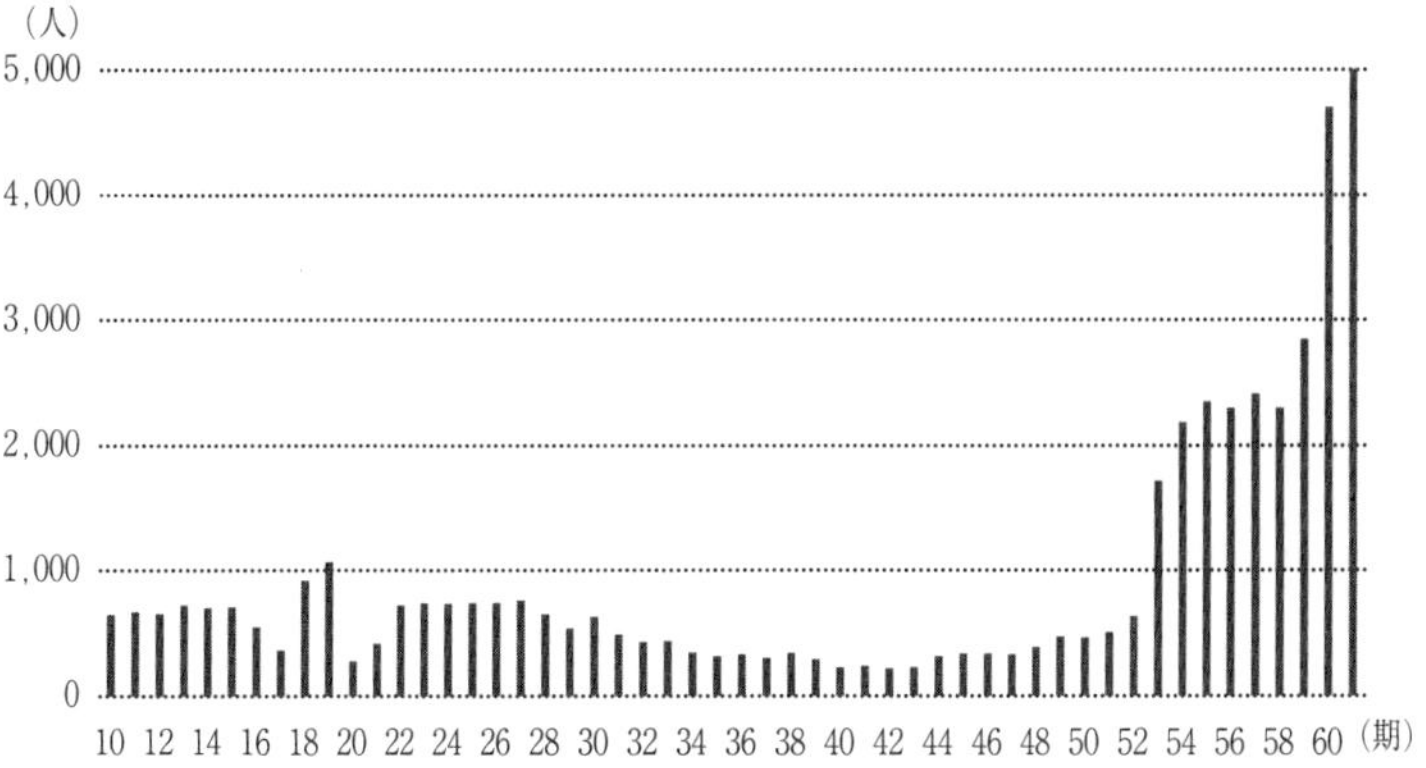

図序-1　陸軍士官学校卒業生推移 10期(1897年入校)～61期(1944年入校)[37]

校の卒業年次(期)が本書で着目する世代差につながっていく。そのため、陸軍士官学校の卒業年次による違いを詳しく説明していきたい。

陸軍将校になるための、陸軍士官学校の士官候補生制度には、陸軍士官学校在校中に終戦を迎えた六一期まで存在する[36]。一期あたりの人員は、山梨軍縮、宇垣軍縮や日露戦争、日中戦争、アジア・太平洋戦争などの影響を受けており、期によって大きく異なる。特に、日中戦争の発端となった盧溝橋事件(一九三七年)以降に入学した期(五三期以降)は、軍の拡大に伴い、採用者数、卒業者数が飛躍的に上昇し、一〇〇〇人を超えるようになり、最後の将校生徒となった六一期は五〇〇〇人を超す。上に示した図序-1を参照すれば、いかに歪な構造になっていたのかがわかる。

こうした各期の人員数の歪な構造に加えて、期によって、その教育、戦争体験は大きく異なっていた。大江洋代が指摘しているが、時期(期)によって教育は大きく違い、極端な例をあげれば、大正デモクラシー下の陸軍士官学校では、試験を抜け出してテニスを楽しむといった話も聞かれた(三五期)[38]。一方で、戦争末期の世代は、教育期間が短縮され、陸軍士官学校の雰囲

期	卒業者数	戦死者数	戦死率	期	卒業者数	戦死者数	戦死率
34	345	56	16.2	46	338	89	26.3
35	315	61	19.4	47	330	98	29.7
36	330	50	15.2	48	388	121	31.2
37	302	57	18.9	49	471	151	32.1
38	340	67	19.7	50	466	147	31.5
39	292	58	19.9	51	506	159	31.4
40	225	不明		52	635	189	29.8
41	239	46	19.2	53	1,719	639	37.2
42	218	47	21.6	54	2,186	854	39.1
43	227	58	25.6	55	2,350	937	39.9
44	315	70	22.2	56	2,299	975	42.4
45	337	68	20.2	57	2,413	715	29.6

表序－1　陸軍士官学校卒業生戦死率 34期（1922年卒業）～57期（1944年卒業）[43]

気も大正デモクラシーの時とは大きく違ったという。

そして、教育課程以上に戦場での体験も大きく異なっていた。もちろん、個々人の昇進、配属によって異なるが、大まかな傾向として、一〇～三〇期代前半が将官級としてアジア・太平洋戦争を指揮した人員を輩出した[39]。例えば、東京裁判でA級戦犯となった東條英機が一六期、板垣征四郎が一五期であった。この他に第三二軍司令官として沖縄戦を戦った牛島満《うしじまみつる》が二〇期、小笠原兵団兵団長として硫黄島で戦った栗林忠道《くりばやしただみち》が二六期であった。

四〇期代後半あたりまでが佐官級として大本営に勤務するなど、作戦計画に関与する人材を輩出することが可能であった。例えば、陸軍の参謀として著名な辻政信《つじまさのぶ》[40]が三六期、瀬島龍三《せじまりゅうぞう》[41]が四四期であった。

一方、五〇期以降は、尉官級として戦争の最前線で指揮官となり、多くの戦死者を出すことになった。一九三七年からは、陸軍諸学校の教育期間が短縮され、卒業と同時に最前線の指揮官となったのである[42]。各期の戦死率を表序－1にまとめてあるが、戦死率に含めた戦死者、戦病死者以外にも、多くの戦没者を出していた。一例をあげれば、一九四〇年に陸軍士官学校を卒業した五四期は、戦死七六二名、戦病死九二名の戦死者八五四名に加え、法務死四名、殉職七六名、終戦時自決二名、計九三六名で卒業生に対する戦没者の比率は四二・八%だった(44)。各期の戦死率(表序-1)を見ると、満洲事変(一九三一年)から長い戦争を戦っているので、四二期以降のどの期も約二〇%以上の高い戦死率となっている(45)。その中でも、大量採用が始まった五三期(一九四〇年卒業)~五六期は、短い期間に多くの戦死者を出し、三〇%台後半から四〇%の戦死率となっている。一九四四年三月~四月(46)に卒業した五七期でも一年余りで二九・六%の戦死率となるなど、戦争末期の過酷な状況が窺える。また、戦死率もさることながら、若い期になればなるほど、同期生の数が多く、その分戦死者数も多かった。

一方、五八期は陸軍士官学校卒業直後に終戦となり、五九期から六一期は陸軍士官学校在校中に終戦を迎えることになった。そのため、ほとんど戦没者を出すことがなかった(47)。こうした世代による戦争体験の違いが後で言及する分析軸となる。

4　戦友会・資料・分析軸について

次に戦友会や資料、分析軸について説明していきたい。

まず、研究対象である戦友会、偕行社と資料について簡単に説明しておきたい。戦友会とは、戦中の陸海軍の部隊、兵学校、病院、その他の軍関係集団が、戦後かつての集団枠組みをもとに再形成-再組織化された集団である。伊藤公雄は、戦友会の中には大きく分類して、学校戦友会と部隊戦友会があるという(48)。

	結合の契機	偕行社の場合
大部隊戦友会	所属縁	偕行社
小部隊戦友会	体験縁	同期生会

表序−2　戦友会の分類

そして、大部隊戦友会は、戦中の「所属縁」を再結合の契機としており、その弱い紐帯を保つために、政治運動などの制度化された枠組みをより必要とする。一方、小部隊戦友会は、戦中の対面的な関係を基盤とする「体験縁」を再結合の契機としているため、制度化された枠組みを必要とすることが少ないという。

本書が研究対象とする偕行社は、陸軍将校経験者の親睦互助組織として戦後に設立された戦友会である。そのため、基本的に陸軍士官学校出身者が会員であり、学校戦友会に区分される[49]。戦前・戦中の共通体験は、陸軍士官学校等の学校での体験であり、共通の戦場経験、部隊経験は少ない。ただし、学校戦友会について清水亮は、クラス会のような規模は「体験縁」により結びついており、学校全体の同窓会は「所属縁」による結合であると指摘している[50]。

つまり、偕行社においては、陸軍将校であったという職歴に基づく「所属縁」という弱い結合によって結ばれている。一方で、同じ期間に同じ場所で教育を受けた同期生の集まりである同期生会は「体験縁」というより強い結合の契機によって結ばれているといえる[51]。そのため、戦後の偕行社は、各同期生会という「体験縁」に基づいた組織の連合体として「所属縁」に基づいた偕行社を設立していくことになる。

分析にあたって使用する資料は、偕行社の機関誌『偕行』(月刊)を主な資料とし、同期生史、新聞記事などを部分的に使用した。主に使用した『偕行』の特徴は、同期生会が編集する「花だより」を多く掲載している点である。この「花だより」は、編集人の編集権限が基本的に及ばず、原則として同期生会が提出した原稿がそのまま掲載されていた。[52]そのため、同期生会と偕行社の方針が異なる場合は、その相違点が如実に表れる。つまり、同期生通信である「花だより」を通じて、偕行社全体に対する不満を表明することが可能になっていたのである。こうした「花だより」に着目することによって、偕行社内部にあった世代間の対立や、偕行社と同期生会の不和を検討することが可能になるのである。

偕行社を紐解く分析軸

偕行社の戦後史を紐解いていくにあたっては、次の四つの分析軸を設定する。①会の中心世代／世代間の相違、②会の資産・社会関係資本、③政治との関わり、④戦後社会から陸軍への眼差しである。順に説明していこう。

会の中心世代／世代間の相違

陸軍士官学校の卒業年次の説明で詳述したように、陸軍将校は世代によって戦争体験が大きく違った。陸軍将校の中には、最前線の小隊等を指揮するリーダー（指揮官）としての将校だけではなく、スタッフ（参謀・幕僚）としての将校も存在した。スタッフとしての将校は、統率や作戦、戦闘指揮において膨大な判断を行わなければならない指揮官を分担して補佐する。軍隊が巨大化する中で、「参謀本部」という士官だけで構成される組織が成立し、そこでは戦時にあっては戦略・作戦の立案や偵察・情報収集・兵站の構築などが行われた。[53]

陸軍将校の中にも、一方で前線のリーダーとしての将校がいた。彼らは前線でのリーダーとして一定の職権を有していたものの、それは、スタッフとしての将校たちが起案し、命令した作戦の枠内でしか行動できなかった。そのため、兵站や最前線の現状を無視した作戦計画にも従うしかなく、現場の兵士たちとともに多大な犠牲を払うことになるのである。そして、戦局の悪化に伴い、現地軍の兵站、補給は悪化し、玉砕という全滅を前提とした作戦の立案や、「特攻」という死を前提にした作戦を立案、実行することがスタッフである将校に求められたのである。

他方、急激な戦線の拡大により、最前線のリーダーとなる将校の人材不足が加速し、士官学校の大量採用、そして、早期卒業、卒業後即前線の指揮官になるという経路が出現する[54]。その結果、士官学校卒業直後の一〇代の若者が前線のリーダーとして振る舞うことが求められることになるのである。時には戦場の実相を理解しないまま、最前線で無茶な戦闘指揮を行い、戦場での経験が豊富な下士官や古参兵に実権を奪われてしまう「下克上」も発生した。

そして、尉官級として最前線でリーダーとして多くの苦労を背負うことになるか、将官級・佐官級として方面軍等の指揮官やスタッフ（参謀・幕僚）という責任ある立場にあるかでその戦争体験は大きく違った。そうした責任ある立場につけるか否かは、平時の場合は、陸軍士官学校での成績や陸軍大学校への進学の有無といった陸軍将校内の競争によって決定されていた。しかし、戦局が悪化する中で、最前線で指揮をとり、多くの犠牲を出したにもかかわらず、終戦や陸軍の解体により佐官級、将官級への昇進のチャンスを与えられることがなかった世代も多く存在した。また、将校になる前の軍学校在校中に終戦を迎えた世代も存在する。

ここから、戦後の偕行社を理解する上で、いくつかの世代を見出すことができる。一つは、「古い期」と呼ばれる世代である。彼らは、スタッフとして、将官級として、戦争の大局的決定過程に関与し、その責任を問われた世代である（〜三〇期代前半[55]）。もう一つが、戦場の最前線にリーダーとして立ち、多くの戦没者を出した「若い期」である(四〇期代後半〜五八期)。そして、最後の一つが、戦争末期に陸軍士官学校に入るも、陸軍将校に任官することなく陸軍士官学校で終戦を迎えた最若年期(五九〜六一期)である。[56] 三〇期代後半から四〇期代前半は、古い期と若い期の中間ということになる。[57] また、「若い期」と表現する場合に、会内部における若い世代という意味合いで使用される場合は、「最若年期」も「若い期」の中に含まれている。大まかな世代区分であり、厳密に〜期がどの世代と位置付け難い部分もあるが、本書では、国策決定、戦争、作戦指導に関与可能だった世代(古い期)、その命令によって多くの戦没者を出した世代(若い期)、陸軍将校として任官されなかった世代(最若年期)として、分析を行っていく。

こうした世代間の戦争体験や「数」の相違は、偕行社という戦友会の成立や、戦争に関する言説、会と政治の関係をいかに規定したのか。そして、そうした相違がありながら、どの世代が会の中心となったのかを一つ目の分析軸として見ていきたい。

会の資産/社会関係資本

二つ目の視点として、元陸軍将校の集まりである偕行社という場が、彼らの戦争観の変化などにどのような影響を与えたのかを見ていく。那波泰輔は、「戦争体験」の執筆や語りには、社会とのつながりや自分が属しているコミュニティ、組織から影響を受けることを指摘し、「戦争体験」を執筆、語る組織に着目する重要性を指摘している。[58] また、清水亮は、戦争や戦友会が、戦争体験者同士や戦後社会とのつながりを生み出していたことを指摘している。[59]

本書は、こうした組織やつながりがどのように成立していたのかという点に着目する。偕行社という場所が戦争体験を語り、共有し、つながる場になるためには、当然ながらそうした場所を用意し、人を集めなければならない。ここでいう場所とは、単に空間的な場所(例えば総会の場所、日常的に使用可能な施設)だけではなく、機関誌といった彼らが発行するメディアも含まれる。そして、機関誌を発行するにも、総会の場を確保するにも、こうした場所を確保するためには、幾らかの資金を要する。特に偕行社のように最盛期一万八〇〇〇人余りの会員を抱えた大規模戦友会では、毎月発行する会誌の原稿の作成、編集、発送といった業務を行う必要があった。また、総会を開けば数百人規模の人数が集まっていたが、そうした参加者を収容する場所を確保する必要もあった。

つまり、偕行社という多くの人が集う場を成立させるには、資金や運営的な努力が必要になる。先行研究では、こうした運営的な側面について、世話人の献身によって戦友会が成立していたと説明されている[60]。無論、世話人はじめ、一部会員の「献身」は戦友会成立において重要な要素であるが、小規模な戦友会ならまだしも、偕行社のような大規模な戦友会を運営するには、「献身」だけでは不可能であった。

では、どのような運営的な努力を行い、偕行社という場が成立していたのだろうか。彼らは、どのように資金や資産を調達し、機関誌を発行し、総会を開いていたのだろうか。そして、そうした運営や手に入れた資産は、彼らの言説にどのような影響を与えたのだろうか。

他方、そうした場を用意すれば自然に人が集まるわけではない。会員が集まるような目的、理念を持つのと同時に会員に対して、何かしらのインセンティブを提供しなければ会員は増加しない。戦友会は、戦争体験者の語り合いの場となることで、戦後社会の中で否定された彼らの戦争体験を語り合い、お互いの自己確認をする場として機能した。本書では、そうしたアイデンティティ確認の場としての魅力だけではなく、社会関係資本[61]としての魅力にも目配りする。

彼らは、元陸軍将校ということで戦後、公職追放されたが、戦前・戦中期のエリートとして、徐々に社会的地位を高めていった。河野仁は、旧軍解体によるエリート軍人の社会的拡散は、結果的に豊かな社会関係資本を彼らにもたらし、旧軍関係のインフォーマルな人的ネットワークの拡大は、ビジネス・キャリア構築の面で、相互扶助の社会機能を有していたと指摘している。[62] また、伊藤公雄も海軍兵学校（海軍士官の養成機関）の同期生会で戦友会の魅力として「実利」をあげる回答が多いことから、相互の企業の情報交換から「つて」の形成という形で、一種のギルド的側面さえ持っていると指摘している。[63] つまり、元陸軍将校というエリート軍人の集まりである偕行社は、社会関係資本として機能する可能性を秘めていたのである。

こうした会の運営状況や会が持つ有形（資金・土地・建物）、無形（社会関係資本）の資産は、敗戦直後の混乱期、高度経済成長期、バブル期などによって大きく異なってくる。こうした会をとりまく環境の変化は、戦争認識の変化や元自衛官の偕行社への参加にどのような影響を与えていたのかを検討する。

政治との関わり

三つ目の分析軸は、偕行社が政治とどのように関わろうとしていたのかという問題である。元陸軍将校の中には、戦後の公職追放解除直後に政治家となった宇垣一成《うがきかずしげ》、辻政信をはじめとして多くの政治家が輩出されている。こうした政治家を介して、国会に彼らの要求、例えば軍人恩給などを求めることも可能であった。また、陸軍将校というキャリアによって培われた天皇への忠誠心や反共産主義的な思考は、靖国問題への積極的な参加や政治運動への発展の可能性を秘めていた。

一方、そうした政治運動を行うことによって、過度に保守的な組織の一員となることを恐れる会員も少なからず存在した。特に若い世代（若い期・最若年期）は、戦前のように古い期に動員されることや、自身に過度な保守的な色がつくことを恐れていた。また、政治的運動を行うと、その政治的目的や理念に同意した人しか集まらず、前述した社会関係資本としての魅力が損なわれる可能性があった。そうした中で、偕行社はどのように政治化[64]したのか／しなかったのか。その背景には、いかなる力学が働いていたのかを明らかにする。

戦後社会から陸軍への眼差し

四つ目の分析軸は、戦後社会が陸軍や陸軍将校をどのように眼差していたのかという点である。詳しい陸軍の歴史は後述するが、満洲事変をはじめ、日本を戦争、敗戦に導いた原因は「悪玉」である陸軍にある一方、対米開戦に消極的な海軍は「善玉」であったとする「陸軍悪玉海軍善玉論」が戦後社会の認識となっていく。もちろん、必ずしも海軍が「善玉」で陸軍が「悪玉」であったと断言できるわけではないし、本書でそれを論じたいわけではない。ただここで重要なのは、「陸軍悪玉海軍善玉論」という社会的認識のもと、元陸軍将校が戦後社会を生きていたということである[65]。

こうした戦後社会からの眼差しによって、戦前にはエリートと見られていた陸軍将校は、軍国主義の中心を担った人々と否定的に見られるようになったのである。そして、その眼差しも戦後の時期により、徐々に変化していく。こうした社会からの認識の変化は、元陸軍将校たちが自分の体験を振り返る際に重要な意味を持っていた。

しかし、陸軍将校や陸軍に関する言説を収集し、彼らの評価を考えることは著者の力量を超えている。そのため、彼ら自身が陸軍や陸軍将校がどのように評価されているると感じているのかに着目し分析を行っていく。

これまで設定した分析軸は、独立したものというより、相互に影響を与え合っている。例えば、会がどの世代が中心になるかによって、政治的な態度に影響を与え得る。また、戦後社会から陸軍が批判されていれば、若い世代は偕行社と距離を取ろうとする。そのことは、会の中心世代や会の運営状況にも大きな影響を与える。このように分析軸が相互に影響し合いながら、偕行社の活動や、戦争に関する言説が生み出されている。本書では、こうした分析軸を踏まえながら、戦争の記憶研究、もしくは兵士たちの戦後史だけでは見落とされがちな、士官というキャリアが記憶の構築に駆動した戦後の力学を明らかにする。

5 本書の構成

本書の構成は次の通りである。1章では、終戦から一九五〇年代の時期を扱う。戦後の混乱期に元陸軍将校たちがどのように集まり、偕行社を設立したのかを検討していく。2章では、一九六〇年代から一九七〇年代の偕行社の動向を検討する。1章で成立した偕行社という場がどのように大規模化に成功したのか、特に若い世代に着目して分析を行う。また、大規模化に成功した中で起こった靖国神社国家護持運動にどのように向き合ったのかを確認する。3章では、一九七〇年代後半から二〇〇〇年代前半を扱う。一九七〇年代後半から若い期が会の主導権を握る中で、古い期の戦争責任の追及や陸軍の反省が行われていた。しかし、一九九〇年代から二〇〇〇年代になると偕行社は「歴史修正主義」に接近し、元自衛官を会に迎え入れる。こうした陸軍の反省が盛り上がった要因や、そこから「歴史修正主義」に接近し、元自衛官が会に参加するようになった経緯を明らかにする。4章では、二〇〇〇年代から二〇二三年までを扱う。

元自衛官が会の中心となる中で、徐々に同窓会的な組織が政治団体的な組織に変容していく様子を明らかにする。終章では、1～4章の知見をまとめた上で、陸軍将校の戦争観がどのように形作られてきたのかを考察する。

第1章　偕行社の再結成

　1章では、アジア・太平洋戦争とその中での陸軍将校の動き、偕行社の前史を概観する。その上で、敗戦後の社会の中で、敗戦の責任者として厳しい視線に晒されていた元陸軍将校たちが、いかに偕行社という相互につながりを持つ場を整備していったのかについて検討していく。

　公職追放された元陸軍将校は、集会を行うこともGHQによって禁止されていたが、同期生など戦前・戦中の対面関係に基づく少数個々の集まりは存在したという。つまり、体験縁に基づいた集まりは、戦後の初期から存在したのである。

　一九五二年には、公職追放が解除される中、偕行社の設立を目論み始める。なぜ、元陸軍将校たちは、一九五〇年代という戦後初期に元陸軍将校であったという所属縁に基づいた偕行社を整備しようとしたのだろうか。そこには、世代ごとのいかなる意図が存在し、どの世代が会の中心となったのだろうか。そもそも、戦後の混乱期で、経済的に困窮している人が多い中で、そうした場をどのように整備したのであろうか。また、軍人恩給や再軍備といった問題に偕行社という団体として、どのように向き合ったのであろうか。そして、戦争の記憶が色濃く残り、陸軍内の対立関係の余波も残る中で彼らは、戦争に対する認識をどのように持っていたのであろうか。こうした点を1章では見ていく。

1　敗戦と陸軍将校

まず、陸軍将校が戦ったアジア・太平洋戦争がどのような戦争であったのか。戦争に至る過程の中で、どのような対立が陸軍将校内部であったのかを確認する。そして、陸軍内に対立関係がある中で、戦中の偕行社がどのような役割を果たしていたのかを簡単に概観する。

そして、敗戦が陸軍将校に与えた影響についてみていく。一九四五年に敗戦を迎えると、復員業務のために必要な機関を残して陸海軍は解体され、戦前の偕行社も解散した。そして、翌年には復員業務に携わっている陸軍将校と陸軍士官学校在校中に終戦を迎えた五九～六一期を除く陸軍将校が公職追放される(1)。

陸軍将校にとって敗戦・軍の解体は、軍人・将校という職を失い経済的基盤と社会的名声を失うことを意味していた。それに加え、公職追放、軍人恩給の廃止、旧軍批判などが重なり、旧陸軍将校にとっては苦しい時期となった。

アジア・太平洋戦争

陸軍将校たちが戦ったアジア・太平洋戦争がどのような戦争であったのか、その特徴を吉田裕の整理をもとに簡単にまとめよう。

第一の特徴が、戦病死という名の事実上の餓死者が大量に発生したことである。日中戦争以降の軍人・

軍属の戦没者数二三〇万人余りのうち、栄養失調による餓死者と栄養失調による体力の消耗の結果、病気に対する抵抗力を失い、伝染病に感染して病死した広義の餓死者が大半を占めた。正確な統計結果が残されていないため、正確な数は不明だが、戦没者の六一％、もしくは三七％が餓死者であったと言われている[2]。

大量の餓死者を出した要因として、「国力を無視した戦線の拡大、補給を無視した無謀な作戦計画、制空・制海権の喪失による輸送の途絶、軍事医療体制の不備」などが指摘されている[3]。

第二の特徴として、艦船や輸送船の沈没によって戦没した海没者の多さが指摘されている。海没者数は、海軍の軍人・軍属が一八万二〇〇〇人、陸軍が一七万六〇〇〇人とされている[4]。海を主戦場とする海軍と同規模の海没者を陸軍は出していたのである。こうした大量の海没者を出した要因として、連合軍の潜水艦作戦の成功の他、日本軍の貨物船の劣化・搭載量過重等による速度低下などが指摘されている[5]。

第三の特徴として、これまでの戦争で見られなかった特攻隊、特攻戦死の登場である。特攻隊とは、主として爆弾を搭載した航空機による艦船等に対する体当たり攻撃（航空特攻）のことを指す。それ以外にも、海軍の「震洋」、陸軍の㋹（マルレ）艇などのモーターボートによる艦船への体当たり攻撃（水上特攻）、改造魚雷「回天」による体当たり攻撃（水中特攻）などがあった[6]。

当初の特攻作戦は限定的であったが、神風特別攻撃隊[7]が大きな成果をあげたことにより、以後陸海軍の戦術は特攻戦術へ傾斜していった[8]。一九四五年三月末から始まった沖縄戦では、特攻攻撃が陸海軍の主要な戦法となった[9]。日本軍は、航空特攻だけではなく、水中、水上で様々な特攻兵器による特攻攻撃を行い、航空特攻だけでも四〇〇〇名余りもの戦死者を出した[10]。

第四の特徴として、自殺や自殺の強要、軍医や衛生兵による重度の傷病兵の殺害、投降しようとする兵士の殺害が相当数行われたことである。硫黄島など、アジア・太平洋戦争末期の玉砕では、戦闘での死者、広義の餓死者に加え、日本軍によって事実上捕虜になることを禁じられ、相当数の兵士が自決を選択することになった。また、そうした組織内文化が軍医による傷病兵への「処置」を常態化させたという[11]。

こうしたアジア・太平洋戦争の特徴を吉田裕は、「約二三〇万人といわれる日本軍将兵の死は、実にさまざまな形での無残な死の集積だった」と指摘している[12]。そして、その「無残な死」を強いたのは、軍隊の組織文化や、その組織文化を形成し、作戦計画を立案・実行した将校たちであると批判されることになるのであった。

陸軍における対立関係——派閥対立、組織病理

次に、こうした戦争の実相を踏まえた上で、アジア・太平洋戦争中や戦争に至る過程で生じていた陸軍将校内の対立関係について説明していきたい。陸軍将校が属した日本陸軍は、巨大な軍事組織であり、様々な組織病理や内部対立を抱えていた。こうした内部対立や組織病理は戦後の偕行社にも大きな影響を与えていた。そのため、簡単に陸軍の内部対立と組織病理について押さえておきたい。

陸軍内の内部対立、派閥対立として広く知られているのは、「皇道派」と「統制派」の派閥対立であろう[13]。この派閥対立の中起こった陸軍士官学校事件(一九三四年)では、統制派の辻政信(三六期)が対立していた皇道派青年将校の村中孝次《むらなかたかじ》(三七期)らに対し陸士候補生をスパイとして送り込み、その情報をもとに村中らと陸士候補生によるクーデター計画が存在するとして村中らを逮捕し、彼らは免官処分となる[14]。この事件を契機に、皇道派の相沢三郎中佐(二二期)が統制派の主要人物であった永田鉄山軍務局長(一六期)を白昼陸軍省で斬殺するという相沢事件(一九三五年)が起こり、皇道派青年将校による大規模なクーデタ

ー未遂事件である二・二六事件（一九三六年）へと続いていく。

　こうした「皇道派」「統制派」の派閥対立以外にも、終戦間近にポツダム宣言受諾を阻止しようとした若手将校によるクーデター未遂事件である宮城事件[15]が起こっている。この事件では、クーデターを起こそうとした若手将校らによって、近衛師団長である森赳《もりたけし》（二八期）などが殺害されている。

　その他にも、陸軍の幼年学校出身者と一般の中学校出身者の対立[16]や、陸軍大学校出身者（天保銭組）と非出身者（無天組）の対立が生じていた。また、アジア・太平洋戦争において現地軍が中央の命令を無視する「独断専行」や陸軍内の「下克上」は度々問題になった。そして、その諸戦場においては、前述したように多くの餓死者を出すなど、作戦指導の問題も顕になった。

　つまり、陸軍では対立派閥に「スパイ」を送り込むような過激な派閥対立、クーデター未遂事件が起こり、死者まで出していた。また、出身による対立や、作戦指導における問題も生じていた。そして、重要なのが、こうした様々な問題の責任者にも、被害を被った人にも陸軍将校がいたことであった。例えば、宮城事件では、クーデターを首謀し、実行したのもその中で殺害されたのも陸軍将校であった。また、作戦指導を行った参謀も、その作戦指導によって苦しんだ最前線の部隊を率いるのも陸軍将校であった。もちろん、派閥対立などの当事者は多くが戦前・戦中に亡くなっている。しかし、当事者の同期生や彼らと深い親交を持った陸軍将校は戦後も多くが存命であった。そのため、戦後の偕行社は、派閥対立や作戦指導などの問題といった陸軍の歴史を抱えながら運営されていくことになるのである。

偕行社の前史

戦前・戦中の偕行社も陸軍における派閥対立の歴史と無縁ではなかった。偕行社は、一八七七年に陸軍将校の会合場所として東京九段上の集会所が設置されたことに始まる。一八八九年には半官製組織となるが、その背景には、当時の主流派（山縣有朋、大山巌《おおやまいわお》）と谷干城《たにかんじょう》（高知）、鳥尾小弥太《とりおこやた》（山口）、三浦梧楼《みうらごろう》（山口）、曾我祐準《そがすけのり》（福岡）といった四将軍との対立があった。四将軍は、薩長専横によって能力主義が貫かれず、古いタイプの武人意識が残っていることに対して批判を向け、専門教育の充実とこれに応じた人事を求めていた[17]。四将軍は、陸軍中堅将校の集まりである月曜会[18]（専門的知識の習得を目指した団体）との連携を強めていた。こうした動きに危機感を覚えた主流派は、月曜会の切り崩しを行い、最終的に偕行社という半官製組織を整備し、そこに月曜会を取り込むことになるのであった[19]。そして、月曜会の『月曜会記事』を引き継ぐ形で『偕行社記事』が偕行社から発行されるようになる[20]。

偕行社は、東京九段上の集会所をはじめ、各地にその支部を持った。基本的に陸軍将校の会費で財団法人として運営され、軍装品の販売や会合、宿泊場所の提供、子弟の教育のための学校運営など多岐にわたる活動を行った[21]。ちなみに「偕行」の意味は「共に軍に加わろう」ということで、詩経・無衣の篇・第3章の漢詩から採用したものといわれている[22]。

戦前の偕行社には、『偕行社記事』のように陸軍将校の研究研鑽の側面と、各地の集会所などのように福利厚生の側面があった。しかし、終戦を迎え、陸軍の解体を契機に解散することになった[23]。その結果、全国各地にあった偕行社の集会所などすべての資産を手放すことになるのである[24]。

戦後の再出発

一九四五年に戦争が終わると、陸軍将校が働いていた陸軍は解体され、復員業務に携わる一部の人員を除いて、失業することになるのであった。そして、敗戦により日本社会が混乱する中で、元陸軍将校たちは、生きる糧を新たに探さなければならなかった。軍人恩給が停止されたこともあり、そうした状況は、たとえ陸軍で高い地位にいた人であっても同じであった。例えば、「陸軍士官学校の生徒隊長、幹事としてその名も高い」赤柴八重蔵《あかしばやえぞう》中将(二四期)は、相模原練兵場開墾団に加わり、一から出直し、百姓になったという。[25]他にも、終戦時は将官級であった元陸軍将校が戦後初期に番人になったなど、多くの元日本軍関係者同様、戦争からの復員に関する苦労話は多い。[26]

ただし、こうした戦後の再出発は一部の陸軍将校にとって生き方を見つめ直すきっかけにもなっていた。例えば、戦局の拡大によって大量採用された世代である五七期では、戦後に会社員、弁護士、商人、大学教授、自衛官と様々な職業についていくが、「同じ「陸士卒」といっても、千人が千人同じタイプだったのではなく、大学教授にした方がよい人もおったでしょうし、商人になった方が幸福な人もいた」という。しかし、「軍国華やかなりしころは、そんなニュアンスは閑却されて、優秀な青年は一切合財軍人になることが要求された」という。そして、「みんなに、自分自身の持っている才能をもう一度反省して、思うところに伸ばすチャンスを与えてくれた「終戦」は、この意味からいえば、逆説めきますが、私たちには大へんよい「事件」だったとさえいえましょう」という。[27]

この言葉は、大量動員世代の五七期生の言葉であることや、敗戦から約一〇年経ちある程度生活が落ち着いていた状況で語られた言葉として差し引いてみる必要がある。しかし、(特に若い世代にとって)「終戦」という「事件」は陸軍将校たちに再度の職業選択の機会を与えた側面があった。その結果、瀬島龍三(四四期、伊藤忠商事会長)や山本卓眞《やまもとたくま》(五八期、富士通会長)、堀江正夫(五〇期、参議院議員)、藤原彰《ふじわらあきら》(五五期、一橋大学教授)をはじめとして、実業界、政界、教育界などで活躍する人材をゆくゆくは輩出することになるのである。

うまくいかない陸軍将校の戦後

戦後にキャリアを徐々に立て直す人がいた一方で、軍人以外の職に馴染めない人もいたという。「決心堅確で妥協を嫌い、上役と、しばしば衝突する。それはよいとしても、営業をやらせると、サッパリ成績があがらず、「おれは金儲けがヘタでのう」などとうそぶく。／たまたま、昔の部下が会社に訪ねてくると」「経理から金を借りて飛び出してしまう」」。「話すことは十年一日、昔の部下や同期生の自慢か、共産党の脅威。商売の話の中にも「威力捜索」だの「不期遭遇戦」」などの「言葉がポンポン出る」という。「こういうのは、生来、軍人以外になるものがなかった男である。昔の部下からは、ひどく慕われているが、企業では、あまり役に立たないのである。／神経が太く、人がどう思おうと少しもわるびれず、悠然としておのが道を歩む。このようなタイプの人は、ときどき見かけられるようである。あるいは、士官学校出身者は、誰もが少しずつ、こうした素質を持っているのかもしれない。／世人は、これを評して、士官学校の「思考停止教育」というらしい」と言われた(28)。

それに加えて、当時敗戦の責任は軍、特に陸軍にあるという風潮が強かった(29)。戦犯捜査・逮捕・処刑、公職・教職追放、恩給・遺族扶助料の停止などが元陸軍将校に及んだという(30)。また、新聞、ラジオの報道や映画、小説、漫画などでは、陸軍の将校は徹底的に非難された(31)。その影響もあり、戦後にある役人が貿易会社の支店長に「実は私の親戚で経歴はよくないのだがどこか使ってくれるところはないだろうか」と相談したが、その経歴のよくないとは陸軍士官学校出身であるということであった(32)。教員になった元陸軍将校たちは、日教組で異端視され、「日教組の一員でありながら、異分子的な扱いを受け組合員共通の利益を受け得ざる」状況であった(33)。

つまり、戦前・戦中はエリートであった陸軍士官学校出身者が、その経歴がよくないとまで言われ、さも犯罪者かのように扱われたのである。元陸軍将校たちは、戦後のこうした扱いや、その元となった社会の反陸軍感情に強い抵抗感を持つと同時に、社会の反陸軍感情を激化させないように生きることが求められたのである。

2 偕行社再結成前史

こうした状況の中でも、敗戦、復員直後から同期生、同連隊、同地域などの体験縁に基づく少数個々の集まりは行われていた。しかし、GHQによって旧軍人による団体結成の禁止指令が出されており、経済的不満を解消するために、旧軍人が団体を結成し社会に自らの主張を訴えることも不可能であった[34]。

一九五〇年に勃発した朝鮮戦争、警察予備隊の設立を契機にこうした状況は徐々に変わっていく。一九五一年には、警察予備隊に旧軍人の採用方針が決定し、旧陸軍正規将校四〇期以降の公職追放が解除された。

それを契機に、公職追放が解除された四〇〜五八期を中心に同窓会組織の結成が議論されるようになる[35]。一九五一年一〇月には、市ヶ谷台の復員局で初の会合(各期連絡会)が開かれた。以降定期的に会合が開かれ、同窓会の設立について議論が行われる。しかし、この場では、若手(五〇期代)と古い期(四〇期代)の意見が「まるっきり合わない」状態であったという。この会合に参加した原多喜三(五〇期)によれば、「若い期の人たちは非常にドライで、〝今さら、昔の階級の亡霊のようなものが幅を利かすようになっては堪まらん〟という気持ちがあって、〝こんなものつくると、そうなるのではないか。命令されて使われるのは嫌だ〟という空気がハッキリ」出ていたという。五〇期代の人は、大尉や中尉になっても、ほとんどの人が戦地で過ごし、将校団というものを知らなかった。彼らにとっては、四〇期代の大本営勤務の人でも「高嶺の人」であったという。それに加え、若い期の中には、後述するように誰かの指揮のもと政治運動が行われるのではないのかという警戒感もあった(36)。

『月刊市ヶ谷』の発刊

このような警戒感がありながらも、ひとまず、それぞれの同期生会を結成することになった。古い期としては、陸軍士官学校での教育課程を共に過ごした同期生の集まりである同期生会をまず作ることによって、元陸軍将校の団体整備の手始めとしたかったのである。また、古い期や「階級の亡霊」を警戒する若い期としても、陸軍将校全体の集まりではなく、同期生の集まりである同期生会を組織することには異存がなかったのである。そして、同期生会報を個々に出す資金、手間を考え、各同期生会報を一つにまとめた『月刊市ヶ谷』が一九五二年三月に発行される。

この『月刊市ヶ谷』の発刊には、若い期の人々の尽力があった。この当時編集人で、一九九〇年代には会長になる原多喜三(五〇期)を中心に、主として五〇期代の若い人々一〇数名以上が毎月二、三回、発行所に集合して夜遅くまで編集や校正に尽力した。

また、陸軍士官学校事件では、辻政信の「スパイ」となり、青年将校のクーデター計画を通報し、陸軍士官学校を退学していた佐藤勝朗(四八期)の犠牲的な援助もあった。佐藤が経営していた東亜書房で、第三種郵便物(第三種郵便であれば一〇円かかった通信料が四円で可能になった)の認可のある月刊新聞が休刊となっていたものを無償提供し、毎月の編集会議に事務所として自宅を提供し、会計及び発送についての整理を担当した[37]。発送も各期の委員が「折り」や「帯封張り」、「宛名書き」など夜遅くまで奉仕したが、佐藤一家は文字通り数日間全員がほとんど徹夜でこの仕事に当たらねばならなかった[38]。

採算、頒布方法等についても未知数であった。そのため、購読料を年間二〇〇円と決めてスタートするが、実際に出してもらうのは半年分の一〇〇円とし、半年間でうまくいかなければ頭を下げて止めようといった考え方でスタートしたという。第1号は、八〇〇〇部を印刷したようだが、七月頃になってようやく購読者数が四〇〇〇人を超えるような状況であった。しかし、お互いの消息、発送先名簿の整理ができていない中で、『月刊市ヶ谷』をばらまくことによって、同期生相互の消息を掴んでいったという[39]。

こうして発刊された『月刊市ヶ谷』は、タブロイド版で八頁程度のものだった（写真1ー1）。『月刊市ヶ谷』の創刊の辞によれば、その趣旨は元陸軍将校の「親睦と相互の連絡の機関と致したく思想的政治的に趨ることなく又、指導的な言論も慎みたく、出来得べくんば経済上の提携の一助にも」なればと述べている。加えて、「取敢へず追放解除になりました若い者達で始めましたが、上長の方々の強力なる御支援を重ねてお願ひ申上げます」とある[40]。この創刊の辞では、親睦互助と相互の連絡の機関とすることを強調し、指導的言論を慎み、思想的政治的に趨ることがないことが確認されている。また、依然追放中の四〇期以前の古い期に対する配慮がなされていた。前述したように

月刊市ヶ谷
可能となった元将校の團體結成

写真1－1　『月刊市ヶ谷』1952年3月号（1号）

若い期は、古い期への警戒心を持っていたが、両者の関係はやや複雑であったと考えられる。若い期としては、古い期は陸軍における上級者であり、逆らえない存在であった一方、個人単位で見れば、陸軍将校の教育課程や任官後に世話になった「先輩」「上司」としての側面も持っていた。また、陸軍大臣などの要職に就いた経験のある陸軍の実力者も健在であった。彼らは、戦前に高級官僚や政治家と築いた人的ネットワークを持ち、陸軍の実力者であったという社会一般からの知名度を兼ね備えていた。若い期としても将来的にこうした実力者に支援してもらうことを期待していたのである。そのため、古い期への警戒心がありながら、彼らへの配慮を見せたのであった。

ただし、若い期が再び『月刊市ヶ谷』に集うには、戦前・戦中との差別化が必要であった。そのため、旧軍時代の「偕行」という名称ではなく、陸軍士官学校があった市ヶ谷に因んで『月刊市ヶ谷』と名付けられたのであった。「偕行」と旧軍時代の名称にすることは、若い期の人にとっては、昔の組織に帰るように思われ、非常に抵抗があったという[41]。

その中で、『月刊市ヶ谷』を「〝共通の広場〟をつくろうじゃないかというのが、ちょっとした合言葉」であったという[42]。『月刊市ヶ谷』は、「読者の全員の共有のものであって、編集担当者は、あくまで編集の事務だけをや」り、「自分の主義主張で紙面を色づけるとかというようなことはやっちゃいけない。とにかく読者の前に真っ白いページを提供して、これに読者の投書によって、いろいろな色づけをしていく」という編集態度であったという。したがって、論説はほとんどなく、原稿は、すべて投稿原稿をもとにして、それを編集担当者が、自我や自分の好みを捨てて、忠実に読者の主張を紙面に最大公約数的に反映させようといった態度であった[43]。

ただし、個人攻撃や中傷的な記事は、たとえ自由な意思表示であっても、互助、親睦の精神に反するので没にしていたという[44]。これは、先述した戦前・戦中の陸軍内の対立関係を戦後の偕行社に持ち込まないためだったといえる。とはいえ、戦前・戦中の対立関係が垣間見えることもある。例えば、『月刊市ヶ谷』の刊行に尽力した佐藤の死去を伝える記事では、佐藤の性質について「直情怪行で、極めて正義観《ママ》が強かった。そのため不正を悪む念がまた熾烈で、決して妥協をしなかった。この点、氏には、強い支持者もあった反面敵も多かった。生前毀誉褒へん相半ばした所以である[45]」と書かれている。佐藤は先述したように陸軍士官学校事件で青年将校のスパイとして活動した。そのスパイ活動は、青年将校の停職や彼らに加担した陸軍士官学校生徒の退校処分、ひいては派閥対立の激化につながっており、その関係から佐藤が恨みを買っていたことを想起させる。

このような戦前・戦中の対立関係から距離を置き共通の広場、相互の連絡の場として機関誌が発展するために重要だったのが、各期の投稿によって構成される「花だより[46]」であった。この「花だより」は、基本的に各同期生会に編集の権限があり、ここに何を投稿するのかは各同期生会に任されていた。そのため、各期の同期生の近況など個人的な事象や同期生会の催し、陸軍や偕行社に関する不満の吐露など、彼らの本音に近い心情が綴られることになった。終戦後の混乱の中、陸軍将校、同期生同士の消息が掴めない中で『月刊市ヶ谷』が発刊され、「花だより」によって各期の近況が知らされることによって、徐々に相互のつながりが再び生まれるのであった[47]。

政治運動への懸念

創刊号の四九期の提言では、対外的に誤解を受けぬように気を付けるよう求めるとともに、「本誌は何処までも各期全般の姿に有るものを有りの儘に反映することであり決して特定の人特定の「グループ」により特定の色彩を帯びさせられ又は或目的のもとに強制的に全般をリード(引率)せしめらる、式のものでないこと」が求められた[48]。当時は、再軍備に向けて複数の旧軍人が水面下で活動を行っていた。たとえば、服部卓四郎《はっとりたくしろう》[49](三四期)を中心とする「服部グループ」は、旧軍に近い形での再軍備を目指すが、吉田茂首相に拒絶される。これを受けて、服部は自身の周辺の元将校に警察予備隊へ参加しないように呼びかけている[50]。また、服部以外にも様々な旧軍将校が再軍備に向けて活動を行い、時に衝突していた。こうした動きを念頭に書かれた提言であることが窺える[51]。

また、反陸軍感情が強い中で、陸軍将校が集まることに対する社会からの警戒心を意識していた。創刊号では、心配なこととして、「大幅な追放取消、或は社会の再軍備論議に乗つて、元将校の一部に軽卒《〔ママ〕》な言動がありはせぬかということである」という。「近在の元将校が相寄つて親睦を図り、御互の支援向上を期」すのは、「実に結構であるが、酒宴が度を過ごして」「軍歌を高唱し、時至れりとして吾が世の春を謳歌するが如き人々もありとの噂を聞く、事実で無ければ幸」いである。「願わくは、元正規将校が再び社会の信望を負い得て新しい国家と社会の幸福に寄与する為、切に自重されんこと」を祈るという[52]。実際に、元陸軍将校の団体結成を再軍備と絡めて警戒する動きが週刊朝日などによって報道されており、こうした反陸軍感情に配慮することが求められていた[53]。

3　偕行社の発足と世代間対立

一九五二年九月には、四〇期以前の古い期の人々も追放解除されたこともあり、「上下を貫く大同提携の一歩を踏み出し偕行会の発足となった」[54]。同年一一月には、東京地区の総会が明治神宮で開かれ、七〇〇名余りが集まった[55]。

その申し合わせ事項として、「第一目的は親睦互助でありまして政治的色彩はこれを排除する趣旨であります。／第二会員は本会の趣旨に賛同する元陸軍正規将校同窓生とするのでありまして、その性格は各兵科各部の連合同窓会であ」るという。そして、「以上のことを要約すれば即ち同窓生の和やかな集いという訳であります。従つて本会は同窓たる偕行会員全員相互のためのものでありまして、常に穏健中正を持し一部部〔ママ〕の極端な指導や興味に堕してはならないと共に、特に外部から為にする煽動や利用に乗ぜられてはならないと考えます」という[56]。つまり、社会からの警戒感や、会内に政治的運動を警戒する人々がいたこともあり、政治的色彩を排除すること、あくまで同期生会などの連合体であることが宣言されたのである。

若い期と古い期の違い

追放解除、偕行社の発足に伴い、四〇期以前の古い期の人々も参加するようになる。そうした中、徐々に若い期と古い期との違いが顕在化してくるのである。若い期と古い期は、追放解除の時期が異なっただけではなく、①社会的・経済的地位、状態、②同期生会の結束の強さ、③戦前・戦中の経験の違いがあった。

①社会的・経済的地位、状態の違いとは、若い期の人々が戦後社会の中で「転向」し比較的成功を収めているのに対して、古い期の人々は「転向」に苦慮し、経済的、社会的に厳しい立場に置かれていたことである。この点について、若い期の人々の終戦記念日特集座談会では、「若い者は軍人精神の根強さがな

い」それゆえに「戦後急速に時流に投じてゆけた」。「その点年寄りは市ケ谷精神がしっかりできていた。これが転向をむずかしくした重要な一因だ」ったと指摘している。異なる見解として、古い期が時流に乗り遅れているのは、「世間の受入れ方が問題」で、「軍人精神の根強さに根拠をおくのは皮相な見解」であり「若い者は転向できる職業があつたし世間もどしどし受入れた。加えて身心ともにその転向に柔軟に応じうる若さが有利だつた」。それは、「軍人精神の強弱に」関係ないという。「そんなものに拘わつていたら喰つてゆけない。その点では老人も同じことだ。しかし世間にはこれを受入れるだけのゆとりがなかつたんだ」と指摘されている[57]。

おそらく、この主張はどちらも正しいだろう。反陸軍感情が強い戦後社会の中で、元陸軍将校がキャリアを立て直すのは簡単なことではなかった。特に、古い期の人々は、上記座談会で指摘されているように、軍人精神が根強く、高齢であり、なおかつ社会に彼らを受け入れるゆとりがなかったために、戦後社会に溶け込むのが若い期に比べて、容易ではなかったのである。また、軍人恩給が未だ再開されない中で、厳しい生活を強いられた。一方の若い期は、大学への入学、警察予備隊への入隊再就職など、その若さからキャリアを立て直すことが古い期の人々に比較して容易だったのである[58]。

②同期生会の結束の強さの違いも顕著であった。古い期の人々は、戦前・戦中を含め同期生としての関係性の歴史が長いことから、同期生会の紐帯が強く、活動が活発であった。古い期は、戦前・戦中の共通体験をある程度持っていたのである[59]。一方の、五〇期以降は、活動が活発とは言えず、同期生通信である「花だより」が途絶えることも多かった。

こうした同期生会の活動には、世話人の存在が重要であった。世話人は、会員の情報、原稿を集め、会誌の発行(もしくは「花だより」への投稿)や、同期生大会の運営などをほとんど無償で行わなければならなかった[60]。「戦友会が充実するか否かは、世話人の手腕によるところが大きい[61]」とまで言われるが、壮年で仕事をしている若い期には、そうした手腕を発揮する時間的、経済的余裕がなかったのである[62]。

また、若い期の中でも陸軍士官学校在校中に終戦を迎えた最若年期(五九〜六一期)の同期生会運営は特に困難を極めたようである。その要因として、終戦間近の大量動員によって同期生の数は、六一期で約五〇〇〇人まで膨れ上がっており、同期生と言っても「直接知っているのはその何%かに過ぎ」ず、「未知の同期生に対してすら感ずる」という親しみにも限界があったという。また、五九期の幼年学校出身者ですら入校から復員まで五年半、六一期の中学校出身者では僅かに半年であり、これに比べて復員後の七年の年月はあまりにも長かったという。更に、五九期以降は追放にならず、「軍人仲間」や「一緒に苦労した仲間」という気持ちが薄かった[63]。若い期は、戦局が厳しい中で陸軍将校になったため、戦前・戦中に同期生会を開くことは困難であった。また、人員が多いために、共通体験も少なかった。古い期が「体験縁」を持っていたのに対して、若い期は「所属縁」に頼らざるを得なかったのである。

つまり、「体験縁」を持つ古い期と比較して、若い期は、同期生会の歴史が浅く、仕事が忙しく、同期生の数が多かったこともあり、同期生会としての紐帯が弱かったのである。この傾向は、若い期になればなるほど顕著であった。

③戦前・戦中の経験の違いとは、序章でも述べたように、陸軍における階級によって、その経験が大きく異なったことである。もちろん、個々の昇進や体験によって異なるが、古い期の人々は、将官級・佐官級として、作戦計画や大局的な指揮に参与できる責任ある立場につけた。一方の若い期の人々は、作戦計画等に携われる立場にはなく、最前線の指揮を行い、多くの戦死者を出した。つまり、古い期の人々は、戦前・戦中に指導的立場にあり、若い期の人々は、彼らの指導、指揮の下、多くの同期生を失っていた。

そして、若い期の中には、古い期、特に責任ある立場にあった人々の責任を追及したいという潜在的な反発心があったのである。

世代間対立の顕在化

このような状況の中で、上下を貫く偕行社が発足し、古い期が組織に参加することになる。そのことによって、古い期と若い期の対立が徐々に顕在化していく。前述したように、若い期への配慮から「偕行」という昔の名前は避けていた。しかし、古い期が参入するとともに、「昔の偕行社の復活だというような」ことになり、会の名前は「偕行会」となり、機関誌も『偕行』と改題された[64]。「共通の広場」を目指した編集方針に対しても、「もっと堂々と、主義主張を出せ、これでは女学校の同窓会誌と同じじゃないか」と古い期から不満が出された[65]。

更に、古い期の人々の一部では、軍人恩給に関する運動を含め、政治運動を行おうとする人々が現れ始める[66]。そんな古い期に対する若い期の人々の警戒感や不満が徐々に現れ始める。「某期以下の若い人々の中には、この不幸な戦争に我国を追い込んだのは、某期以上の古い連中であるから、これらの者と事を共にする場合は、警戒を要する」という言葉も聞かれたという[67]。

そして、古い期から若い期に対して、「吾々が積極的意欲を持っているに拘らず若い連中が消極的態度に留まっている」、「若い諸君が政治的に利用されるという様なことを懸念しているのではないか」、「若い連中の先輩に対する信頼感が欠けているのではないか」という意見が出されていた。若い期は、前述したように同期生が多くまとまりに欠けた。また、若い期には、「恩給問題は明に政治問題として取扱はれていますが、若い期層には直接関係のない問題であり、寧ろ正規陸海軍将校としての立場からのみ云へば、敗戦責任の一端を担うのも〔ママ〕として権利の自発的辞退こそ望ましいとすら感じている向もあ」ったという。[68]
　また、再結成初期ということもあり、政治的運動だけでなく、偕行社がどのような活動を行うのか様々な議論が起こっていた。そして、若い期が偕行社になかなか関心を持たない中で、三〇期代までの古い期が会の中心になった。[69]その中で、信用組合を作ろうとすれば「その発起人の階級が低い、やはり昔と同じく鶴の一声が欲しい」といって反対したという。[70]一九五四年には全国組織が結成され、会長には鈴木孝雄《すずきたかお》[71]（二一期、元陸軍大将）が就任したが、この会長就任も、「なるべく古参の方にということで、奈良氏、宇垣氏とも思」ったが健康上の理由で鈴木が選ばれたという。[72]後に鈴木の後任を畑俊六《はたしゅんろく》（一二期）が務めるが、それは畑が元帥であったからであった。[73]つまり、若い期が危惧、指摘したように階級的意識が依然としてあり、会の中心は古い期の人々であった。その結果、当時の総会出席者の約八〇%は古い期の人々であり、養老院のようという若い期からの批判もあった。[74]
　理事長などを歴任した最後の陸軍大臣下村定（二〇期）は、後年「対外的の〔ママ〕精神運動乃至政治的活動をも含めんとする主張もありましたが、結局大多数の意見に従い、親睦互助をモットーとして出発すること」となったが「内外の情勢に鑑み将来之を一層積極的なるものに改変せんとする意図は当時すでに抱有されていた」という。[75]つまり、古い期の中では、社会の反軍感情が和らぎ、会内がある程度まとまれば、より積極的な運動（政治運動）に打ち出すことが想定されていたのであった。先述したように、実際に古い期を中心に政治運動を求める投書がなされていた。
　しかし、こうした動きには若い期が反対していた。海野鯱麿（五四期）は、「偕行会の政治団体化、右翼化を警戒せよ！」という投稿を『偕行』にしている。その投稿では、「〝我々軍人が再び国是に関与すれば一等国になれる〟と云う様な錯誤におちいり易いが、」「一等国を四等国に転落せしめた主役に軍人があつたことに思い致さねばならない」という。更に、「戦争犠牲者の救助等を真剣に行うべきで間違つても政治団体であつたり、右翼的団体を友好団体として協力したりすることのない様謙虚な地味な会であり度いと思う」と主張した[76]。

このように政治的中立が目指された背景には、若い期の人々の思想は「全く百花繚乱の如く四方八方」へ「発展して」おり、同期生会自体に異存はないが大きな組織に組み込まれることによる政治的利用を警戒していた人が一定数いたことがあった。そうした中で、六〇期生の世話人は、純然たる同窓会としての偕行社を目指した。そして、「政治的利用云々を恐れる者にはこう云いたい。「強制力のない同窓会が何で我々を利用出来るか。」と。そして「大体若い期の方が人数が多い。同窓会の進む方向は若い期の意向で決まるのだ」という[77]。つまり、政治的に動こうとする古い期を若い期の「数」によって抑え込もうとする姿勢が見て取れる。しかし、六〇期生や若い期の同期生会の結成、動員はこの時点ではあまりうまくいっておらず、実際に古い期を「数」によって抑え込めたわけではなかった。とはいえ、古い期にとっても潜在的な「数」の力を持つ、若い期の人々を無視するわけにはいかなかった。そのため、一九五七年に財団法人となった偕行社は会の目的として、陸軍関係者の福祉の増進と会員の互助親睦と同時に、政治的中立を掲げたのであった。

匿名による投稿と若い期からの批判

こうした古い期と若い期の対立もあり、『偕行』のノスタルジー的誌面が問題になっていた。例えば、堀内永孚(五三期)は、「「偕行」を受取る度に、何度も失望する」という。そして、『偕行』には「抜きがたいノスタルジイが、恐らくノスタルジイのみが流れているのではないか」。「「偕行」は私から見れば、いつも、後ろ向に進んでいる」という。そして、「このノスタルジイを捨てなければいけないと考える。紙面の一切から、青臭いノスタルジイをしめ出すことである。そうすることによつて「偕行」は一新されるに違いないと私は思う」と強く主張している。[78]

こうした意見に対して、三〇期の村上尚武からは、堀内が「巷間の倶楽部と比較し、倶楽部の方が気が利いてる」と書いたことに対して、「余りにも情ない意見」であるという。そして、「今一度眼を閉じ静思して生死栄辱を共に誓うて事に就事した将校団を思い返して下さい」。「この一文を読まれた貴殿の昔の将校団長や、先輩は恐らく泣いていられるでしょう」と批判した。[79]

この批判に対して堀内は、『偕行』の投稿者の期別件数を示し、「若い者には偕行に対する関心が薄い」ことを指摘し、もしそれが「偕行自体に魅力が乏しいからだとしたら、それこそ、ユユしい問題であると思います」という。そして、「この一文を読まれた貴殿の昔の将校団長や、先輩は恐らく泣いていられるでしょう」という「殺し文句」を使ったことに対して、「非常な不快を感じました」と不満を表明している。[80]

また、四〇期以前の古い期の人々が参加するようになり、世話人会は「ちつとも面白くない悪くいえばお通夜の様」であり、「よく言つて敬老会の」ようになっていた。その中では、「若い者の出席が悪いと責めてみても、それは面白くないから、責める方が無理ですよと口答えする」状況にあった。そして、若い期の人の中には、四〇期以降の同窓懇談会だった時期を懐かしむ声があがり、実際に若い期で集まったところ「談論風発、久し振りに胸のシコリがスー」っとしたという。[81]

『偕行』では、基本的に個人攻撃や中傷的な記事は没にすることになっていた。しかし、上述したように率直な意見や、古い期への批判がなされることも珍しくなく、『偕行』を通じた論戦になることもしばしばあった。こうした背景には、会員間で対面関係を構築できていなかったことや、匿名での投稿が許容されていたことが影響していた。例えば、コラム「微苦笑」では、匿名の複数の投稿者によって記事が構成されていたが、そこでは度々偕行社や古い期等をはじめとする様々な相手に対する批判的な文章が掲載された。

例えば、前項で引用した信用組合について「その発起人の階級が低い、やはり昔と同じく鶴の一声が欲しい」という人々に対しては、「無気力、排他狭量、派閥抗争、正に小人物の展示会である」と厳しい批判が寄せられていた[82]。また、陸軍の解体によって新入会員が入ってくることはなく、会における立ち位置が固定化され、陸軍が存在すれば連隊長等々上級者になっているはずの人たちが偕行社では、小間使いをやらされていると匿名での不満の表明もあった。その記事では、古い期に引退を呼びかけ、「一応悪口雑言の限りは尽すが、若い者は由来正直である。わが罪陸軍刑法の上官侮辱罰を構成する位百も承知である」。しかし、「口の悪いのは陸軍の伝統」と開き直っていた[83]。

批判の対象は、偕行社や古い期に留まらず、将軍や部隊長の婦人にまで及んだ。戦前・戦中において、宴会の帰り等に師団長や部隊長の家を突然訪問する「襲撃」は、若い者の特権だったという。しかし、その夫人が「余りにもお高くとまつていると二度とその家には襲拳〔ママ〕しなかつた」という。そして、「終戦後閣下も部隊長もなくなつた筈なのにその夫人が依然として閣下夫人であり部隊長令閨であるかの如く吾々に対し上から見下ろして居られるのは実に不愉快であり」、「ノサバル夫人を吾々に変〔ママ〕つて追放してもらい〔たい〕ものだ」と厳しい批判を行っている[84]。

こうした批判は、匿名であるがゆえに行えたものであろう。仮に自分の名前を出してしまえば、自分の世話になった上官などに知られてしまい、そうした上官や先輩がどう思うでしょうという「殺し文句」が有効に作用してしまう。また、対面の理事会などは、若い期の人にとって昔の団隊長合同のような形になっていたという。「一応銘々が意見らしいことを申し立てても、結末は「これは、こうする、こう決める」という風に」なっていたという。また、上官、先輩というものには「圧迫感」があり、「先輩や上長の方々はよほど言動を柔かくして頂かないと、何でも「ハイそうです」となりがちですから、この点はよくよく気をつけてもらいたい」という意見も出ていた[85]。こうした「圧迫感」や古い期からの「殺し文句」に対抗するために、若い期の人々は匿名性を有効に活用していたのである。

4　初期偕行社の運営

次に初期の偕行社がどのように会員を獲得し、資金を確保し、運営していたのか見ていこう。

初期の会員数

まず、初期の偕行社の会員数について確認していきたい。この時期の会員数は、後年のように毎年会員数が発表されているわけではないため不明瞭な部分が多いが、一九五三年の時点で四四七九人、一九五六年の時点で五八五七人であったようである[86]。一九五三年四月号の時点で機関紙一万一八七三部を発送しているのに対して、紙代納入者は五六三五人で、うち一一五六人は四月号で紙代切れになるという[87]。つまり、機関紙を発送しながら反応がない、紙代を納入しない人が六〇〇〇人程度いたのである。初期は同期生会の活動も未だ活発ではなく、お互いの所在がはっきりせず、発送先が曖昧でも機関紙をばらまくことによってお互いの消息を掴むことが重要であったようだ[88]。このような事務的な問題を加味しても、発送者の約半数六〇〇〇人余りが紙代を納入していないというのは大きな数字である。一九五〇年代の「花だより」では、紙代納入者の少なさや、購読を呼びかける投稿が複数なされていることも考えると、一定数の人々が偕行社に背を向けていた可能性は高い[89]。参加しなかった人の理由を明らかにするのには限界があるが、反陸軍感情が強い中で偕行社と関わりを持ちたくなかったこと、政治団体化への警戒感、経済的理由、偕行社の存在を知らない等の理由が予想される[90]。中には、『偕行』の購読を一度は申し込んだものの、「新聞を読みましたが私は他の学校を〔中略〕出まして思想が違いますから購読はやめます、なお同期生の名簿からも名を消して下さい」といった人もいたという[91]。こうした例は極端な事例とはいえ、大学に入り、キャリアを立て直す中で、偕行社に背を向ける人が若い期を中心に多くいたのである。

保険事業の失敗

上述したように組織率が低く、会費の納入率も低い中で大きな課題となったのは、資金繰りであった。当時は、資金繰りの厳しさから、会誌発行が立ち行かなくなる可能性が指摘され、会費未納入者への発送取りやめなどが行われていた[92]。

戦後の復興期であり、個々人の経済状況も安定しない中で、継続的に機関誌を発行する資金を調達するために一九五三年八月には、事業部を発足させた。若松只一《わかまつただかず》（二六期、最後の陸軍次官）を事務局長に迎え、「金の入りそうな仕事」として、生命保険、火災保険の募集、法律相談、結婚媒介等を逐次やることを目指し、その第一歩として生命保険の募集事業の開始を模索していた。具体的には、「保険勧誘の中で最も労力を必要とする「保険に入りたい希望者」を探せ〔ママ〕仕事を、会員総掛りで組織的にやつて戴きたい」という[93]。偕行社は、千代田生命保険相互会社と契約を行い、保険会社と契約者の契約の媒介を偕行社が行い、媒介の手数料が偕行社に入るという仕組みであった。事業部の第一目標として、月間契約高五〇〇〇万円突破を目標とした[94]。

四ヵ月後の一二月の時点で、賛助員が一〇〇人おり、火災保険は順調な一方で生命保険は不調であった[95]。翌一九五四年四月になっても生命保険契約高八〇〇万円、収入六万円、火災保険契約件数五〇数件、収入約一万三〇〇〇円であり、金銭的な面で偕行社に寄与することはなかった[96]。更に五月以降は、赤字の可能性があり、事務所の借用も肩身が狭い思いをしていた[97]。この他に事業部では、結婚相談、翻訳事業、就職斡旋などを行っていたが、一九五四年一二月に事業部の再編を行い、保険事業とその他の事業を切り分ける[98]。更に翌一九五五年には、千代田生命との二年契約が切れたこともあり、保険事業を打ち切ることになるが、事業発足当時千代田生命から借用した資金も当分返済し得ない状況であったという。

偕行社は、会誌の安定的発行や遺族等の援護事業の拡充を目論み「金の入りそうな仕事」として、保険事業を行った。月間契約高五〇〇〇万円という高い目標を立て、その活動が保険事業に従事している会員の妨げにならないか配慮が必要という議論もなされた。しかし、彼らの期待するほどの成果をあげることはほとんどできなかったのである。後年の座談会では、結局は「武家の商法、大したことはなかった」と振り返られているが、一九五四年の偕行社の収入約三〇〇〇万円のうち、保険事業による収入は約五万円(収入の一・五%)程度に留まっていた[99]。むしろ、事業部や会計班などを含めた人件費が六三万円かかっており、事業部は全くうまくいかなかったといえる。保険事業以外にも、信用組合の設立、金融事業の開始なども提唱されていたが、いずれも具体化しなかった[100]。

保険事業がうまくいかなかった偕行社では、軍人恩給等に関する誌上相談室の開設[101]、陸軍士官の軍学歴問題への対応[102]、就職・結婚の斡旋、シベリアなどの抑留者の家族の世話[103]、自衛隊幹部候補生試験の通知[104]などが行われていた。しかし、安定的な資金や資産を持たないことは偕行社のあり方に大きな影響を与えることになった。

財団法人化と事務所

資金や資産を持たないことによって、偕行社の事務所は不十分なものとなっていた。前述したように『月刊市ヶ谷』の編集及び発刊は、佐藤勝朗(四八期)の会社で行われていたが、佐藤は一身上の都合で大阪に移り、町野誠之(四二期)の会社事務所を偕行社の連絡事務所とすることになった。町野の事務所は新橋のビルの一室にあったが、三光化工株式会社と扉に書いていた縁に小さく偕行会連絡所と「下手くそな字で墨書した紙片が貼つけてある」だけだった。ここで、三光化工株式会社の社長の町野が『偕行』の頒布作業を全面的に行っていた。町野に訪問者が「一体どちらが本職ですか?」と聞くと、町野はニッコリ笑いながら「偕行の仕事が九割、会社の仕事が一割ですな」という。更に、大変であるが「誰かやらなけりゃなりませんし若い方々が自分の仕事を終つてから手伝いに来てくれますので大助かりです」という。[105]

資産を持たない偕行社は会員のこうした犠牲的努力によって成り立っていた。一九五四年六月に専用事務所設置に動き、会員から拠金を集め、町野の会社事務所があるビルの一室に専用事務所を開設するが室坪数は四坪だった。[106]

この事務所は人が一〇人も入れば満員で座るところもなく、椅子がないので(あっても置く場所がなかった)ドアを開けて廊下に立っている始末であったという。廊下は他の事務所と共用だったので「近所迷惑至極」な状態であった。こうした事務所の状況は、日本各地に点在し、集会、宿泊などを行えた戦前の偕行社とは大きな違いがあり、不満も出ていた。そして、当時約七六億円とも言われる戦前の偕行社の資産は、一部の恩賜金と偕行社員の俸給から醸金（俸給の〇・五％前後）で作られたものなのに没取されたのは不当であるとして、その資産の返還を求めていた。[107]

特に、戦前の偕行社が所在した東京九段上の偕行社の土地返還のための運動をしていた。しかし、この土地は住宅公団の建物になるため、偕行社への返還は難しいというのが大蔵省管財局の返答だった。そこで、「私たちは長年、この土地を持っておったのだから、これに何か報いる方法を考えてくれないか」と働きかけると、大蔵省も非常に同情し、市ヶ谷に「払下げられる場所があるから、それに必要な広さを面倒みましょう」となった。

しかし、土地の払い下げを受けるためには、任意団体であった偕行社を法人とする必要があった。偕行社は、遺族や戦没者を援護する社団法人となることを一九五三年から目指していた。当時の下村定理事長が、法人化のことで厚生大臣を訪ね「社団法人として許可されたい」と強く要請したのに対して、厚生大臣は、「本来、同窓会的性格の偕行会を〝社団〟として公益法人と認めることには法律的に難点が多いが、〝財団法人〟としてならば許可しやすいので再考願えないか」といった。結果的に両者は物別れに終わるが、下村は「私は偕行会を〝財産〟だとは思っていないんです」といったという。陸軍将校の集いに対する社会からの警戒心が強い中、厚生省としては社団法人には偕行社を認められなかったのである。厚生省の役人は、財団法人として申請することを勧め、「これだけの財産がある、この財産で、主として遺族の援護、職業の授与をするといったことを目的」にすれば厚生省の所管であり、充分通るということであった。[108]

こうして、偕行社は一九五七年に財団法人となるが、土地の払い下げは、社会党から「旧軍人に安く払い下げて儲けさせるようなことは怪しからん」となり、結果的に立ち消えになってしまう。[109] また、財団法人となるために最低五〇〇万円の基金が必要だったが、当時の偕行社には二〇万円程度しか資産はなく、財団の基金の募集を会員に呼びかけることになった[110]。

このように戦後すぐの偕行社は、戦前の偕行社の資産を継承することや事業を成功させることに失敗した。そのため、会の運営は会員の会社事務所の貸出や無償奉仕によって成り立っていた。会員の醵金によってようやく専用の事務所を手に入れたが、それは戦前の偕行社とは比べられないほど小さなものだったのである。戦前の偕行社は陸軍将校の集会所として、この後見ていく一九六〇年代以降の偕行社も会館を手に入れ、宴会や集会、宿泊といった日常的に人が集う場として機能した。一方、この時期の偕行社は、日常的に人が集う場としての機能を充分に果たすことができなかったのである。そのことは、会員間の距離感に直結した。日常的に集う場がないということは、会員間の関係性は、少数個々の集まり、または年一回の総会などの場に限定させられた。総会では、同期生や勤務先が同一などの関係性があれば、心を許し合い話ができるが、そうした関係がなければ会員間でありながら話し合うことがないような状況であった[111]。そのため、戦前・戦中の関係性が薄く、総会出席者が少ない若い期が総会に参加し、話し相手を見つけるのは容易でなかったであろう。つまり、この時期に同期生会や個々の集まりを超えて、元陸軍将校の集団である偕行社といって想起され得るものは、機関誌の『偕行』と小さな事務所、古い期が中心となった総会でしかなかった。そして、そのことが若い期が偕行社と距離を置く一因となっていたのである。

陸軍将校の関係性を悪用しようとする人たち

偕行社が事業的に充分な発展を遂げていないことや、日常的に集う場がないことは、会員間の互助にも影響した。

元陸軍将校たちは、戦後の苦境を乗り越えようと同期生会などを通じて、抑留家族の世話、遺児の支援や就職の支援などの互助を後年ほどではないにしても行っていた[112]。しかし、敗戦の混乱から抜け出していない時期であり、名簿も充分には整備されておらず、誰が陸軍将校であるのかを確認するのが容易ではなかったのである。そうした状況の中で、元陸軍将校間の人的ネットワークや、偕行社を悪用しようとする人も存在した。例えば、自称四四期の男が、四七期のS氏を訪ね就職を依頼してきたという。S氏は、先輩だと思うし、態度もなんとなく士官学校出身者らしいというので身の上を聞くと、「祖父は陸軍大将、父は大佐」で巣鴨を出所したと証明書(らしきもの)を持っていたので同情と敬意で、力添えを約束した。しかし、数日から一〇日程度経った頃、相当の実害を与えて行方不明になったという。「44期にこんな男はいますか」と偕行社にS氏が飛び込んできたが、四四期にも巣鴨出所者にもそのような男はいなかった。これと同種の話がいくつか報告されていたという[113]。中には、偕行会員を称し、関係商社などに出入りして広告料金を詐取する人物も現れていた[114]。

また、過剰に「互助」が求められることもあった。『偕行』によって消息が判明することによって、先輩後輩と称するもろもろの保険屋、借金申込者、押売り、寄付募集などが、毎日入れかわり立ちかわり押しかけてきて仕事にならない状態に陥り、更に断れば、「彼奴は互助の精神を弁へない」と逆恨みされたという。ある人は、『偕行』に広告を出せば、広告を出すくらいだから景気が良いのだろうと、金借りにわんさと押しかけられたと語っている[115]。

この時期は、敗戦からまだ一〇年程度しか経っておらず、元陸軍将校の生活は人によって大きな差があったと想定される。戦後社会に馴染み、成功を収め始めた人がいる一方で、戦後社会に馴染めない人、依然戦犯として勾留中の人、シベリア抑留中の人など、その生活はまちまちだった。偕行社が本来行いたいかったのは、遺族やこうした抑留等からの帰還者への援護事業や互助であった。しかし、そのための資金も場所も充分に確保できていなかったのである。そのため、偕行社を通さずに「互助」が行われていたが、戦後の混乱が収束していないこと、名簿の未整備などが重なり、元陸軍将校の人的ネットワークの悪用や、過剰な「互助」の要求につながってしまったのである。

政治との関わり

次に、初期の偕行社と政治や軍事との関係について見ていこう。前述したように、社会からの警戒感、若い期への配慮から政治的中立が掲げられていたが、それは容易なことではなかった。

この時期の誌面から再軍備や東西冷戦、共産主義への強い関心が窺える。こうした誌面構成に対して、若い期からは、軍事色が強すぎる、もっと実生活に役立つ情報をという声があがっていた[116]。逆に古い期からは、軍事評論など元軍人ならではの記事を掲載せよという声があがっていた[117]。背景には、戦後に仕事をして第二の人生を歩んでいる若い期の人々と、軍人恩給等で生活をし、なお軍事に強い関心を寄せる古い期との差があった。

また、陸軍将校であった会員たちは、戦前から皇室との距離感が近く、天皇制を否定する共産主義者に対する批判者が古い期の人々を中心に多かった。先述したように、広田照幸は、陸軍将校の教育で作られたのは、天皇や所属集団のために献身を誓いつつ、それが同時に自分の私的欲求充足の手段でもあるという意識構造であり、献身感情はかえって敗戦後に進んだと指摘している[118]。実際に『偕行』内でも、軍に対する「誹謗」に反論せず、敗戦責任の一切は旧陸海軍が進んで背負うことによって、国民の天皇への不満を軍への不満にすり替えたという認識を披露する人もいた。そして、「旧軍倒れて、なおも忠節の誠を捧げたり」という認識を深めていたのである[119]。

一方、若い期の中には、「終戦時には何だか勅語とやらを戴き感激したがアメリカの占領と共に天皇は旧軍人には見向きもされない。「天皇陛下万才《〔ママ〕》」を唱えて死んで行つた多くの戦友は(筆者はこの耳でこの声を幾度か確かに聞いている)果してどんな感じを持つているだろうか、吾等はやりどころのない憤懣すら抱いているのだ」と天皇への批判まで主張する者もいた[120]。しかし、この意見には、古い期から「是非御撤回を願いたい」という声や「忠節を尽すを本分とした吾人は終戦後とにもかくにも皇室が御安泰であらせられることを喜ぶものである」と批判の声が寄せられた[121]。その批判の中では「吾人軍人は、皇室国家に対して、代償を求めて働いたものではなかつた」と私的欲求の記憶が後景化し、献身感情が前景化していることが窺える。

古い期を中心に天皇に対する献身感情を強めていた結果、先述したように共産主義に対する強い批判につながったのである。特に、一九五〇年代後半から勢いを増す共産主義陣営に対する警戒感を強め、一九五八年には、共産革命の可能性を指摘し、「日本共産党の実体」や「最近の治安情勢」「左翼団体の国内関連一覧表」などをまとめた『偕行』の別冊を作成し、会員に配布している[122]。また、中には共産主義革命が起きたら自分たちが立ち上がるべきという意見もあり、一三期では、日教組、総評、全学連などの言動は共産革命の前哨戦であり、徹底的に排撃すべきという決議が採られた[123]。

こうした会内の状況もあり、再軍備反対を唱え、元軍人の訪中団を組織した元陸軍中将遠藤三郎は会内部でも批判の対象になった。遠藤は訪中元軍人団を組織しようとし、偕行社に協力を要請したが、憲法擁護論者であった遠藤への協力については古い期を中心に強い反対があり、これは拒否された[124]。遠藤によれば、彼への批判記事は掲載される一方、遠藤が投稿した記事は掲載されなかったという[125]。遠藤は、旧軍人団体からの攻撃の背景には辻政信がいたと語っているが、遠藤と辻は、訪中元軍人団をどちらが組織するのかをめぐって争っていたのである[126]。

そして、共産主義との対決や、軍人恩給、遺族援護、憲法改正のために国会議員を輩出することが会内で求められていた。元陸軍将校では、宇垣一成や辻政信などを国会議員として既に輩出していたが、一九五八年総会では、最後の陸軍大臣下村定が立候補することが発表された[127]。その総会では、服部卓四郎と下村定が参議院選挙に立候補する予定であったが、服部は候補者調整で立候補を断念し、下村が立候補することになったと報告があり、それに対して全員の拍手があった[128]。しかし、この総会での出来事に対して、偕行社の政治的中立を犯すべきではないという反対論が出る[129]。こうした意見に対して、編集委員は、あくまで報告であり決議ではないと主張している。一方で誌面には、下村の論説が載り、選挙の手引きが掲載された[130]。

つまり、偕行社は、強烈な反共主義的姿勢を持ち、軍人恩給などの権利を求め、有力な候補者を実質的に支援していた。そして、その有力な候補者や、再軍備に向けて様々な動きを見せている元陸軍将校がおり、元陸軍将校の一部は政治、再軍備における当事者であった。だからこそ、若い期に配慮するために、偕行社という元陸軍将校の親睦互助団体として表面的には政治的中立を掲げることが重要であった。そのため、政治的運動は、多くの戦友会が集まった日本郷友連盟(郷友連)で行うことが会内で確認されている[131]。

5　戦後初期の戦争観

次に初期の偕行社におけるアジア・太平洋戦争との向き合い方について見ていこう。これまで見てきたように偕行社では内部での世代間の潜在的対立があり、決して組織率は高くなかったが、将官級のいわば陸軍の長老たちや、軍の中枢として戦争に関わった人々が存命であった。また、社会の反陸軍感情は依然強いものであった。そのことは、偕行社における戦争の語りにどのような影響を与えたのだろうか。

「大東亜戦争全史」の連載

『月刊市ヶ谷』では、一九五三年から服部卓四郎による「大東亜戦争全史」の連載が始まった。この著作は、表向きは服部卓四郎著作となっているが、実際は各戦域の作戦参謀級の陸海軍幕僚が分担執筆し、稲葉正夫（四二期）がまとめたものだった。戦争指導、大本営による作戦指導、各地域での戦闘の三つを包括的に叙述した、戦後初めての本格的な戦史であった。この戦史は、御前会議、大本営政府連絡会議の資料など米国戦史の編纂に協力しつつ、アジア・太平洋戦争関係の資料の収集と戦史研究にあたっていた服部グループだからこそアクセスできる資料を用いていた。ただし、彼らは、これらの機密文書を組織的に隠匿していたという問題があった。吉田裕はこの著作について、①アメリカの対日圧迫政策の結果、日本は戦争に追い込まれたという歴史認識を有している点、②「勇戦」した日本軍の顕彰という性格が強い点、③中国戦線を軽視している点といった三つの問題点をあげている[132]。また、木村卓滋《きむらたくじ》は、この連載は「敗戦原因」を軍事的側面のみから分析したものであり、陸軍の政治関与といった敗戦直後に国民の強い批判を浴びた問題などについて全くといっていいほど言及されていなかったという[133]。

こうした「大東亜戦争全史」の連載をめぐって会内で論争が起きる。「大東亜戦争記事の掲載に反対する」という横山生（二一期）の投稿では、戦記は好きだが「大東亜戦に関する記事（回顧録小説を含む）はどうしても読む気になれない」という。そのわけは、「あのいやな戦い、あの敗戦の悲劇を何とかして忘れたいからです。この考えは私だけでないようです。あの記事を読んだ人は果して幾人あるでしょう。余程無神経な人以外いないでしょう」と連載に対して反対している。[134]

これに対して、「我々元軍人が何時までも独り戦争責任者の如くそしられているのは国民が大東亜戦争の真の意義も実情も、外国と比することも知らない無智から起つておるとも考えられますし、我等と雖ども大本営や陸軍省等の枢機に参画しない一般の軍人は唯命是に従つて真実をよく識らない人も多いと思います」と連載への賛成を表明する人もいた。[135]木村卓滋は、この論争を通じて、「自らの戦時体験を正当化することができない、あるいは敗戦責任を一定程度感じ、戦後社会に対し旧軍人は政治的意見表明をすべきでないと考える旧軍人は「大東亜戦争全史」に対し強い違和感を」抱き、「逆に戦後社会の反軍意識の強さや旧軍に対する不信感の根強さに反発を感じる者はこの戦記に対して共感を抱いていた」と指摘している。[136]つまり、結成当時のこの時期から偕行社には、敗戦の責任に向き合おうとする人々と陸軍の汚名返上を望む人がいたのである。こうした両者の衝突がありながらも、結果的に「大東亜戦争全史」は連載が継続された。

他方、一歩踏み込んで敗戦の原因究明を求める声もあった。『月刊市ヶ谷』創刊号では、「戦争の後始末が未だ全く出来てゐない昨今既に再軍備の一環と思はれる様なことがドン〳〵進められてゐる。之では物の順序を謬るものであり、再び大なる過失を繰返さないとは限らない「敗戦」の徹底的原因探究等こそ先づ第一に取挙げ最も高き見地から広く且深く研究されねばならぬと思ふ」と敗戦の原因究明を求める声が見られる。[137]この意見には一定の賛同が見られ、陸軍や敗戦の原因に関する個人的意見を発表する人もいた。[138]

証言の統制・抑制機能

しかし、敗戦から日が浅く、社会での反陸軍感情が強く、そのせいで社会的地位が安定していない人々にとって、自身の立場を悪くするような陸軍の反省を行うのは難しかった。むしろ、将官、佐官として戦争の中枢に関わった経験のある人々が健在ということで、証言の統制・抑制機能が働いていた。吉田裕は、戦友会が証言を抑制、統制する機能を持ったことを指摘しているが、偕行社においても戦争に関する証言、言及に対する抑制、統制機能が働いていたことが窺える。[139]

例えば、村上兵衛《むらかみひょうえ》（五八期）は、一九五六年に『中央公論』で「戦中派はこう考える」「地獄からの使者辻政信」「天皇の戦争責任」を発表した。「地獄からの使者辻政信」では、辻政信（三六期）に対する批判がなされていた。[140] これに対して戦時中大本営に勤務した種村《たねむら》佐孝《さこう》（三七期）は、本文中の誤りを指摘し、「偕行同人は正しい戦史的基礎に立って、冷静に発言してもらいたい」という。そして、辻を直接訪ねて「是非曲直を究明論断」することを勧めている。[141] 石井《いしい》秋穂《あきほ》（三四期）は、村上の論に対し、「もしもご希望でしたら、具体的に事情をお教えいたしますから、御来信をお待ちいたします。ともかくも、事実から全くかけはなれた独断をなされて主張を公けにしておられると、あなたは将来ぬき差しならぬ苦しい立場に追い詰められるかも知れません」と脅しともとれる言葉で批判している。[142]

ただし、単に陸軍中枢にいた人々が、若い期の戦争責任を問う声を押さえつけようとしたというより、元陸軍将校への社会からの批判をこれ以上加熱させないためという側面が強かった。例えば、ガダルカナル戦に川口支隊の指揮官として参加した川口《かわぐち》清健《きよたけ》元少将（二六期）と参謀としてガダルカナル戦に参戦していた辻政信は、フィリピン最高裁判長官ホセ・サントスの処刑がどちらの命令・責任によるものかやガダルカナル島での川口支隊や川口の行動に関する辻の著作での記述などをめぐって対立していた。[143] 辻は自身の著書などで、ガダルカナル島では、司令部の糧まつは上陸地点でほとんど一木、川口支隊に盗まれ、「それはまったく泥棒の集団であった」と記載した。川口についても、「川口少将は前線から無断で軍司令部に帰ってきた」と非難している。川口は、この二点は誤りであるとし、遺族のためにも取り消すことを求め、文春臨時増刊などに反論を投稿した。また、川口は、公開の席上での対決を求めたが、辻は「同じ軍隊のメシを食った者同士だ。二人だけで話しあうならよいが、公表するのは困る」と当初は応じていなかった(144)。両者の批判の応酬は、週刊誌での誌上対決や金沢での約一万五〇〇〇人もの聴衆を集めた討論会などで行われ世間からの注目を集めた(145)。

こうした論争に対して『偕行』に多くの投稿が寄せられ、代表的な意見を要約して掲載された。代表的な意見を要約してもなお誌面一頁以上が使用されており、会員たちのこの論争への強い関心が窺える。その中では、公開論争の前に話し合うべきだったという意見(146)や『偕行』において対決すべきという意見(147)、同期生や軍の長老に仲介を求める声があがっていた(148)。

両者の議論を抑制しようとする背景には、再び陸軍や、陸軍将校が批判の対象となることを多くの会員が恐れていたことがあった。例えば、東京裁判において、「連合国に踊らされて、道化役を演じたT元少将(149)のように再び我々の同志が商業ジヤナ〔ママ〕リズムや、政治的な取引の具に踊らされて衆人環視の中で道化役を演ずる愚かな姿を曝さない前に両氏の同期生会あたりで何とかならないものだろうか」という意見もあった(150)。他にも、終戦後何でもかんでも軍の責任にし、「軍と云えば悪魔の標本なるかの如く世間を信じさせた此の風潮に対し、我々は今日迄肩幅狭い屈辱を感じて来た」。「然るに昨今漸く国民の気持ちも正常を取り戻し、やれやれと思つていたのに、軍人が自ら古傷を洗い出し、わいわい騒ぎ立てたのでは、国民は戸迷〔ママ〕うだろうし、再びその感情を悪化させるのではあるまいか」。「自己の立場を合理化しようと焦つては累を軍人全体に及ぼす結果に陥る」と指摘している[151]。つまり、両者の論争が商業ジャーナリズムの話題になることで、東京裁判や敗戦直後のように元陸軍将校への感情が悪化しないのか心配し、累が軍人全体に及ばないように両者の議論の抑制をその周辺の人物に呼びかけたのであった。

実際に陸軍将校以外にも、この論争へ嫌悪感を抱く人がいた。読売新聞の「読者の欄」に投稿した丸山政彦は、ガダルカナル島攻略戦に従軍した元下士官であった。丸山は辻、川口という「上級指揮官であった御両人にすこしも反省される気持がなく、売名的な騒ぎをされてはおられないでしょうか」と批判を展開する。また、問題となっていた川口支隊の糧まつの「泥棒」についても「飢えた兵隊が食うため泥棒したので、食糧さえあったなら皇軍相食む強盗的な兵隊もなかったでしょう。私も糧食輸送で川口部隊の兵隊に襲われたし、戦友はそのため殺された。しかし、なにも川口部隊の亡き人々の罪ではありません。これは補給ができ得ぬような無謀な戦争に原因がある」と指摘している[152]。

つまり、辻、川口の論争が週刊誌等に載ることは、元陸軍将校への国民感情が悪化するだけでなく、両者の売名とも捉えられたのである。そして、そもそもこの論争の争点となった戦場における「泥棒」は充分な食糧があれば起きなかったもので、補給を軽視した戦争や、戦争指導に批判の矛先が向かう可能性があったのである。川口に限らず、戦中の作戦や参謀、指揮官に対して不満を抱いていた元陸軍将校も少なからず存在したはずである。しかし、そうした不満を公的に表明することは、その参謀、指揮官の責任を問うことに留まらず、戦争そのものの性質や戦争指導にも議論が広がる可能性があった。そして、そうした議論を行うことは、元陸軍将校への国民感情の悪化を招き、結果的に不満を表明した自身にも累が及ぶ可能性があったのである。だからこそ、戦争に関する証言や論争を同期生会や軍の長老を通じて抑制、統制する必要があったのである。

こうした統制、抑制の機能は、事実誤認に基づく議論にも働いた。今村均は、アメリカとの対米戦争開戦について、東條英機が対ソ連の北方作戦の発生を示唆していたのに、なぜ突如「〔大東亜戦争という〕正反対の作戦に切りかえ」たのかを疑問に思っていた。そうしたところ、『綜合文化』という月刊誌（祖国復興のためには、共産国の思想攻勢を警戒しなければいけないことを毎号にわたって論じていた）に載っていた論文で、この南進の背景には、ゾルゲや尾崎秀実《おざきほつみ》といったソ連のスパイの暗躍があったとの記述を読み、「アッというほど当時の国策大変更の原因を知らしめられた」という[153]。こうした、いわば陰謀論に対しては、その決定過程にいた種村佐孝本人から否定の声があがっていた[154]。つまり、戦争に関する論議だけではなく、陰謀論のはしりとされるものに対しても当事者が健在であることによって抑制の力が働いていたのである。

小括

これまで見てきたように、一九五〇年代の結成初期の偕行社は、対外的には反陸軍感情の強さ、対内的には、若い期と古い期の世代間対立、事業不振による財政難という問題を抱えていた。特に世代間による認識のズレは深刻であった。偕行社は、陸軍将校の親睦互助を行おうとした若い期の努力によって成立したが、古い期の追放解除、会への参加に伴い、会の主導権を陸軍における上級者であった古い期に奪われてしまう。古い期は最終的に政治的運動を行うことを視野に入れていたが、若い期は政治運動の中で再び「動員」されることを恐れ、偕行社から遠ざかっていく。そのため、会員を集めることに苦労し、事業も不振に終わることになった。

古い期としても、若い期を中心とする政治運動への拒否感や若い期の潜在的な「数」は無視できず、表面的には政治的中立を掲げることが求められたのである。そのため、偕行社は政治的運動への野心を郷友連、軍人恩給に関する問題は軍恩連盟全国連合会（軍恩連）といった外部の友好団体で行うことになっていたのである。つまり、戦友会の中で団体間のすみわけが行われていたのである。

このように政治運動を外部化することによって、政治的中立と親睦互助を両立する偕行社が成立していたのである。しかし、財政難や、親睦互助の場を充分に用意することができなかったこともあり、会員間の親睦互助は充分に行えず、陸軍将校間のつながりも社会関係資本として機能していなかった。

また、戦争に関する議論をすることは、結果的に戦争指導や陸軍の問題を掘り起こすことにつながる可能性があった。そして、そのことは、元陸軍将校への社会からの風評を再び悪化しかねないという懸念があった。そのため、戦争に関する議論は充分に行われなかったのである。

陸軍における重鎮も健在なこの時期に若い期が古い期に対抗するには、「数」という彼らの利点を活かすか、古い期の戦争責任を追及する方法があった。しかし、この時期の若い期は、「数」を揃えることも、古い期の戦争責任を問うこともできなかったのである。その結果、若い期が陸軍における上級者である古い期に対抗することができなかったのである。

第2章　会の大規模化と靖国神社国家護持運動

1章で見てきたように、一九五〇年代の偕行社の会員は五〇〇〇人程度で、会の中心は三〇期以前の古い期であった。しかし、本章で扱う一九六〇〜七〇年代前半の偕行社は、この状況から会員数を飛躍的に増やし、会の大規模化に成功する。

先行研究では、こうした戦友会の大規模化において、慰霊碑や記念碑の建立が戦友会の大規模化の契機になったと説明されてきた(1)。清水亮は、慰霊祭の実施や慰霊碑建立・管理といった事業の遂行という明確な目的がなければ、見知らぬ者同士の大規模戦友会をわざわざ作る必要性は乏しいと指摘している(2)。そして、大規模戦友会の組織化の背景には、会員の「戦前の戦争体験の共通要素を探し出すと同時に、事業の達成を通して人生への意味づけがなされる戦後体験の共有の場があった」という(3)。

しかし、この時期の偕行社では、慰霊碑や記念碑の建立といった事業は行われていない。そうした中で、偕行社はどのようなきっかけで大規模化に成功したのだろうか。より具体的に言えば、潜在的な「数」を持ちながら偕行社に積極的に参加していなかった若い期をどのように引きつけたかを見ていく。

他方、靖国神社の国営化を求める靖国神社国家護持運動が行われるのもこの時代であった。伊藤公雄は、

「所属縁」を契機とする大部隊戦友会は、集団維持のために、制度化された枠組みを必要とするという。そのため、大部隊戦友会が最も政治化する可能性が高く、靖国神社国家護持運動へ最も積極性を見せていると指摘している。大部隊戦友会は、過去の所属という、弱い再結合の契機が、靖国神社国家護持という新たな目標が設定されることにより、より強化される。ここで戦友会は、「政治化」され、集団から一歩外へ踏み出そうとするという(4)。

伊藤の図式を用いれば、偕行社という「所属縁」をもとにした戦友会は、制度化された枠組みを求め、政治化される傾向が強い戦友会だといえる。事実、偕行社は、靖国神社国家護持運動に参加した代表的な戦友会として論じられてきた(5)。

しかし、1章で見てきたように偕行社の若い期の人々は、政治的中立を求めていた。また、先述したように会の大規模化には若い期の「数」が不可欠であった。偕行社は、靖国神社国家護持という政治的運動と会の大規模化、若い世代の勧誘をどのように両立したのだろうか。そこでは、世代間の相違はどのように意識され、戦争の議論が行われていたのだろうか。こうした点を2章では明らかにしていく(6)。

1　偕行社の大規模化

偕行会館の落成

一九六〇年代になると終戦時将官級であった古い期の人々が徐々に物故していく(7)。そうした中で、会の発展のためにも若い期の人々を偕行社に引き込むことが大きな課題となっていた。しかし、若い期の人からすると、偕行社は、古い期が中心となっており、敬老会的な色彩が濃く、懐古趣味的で後ろ向きな感じがする。また、偕行社といっても実際の生活には関係なく、実益がないという意見もあった[8]。

そんな若い期の人々を引き込むためにも偕行社は宿泊施設などを備えた偕行会館の整備を目指す。まず、一九五九年に偕行社は、靖国奉仕会(旧国防婦人会)から市ヶ谷にある土地建物の寄付を受ける。この会館は、土地約一〇〇坪、建物は木造二階建て約八〇坪であった。靖国奉仕会は、旧国防婦人会の流れを汲む団体であったが、一九五八年に目的の事業をほぼ達成したとの理由で解散が決議された。それとともに、資産のうちの土地建物は、同様の目的を有し、かつ最も縁故の深い偕行社に寄付するから、英霊の奉賛ならびに遺族援護事業の発展拡充のもとにして欲しいということだった[9]。こうした靖国奉仕会と偕行社をつないだのが、国防婦人会などの団体の指導監督を行っていた兵務局長経験者であったという[10]。

当初は、会員及び会員の紹介するものに二階(一〇畳二室)を貸していた(一室一五〇円、二室で三〇〇円)[11]。そして、遺族の子弟の受験のための上京の際に宿泊できるように運営していた[12]。しかし、寄付された建物は「オンボロ」であり、「手狭まで、会の運営にも支障を来たし」、会員を満足させることができなくなっていた[13]。

そこで、偕行社は偕行会館の建て替え工事を企図する。建て替え工事計画時には、七〇〇〇万円程度の資金しかなかったようであるが、「この土地に一階建ての七百万円ぐらいの建物をつくるのは勿体ない。今は、どんどんインフレで、物価が上がってくる時だから、少し金を借りても、ひとつ大きなものをつくろうじゃないですか」という意見が出た。また、高度経済成長の中、その社会の中核として活躍する若い世代は、「非常に元気」で、「厚生年金事業団へ行ったら二億円ぐらい借りられるぞ」という意見や、何階建てかのマンションにして、偕行社がその二つの階をとったらどうかという意見も出ていた。こうした若い

写真２－１　落成された偕行会館の様子(『偕行』1966年10月号より)

世代の勢いがあった一方、マンション案は当時理事長を務めていた今村均(一九期)の反対によって流れるなど、依然として古い期が会の決定権を握っていた[14]。その結果、偕行社は戦前の資産(陸海軍将校集会所)の取り戻し交渉(靖国神社から一〇〇〇万円[15])と借入(八〇〇万円)などで資金を調達し、三階建ての偕行会館を建てる工事に着手した[16]。

この過程では、会員から内外装の備品や、様々な設備などの寄付を受けていた。業者選定の入札においては、一回目一七八〇～一六九〇万円、二回目で一六五五～一六二〇万円と偕行社の意図した金額より高かった。しかし、元陸軍少将を義父に持つ大畠建設の社長が、一三〇〇万円という破格の金額でこの仕事を引き受ける。この社長は、義父に「偕行社のためには、お前は損をしてでもやれ」と言われていたという[17]。

こうして、一九六六年に建て替え工事を完了し、宿泊施設などを備えた三階建ての偕行会館を落成したのである[18]。

偕行会館の落成に伴い偕行社のあり方も大きく変わっ

	1958年[21]	1962年[22]	1967年[23]	1970年[24]
簡易宿泊	記載なし	13名、25泊	1,037名(延べ人員)	2,019名(延べ人員)
会合	記載なし	記載なし	552回	1,509回
収入総額	2,775,580円	5,791,586円	18,193,943円	28,566,940円

表2－1　偕行社事業発展の様相

た。「偕行社は懐古社ムードを、かなぐり捨てて現代の社会活動の前線に立つ、一種の企業体に生まれかわりました」という。そして、偕行社のあり方として「先輩期の方々に、懐古と安息の場を提供」し、「新進の期の各位には、大いに活動力を発揮していただく舞台を準備したい」という[19]。

偕行社は、会合や宿泊の世話をする事業部を立ち上げ、地方在住者の宿泊や、会合、宴会が偕行会館で行えるようになったのである[20]。偕行社の事業の様子(表2－1)を見ても簡易宿泊や会合が劇的に増加していることが窺える。

一九六七年には、旧資産の取り戻し訴訟(東京九段上戦前偕行社社屋)で手に入れた資金(一〇〇〇万円)を元手に偕行会館を更に増改築している[25]。こうして、古い期の社会関係資本(戦前・戦中のつながり)を活かして土地建物を手に入れ、格安で会館を建て替え、会員の「親睦のホーム」となることが期待された偕行会館が整備されたのである[26]。このことによって、地方在住者の宿泊場所、同期生などの日常的集会場所としての偕行社が整備されたのである。また、偕行社の戦後史を考える上で重要だったのは、偕行会館という土地建物＝資産を手に入れたことであった。この資産のあり方が後々の偕行社にとって重要になっていく。

エリート性の再確認――旧軍の評価の変化

偕行会館が整備されたことによって、同期生会などの親睦互助が促進された。また、若い期が偕行社と距離を取るきっかけの一つとなっていた陸軍や陸軍将校の社会的評価も徐々に変化していた。

一九六〇年代に入るとむしろ、軍の組織、運営、教育などを評価する声が届いていた。例えば、林茂清《はやししげきよ》会長代理(一三期)の年頭の辞では、「最近は、各方面において旧軍の組織・運営・教育訓練などについての研究が盛んとなり、その精華《(ママ)》の一部が企業の中にまで取り入れられつつあるやに承っております」という。[27]偕行社でも、処世の指針や事業活動の準備の参考になるようにと、陸軍の典範令の作戦要務令を『偕行』で掲載していた。[28]そして実際に、作戦要務令が実業で役立つという声が会員からあがっていた。[29]

また、一九六〇年代後半には、各界のリーダーとなった旧将校の存在が注目されるようになっていた。[30]終戦後は、旧軍人というので色目で見られ、「何となく遠慮勝ちな気持」になっていた陸軍将校たちだが、社会の安定とともに陸士卒業ということで、「社会の人が一応敬意を払って呉れるよう」になったという。むしろ、陸士卒ということで銀行の信用も得られるようになっていた。[31]そして、同窓には、大会社の社長、マンモス労働組合の委員長、料亭の主人、映画俳優がおり、「顔が広い」という財産を得たと陸士卒業者であることを肯定的に評価できるようになっていた。[32]また、会員の子女が有名大学や有名企業に勤めていることが、『偕行』や「花だより」を通じて伝えられ、自身たちの優秀さ、エリート性を再確認する契機となっていた。[33]

こうしたエリート意識が端的に表れているのが、「会員の女房・子女に与うる訓辞」という三八期の同期生会での発言をまとめた投稿である。そこでは、会員の「女房・子女」に対して、「諸君の夫」「父、すなわち我が同期生は、皆立派な人ばかりである。頭脳明哲、思想堅確、身体強健、三拍子そろった申し分のない秀才であった」という。そして、当時の天下の秀才は「陸士、海兵を受験し」、「陸士、海兵こそ真の一流校、超一流校であって、当時の一高や東大は只の一流校または二流校に過ぎなかった」。そして、そうした優秀な同期生を父や夫に持てたことを感謝するように述べられていた[34]。

戦前・戦中において、陸士や海兵が一高や東大（帝大）より、明確に上のランクであったとは断言できない。しかし、陸軍や陸軍将校への社会からの評価が変化してきたことや、自身たちが再び社会の中心で活躍しているという意識、子女の優秀さから、自身たちのエリート性を再確認し、陸士、海兵こそ「真の一流校」という認識を持つようになっていたのである。そのような社会からの評価の変化もあり、若い人々も自分が陸軍将校、エリートであった誇りを再確認し始める[35]。更にかつては、「俺は旧軍と絶縁した」と言ったり、案内状の返事に「これからそんなもの送らんでくれ」と言ったりしていた人々が六〇年代になると会にも顔を出し、上京したから会いたいと連絡してくるようになってきたという[36]。

共通の「戦後体験」

前述した「会員の女房・子女に与うる訓辞」では、同期生の優秀さが語られる一方、同期生内での競争の記憶が後景化されていた。同期生は、皆優秀で、卒業時の順位は恩賜の銀時計を全員に授けるには予算が足りないとか、任官後上級のポストの数が少ないからなど、陸軍の経営上の必要から形式的に決めただけのものであり、本質的な才能上の個人差はないと主張している。また、多くの同期生は、「兵隊の教育を重しと感じ、第一線の指揮を尊しと信じたから、陸大を敬遠し参謀を辞退したと思う」。「決して負け惜しみではない」という。

しかし、戦前・戦中の陸軍将校にとって、陸軍士官学校の卒業順位や陸大進学の有無は、陸軍将校としてのキャリアに関わる一大関心事であった。陸軍士官学校を優秀な成績で卒業し、陸大に行けば、「末は大臣、大将」という夢が見られる一方、成績が悪く、陸大に行くことが叶わなければ昇進が遅れることにつながった。そして、昇進が遅れた佐尉官級の人々は退役年齢が早く、退役後は潤沢とはいえない恩給と社会的孤立によって苦しい生活を強いられていた[37]。そのため、同期生間では熾烈な競争が行われ、時に陸大卒業者への不満や怨嗟の声があがっていた。しかし、戦争により陸軍は解体され、皆一様に陸士の成績など「陸軍の論理」が基本的に通用しない一般社会で生活しなければならなくなったのである[38]。つまり、陸軍の解体は、陸軍将校の生活(階級)を規定していた「陸軍の論理」からの解放をもたらしたのである。そして、「陸軍の論理」から解放され、陸軍の解体から一〇年以上経過することによって、競争の記憶も薄れ、同期生間の親睦が促進されたのであった。

一九五〇年代は、1章で見たように、社会からの陸軍への評価が悪いことや、古い期が偕行社の中心だったこと、壮年で忙しいこともあり、若い期の同期生会の活動は活発ではなかった。同期生通信である「花だより」も若い期は途絶えることが珍しくなかった。

一九六〇年代になるとこうした同期生の親睦が、若い期でも進むようになる。その一つのきっかけが、同期生会の団結を促す様々な共通の「戦後体験[39]」であった。共通の「戦後体験」として、同期生会による大規模な慰霊祭や、日本寮歌祭への参加、偕行社総会の幹事などがあった。

まず、同期生会による慰霊祭を説明していこう。終戦から一五年以上が経過し、生活も落ち着いた若い期の人たちの念頭から離れないのが、戦没した同期生であったという[40]。そこで、戦後初めての同期生の慰霊祭を行う期が多く現れた。

例えば、五二期は一九六〇年に大規模な慰霊祭を行っている。この慰霊祭は、一年間にわたる準備の末、遺族一三五名、畑元帥などの陸軍重鎮、恩師などを招き、靖国神社、九段会館で行われた。この際集まった同期生は、一二二名で戦後最大の同期生会をも兼ねたという[41]。この慰霊祭に参加した遺族からは、「私どものことを、あのように案じて下さる方々が、この世の中にいらして下さったということに、世の中が急に明るくなったように思いました」。「相談し、話し合う相手もなく、一人で、あれやこれやと考えておりますと、気が滅入ってしま」うが、「あの日ばかりは心晴れ晴れとお話することができ、楽しうございました」と喜びの声が届いていた。また、終戦から一五年もの「長い年月を経ておりますのに、戦争中の親しさと、ちっとも変らず、皆様うちとけられ、また、私どもを励まして下さった同期生会というものの良さを本当に美しく感じ」たという[42]。

こうした同期生会による慰霊祭が、戦没者を多数出した若い期を中心に多く行われるようになる。そして、遺族と触れることによる喜びを感じていた。例えば、五七期の慰霊祭に参加した会員は、「戦後久しく亡き同期生の消息を偲び、いつの日か御遺族の方々にもお会いしたいと思っていたのが、実現できて嬉しい限りです。遺族の方々の中で、涙をこぼしつつ校歌を歌ったのも生れて初めてでした。／生きているわれわれの責務と、将来への自覚を」、強く感じたという。そして、普段は偕行社や同期生会に「余り出席する気持にならなかったのですが、今回は上京して本当によかったと、しみじみ感じている」という[43]。

同期生の慰霊祭を通じて、遺族と関わり、同期生会の結束を強くしていったのである。また、遺族から同期生会を高く評価されることを通じて、同期生会に対して肯定的な感情を抱くことが可能になっていた。

こうした同期生会以外にも日本寮歌祭というイベントもあった。寮歌祭は、旧制高校OBを主体に寮歌を懐かしむ集いで、東京日比谷公園の野外音楽堂などで開催されテレビ中継もされていた[44]。「母校もなくなってしまった今日、校歌や逍遥歌が昔を偲び、今に残す唯一のもの」となった。そして、「とかく武骨一点張りと誤解され易い武窓の生活にも、このような歌が、青春の意気と、豊かな情操があったことを知っていただくには、またとないよい機会で」あるとして、寮歌祭の参加が会員から提案されたのである[45]。

写真2-2　第7回(1967年)日本寮歌祭の様子[48]

旧制高校の側も、「同じ世代に育って、一番不幸な目にあったのは、陸士の人たちじゃないか。それを、のけ者にするのは気の毒ではないか」と偕行社の参加を認め、一九六五年から陸軍士官学校卒業生として有志が参加するようになる。[46] 実際に彼らがどのように寮歌祭に参加していたのか、一九七二年の『偕行』では以下のように報告されている。

> 二百二十名の大集団による行進は、指揮班の堵列する演壇の周囲を隊伍堂々、容姿整々と統制美を繰りひろげて行く。
> 三列縦隊による二コ中隊の間隔も、過不足なくピタリときまり、校歌の大斉唱は、一糸乱れぬ歩調に支えられて大会場を圧し、力強い円状行進が続く。
> 趣向を凝らした旧制各高専と異り、統率の行き届いたか〔ママ〕力感に溢れた集団歌唱こそ、陸士ならではの面目であり、四半世紀の余を経ても、なお、かつ伍の一員として集団の中に溶け込む精神こそ、文字どおり「偕行」の心といえるだろう。[47]

この報告及び写真2-2から、日本寮歌祭で陸軍的な「統制美」を示していたことが窺えるだろう。ここで重要なのは、陸軍的な

「統制美」を旧制高校の人々も受け入れていたことであろう。[49] 旧制高校出身者も戦前のエリート学生として戦後社会で活躍していた。それゆえに日本寮歌祭の顧問には福田赳夫や中曽根康弘といった政治家や「政財界の大物が綺羅星のごとくに並んで」いた。[50] 日本寮歌祭に参加できたことは、その旧制高校のエリートたちの仲間に加われたということを意味していた。そして、「戦後の苦難の人生を同世代の仲間たちが快く迎え入れてくれ、公然と校歌が歌えた感激」があったという。[51] 旧制高校という同世代のエリート学生に認められたことは、自身たちが彼ら同様に戦前のエリートであったことと社会からの反陸軍感情が緩和されたことを実感させるものであったといえるだろう。

それに加えて重要であったのが、会員たちが寮歌祭の参加を通じて、この「統制美」の一員であることを再確認できたことである。特に最若年期など、陸軍生活が短い人にとっては、自分が陸軍将校の一員であったことを再認識させるイベントになっていたといえる。

こうしたイベントに付随する義務的な側面や負担も見逃せない点である。当初は完全に有志によって参加していた寮歌祭であるが、旧制高校出身者やその他観衆に認められるパフォーマンスをするには、当日の演出や人数集めに工夫を凝らす必要があった。そのため、偕行社では幹事の期を決め、彼らが同期生を「動員」し、人数を集め、体操帽などの衣装を取り揃え、曲の選定など演出を執り行う必要があったのである。こうした負担も伴うイベントを通じて、同期生間や共に寮歌祭に出場した他の期との親交を深めたのである。[52]

義務感の強いイベントとして、偕行社総会の幹事というイベントもあった。一九五〇年代は、敬老会のようと批判されていた偕行社総会であるが、一九六〇年から期ごとに幹事を行うようになっていた。[53] 総会の幹事は、場所の確保、総会の内容の策定、当日の受付業務、来賓の案内など多くの業務を行わなければならなかった。そのため、同期生会の献身や結束が強く求められ、必然的に自分たち以外の期の人々とも事務折衝など関わりを持たなければならなかったのである。こうした総会の幹事をきっかけに同期生活動が活発になる期も存在した。例えば、六〇期は、卒業時約四八〇〇人の大所帯であったが、同期生会としての統制がとれず、同期生総会を開いても五〇名程度しか参加していなかった。しかし、一九六四年に総会幹事での奮闘を機に同期生会の活動が活発になっていったという[54]。

若い期が総会の幹事を行い、偕行社に積極的に参加することによって、かつては敬老会のようと言われた総会も陸軍将校としてのエリート性を再確認し、偕行社全体の親睦を促進する場に変わっていった。特に一九六五年に行われた日露戦没六〇周年、戦後二〇年の特別総会は、東京赤坂のホテル・ニューオータニで行われ、例年三〇〇～五〇〇人参集のところ二五〇〇名の参集者を集めた[55]。来賓として、三笠宮などの皇族や日露戦争従軍者が招待された。また、会員関係の会社から福引景品を募り、ピアノやテレビなど景品一八〇〇点、時価一〇〇〇円以上の商品が五〇〇点用意されたという[56]。司会はＮＨＫで「私の秘密」などの司会をしていた八木治（五九期）、ＮＨＫアナウンサー下重暁子《しもじゅうあきこ》（三六期生の娘）が務めた。そして、講演を元東大総長の茅誠司《かやせいじ》、歌謡を渡辺はま子、赤坂小梅が行うという豪華な陣容であった。

こうした盛大な総会を開くことに対して、古い期からは、「少なくとも日露戦争記念というからには、むしろ原ッパにゴザでも敷いて、乾パン、スルメに冷酒ぐらいの気持でやるのが適当ではないか」という意見が出たが、幹事期の若い期（四五期、少尉候補者一八期、五五期）は、「われわれにも、そういう気持がある」が、「日露戦争60周年プラス戦後の苦難敢斗の20年を併せ回顧し、今後の前進発展の契機にしたい。つまり前向きを強調したい」と答え、盛大な総会を開いたのであった[57]。

つまり、若い期は、懐古的、後ろ向きと評される偕行社、総会を変えるべく、盛大な特別総会を開いたのであった。そして、その結果この特別総会は、「日本一の豪華なホテル」で開催され、「日本一の大集会、日本一の顔ぶれ、それにもまして日本一の心のつながりを誇る一大セレモニー」と表現された[58]。若い期からも「従来の偕行社総会は「年寄りの茶のみ話の会」として、若手の連中は敬遠気味であった。事実、出席した同期生は、一度で懲りて寄りつこうとしなくなるのが例であった」という。しかし、特別総会については、趣旨、会場、福引などすべての条件が揃い、「これほど見事に先輩後輩の心の触れ合いを感じたことは、戦後かつてない、まことに心楽しい雰囲気であった」と評された。そして、若い期の人に「失った母校の代りに、偕行社を盛り立て、古きを温ねて新しきを知る、ささやかであっても、われらの善意の発現の場としたい」という感情を起こしたのである[59]。

「花だより」の充実

共通の「戦後体験」を会員間に共有するのに役立ったのが、機関誌『偕行』であり、同期生通信である「花だより」であった。総会や同期生会による慰霊祭の様子、遺族からの感謝の言葉は、『偕行』に写真付きで掲載され、参加することが叶わなかった会員たちに追体験させることが可能になっていた[60]。しかし、「花だより」は単に行事を追体験させるだけではなく、戦没者とのつながりを想起させ、お互いの近況やエリート性を確認し合うメディアでもあった。

例えば、五二期生では、先述した全国規模の同期生会を開いたことによって、全国の会員の近況を知りたいという声が多く寄せられ、同期生誌上交歓[61]と題した投稿を定期的に行っていた。当初は各地の世話人等が近在の同期生の近況をまとめ、それを掲載するという形であったが、花だより担当者が、出張の際に全国各地の同期生を訪れ、克明にその消息を報告することもあった。実際にその様子をいくつか見てみよう。

○○〔個人名、住所〕「今度、名古屋の△△が、これを扱って呉れることになった。大分、売れるぞ」と悦に入っているのは、ファイヤーエースなる小型消火器を開発して今年は大いに儲けようと企図してる○○君徒〔ママ〕来の化工澱粉に加えて、また有力な武器を持ったわけだ。「静岡では□□、九州では○△に決めた。利潤も大きいことだし、一つ我と思わん者は早急に申出られよ」と同期の代理店を募集中であります。

○○〔個人名、住所〕文通はあったが、会うのは始めて。しかし初対面の握手を交した途端、脉々としてお互の心に触れるこのものは何か。

「宝食品というのを経営している。一時、アイスクリームに凝って旨いのを出したねェ。元軍人サンがやっているという評判もあってか、京都では製造高一番を誇るまでに至った。でも冬は売行きが落ちるし、先が見えてる。一つデッカイ仕事をと思って欲を出した。

38年、東京の同期・○○商事〔電機器卸〕を頼って、関西方面で、その販路開拓を計〔ママ〕ろうとした。見事失敗だった。やはり情報不充分な分野での成功は至難の業だね。△△兄にも迷惑をかけたし、俺もマイナス。再び京都でこうやって、昔の地盤を取り戻すべく懸命さ。

ところで今度ジングルという新製品を開発した。ジンジャーのジンにグルテナのグル――すなわち飴飲料で、これがまた至極いいんだナ。今年は一つ、これで当てなくちゃー」

語る言々に熱がこもり、眼が不屈の意志に輝く。ぜひぜひ成功して呉れ。今年末、○○君が打ち鳴らす勝利の「ジングルベル」を聞きたいものである。一男二女[62]。

こうした投稿から、同期生同士で経済的な提携関係を結んでいることが垣間見える。だが、それ以上に重要なのは、こうした投稿のおかげで、同期生が「どこで、どんなにしているか、お互に手に取るように判った」ことである[63]。それによって、同期生会の団結を強めることやお互いに社会の中核として活躍していることを認識することにつながっていた。

また、生き残った同期生の近況だけではなく、戦没した同期生についても「花だより」を通じて、共有されていた。そこでは、戦没した同期生との生前の思い出や、戦死の状況、遺族との秘話等が披露されていた。

こうした近況や、戦没同期生について、単なる同期生誌ではなく、『偕行』の「花だより」で記載されることが重要であった。「花だより」は、基本的に同期生相互の連絡、親睦互助を目的としていたが、自分の期以外の欄も読むといった会員も多くいた。偕行の編集部としても、自分の期以外の「花だより」にも注目するように、「今月の話題」[64]という欄が設けられていた。

一九六四年一月号の「今月の話題」では、「実力を買われてアメリカに永住(56期)電子機器の技師として活躍」と端的に五六期の「花だより」の内容を紹介し、

写真2－3　「花だより」『偕行』1964年1月号[65]

その欄を読むように促している。[66] こうして「花だより」を通じて、期を超えてお互いの活躍や戦没者、遺族の様子を報告し合ったのである。期を超えて、互いに活躍を報告し合うことによって、戦後も「エリート」になっている元陸軍将校の存在を認識するのである。そして、自身もその一員であったという意識を『偕行』の購読を通じて再確認し、自身のエリート性を再認識していったのである。

また、戦没者の記事を書くことによって、他の期からの反響を受けるということもあった。一例をあげれば、五二期生が戦没同期生について「花だより」で記載した際には、五五期生が終戦時の縁で記載された戦没者の遺品を持ち、遺族を探しているという連絡があったという。[67]

こうして、自分たちの「花だより」で戦没同期生について記載することは、自分たちの期が、戦中にいかに多くの犠牲を払ったのかを可視化する効果があった。そして、若い期から古い期に対して、そうした犠牲に目を向けるよう主張されるようになる。自分たちの期や、その近辺しか読まないという人ももちろんいたが、「一般論として」、古い期(先輩期)は、「若い期の花だよりを読むべきである。むしろ、読む義務があると俺は思う」という意見が若い期から出されていた。そこでは、「陸士とは死ぬことを教える学校」であり、「先輩は、教官として、あるいは上官として、生徒、あるいは部下に死ぬことを教え、あるいは命令したのだ。普通の学校の同窓会と全く違うところはこれである」という。そして、「その先輩が、あの敗戦後の混乱の中に、生きる方法を教えずに、放り出してしまった後輩部下、生徒が、この二十余年の間に、いかにたくましく、生き抜いてきたか」、「今も、どんなに頑張っているか、あるいは死んだ者が、どんな死に方をしたか、等々、無関心でいていいはずはない。せめて、若い期の花だよりを読んで、感心ぐらいして」みてもよかろうと主張していた。[68]

「花だより」を通じて、同期生たちの近況を確認し、エリート性を再確認するという作業は、同時にそこに存在し得た同期生の存在を浮き彫りにすることにつながったのである。そして、戦没した同期生を「花だより」で回顧することは、自分たちの期のアイデンティティを確認することにつながった。

つまり、そうした作業を通じて、自分たちの犠牲が戦中のどのような文脈のもとに払われたものなのかを確認することになった。そして、古い期に対して、自分たちの払ってきた犠牲を突き付けることにつながったのである。それは、古い期の戦争責任を追及することにつながる可能性を持っていた。[69] 後述するように一九七〇年代になると偕行社では、古い期の戦争責任が追及されるようになるが、その背景には、こうした同期生会による戦中の犠牲の確認や期としてのアイデンティティを確認する作業があったのである。

「エリートの会」への批判

これまで述べてきたように、若い期は、共通の「戦後体験」や「花だより」を通じて、陸士出身者のエリート性を確認し、同期生会の団結を高めてきた。ただ、エリート性を確認することは、逆に戦後「エリート」になれなかった人々を可視化することにもつながった。彼らは、再三述べているように、戦前・戦中のエリート軍人であり、そのため同期生会総会の値段(三五〇〇円)が「高くないか」という意見が出ても、かつて「従六位勲六等陸軍少佐として千人近い部隊を統率した男が全国から、わざわざ、たまの大会に馳せ参ずるのだ。高くないだろうケチるな!」と押し切られてしまうのであった。[70] しかし、そうした同期生会についていけない人も存在した。四八期では、同期生会が「エリートの会」や「優等生」の集まりとなっているという指摘があった。

同期生会のあり方として、「シワクチャ背広や菜っ葉服で、コーヒー一杯、飲むぐらいの気楽に集まりうる同期生会にしてもらいたい」という。現在の同期生会は、「四十八期優等生の会」「48期エリートの会」ではないのかと指摘する。「自衛隊で出世された方とか、何とか社長とか何とか部長ばかりの集まりで、シワクチャ背広では失礼にあたるので、生活戦線に落伍しつつあるものや、不遇な病人などは、なかなか参加でき」ないという。そして「シワクチャ背広どころか、菜っ葉服しか持っていないものには、まあ無理のないところ、コーヒー一杯のせいぜい二〇〇円ぐらいの出費しか許せません」。「このような人も、実際に多いので、今までのような落伍者をそっちのけにした「エリートの会」では、参加したくとも参加できなく」なるという。そして、「ぜひとも、菜っ葉服でも参加できる会に、程度を下げてください」と主張する。

そして、同期生の団結や友誼は、「何も第何回総会といって、何とか会館に寄り集まって、華々しく飲食するだけではないと思います。／事業に失敗して失意の同期生を、そっと慰めてやったり、病気で困っている同期生を、そっと励まし見舞ってやったり、お互いに悪口を言わないこととか、そんな地味なことで、よいのではないでしょうか。／その意味からは、全国的な組織も必要ではなく、任官何十周年大会なども、非常識のそしりを免れません。／そのようなことよりも、同期生お互いが相手の人格を尊重し、欠点をかばって、貧乏人や落伍者にあたたかい眼を向けてあげるということが、本質的な第一義であると信じます。一番に程度や状況の悪い人に尺度を合わせてやってほしいと思います。そうでないと、エリート以外の者は、遂には離脱してしまうと思います」という(71)。

ここでは、同期生会が「エリートの会」となっていることで、同期生会から離脱せざるを得ない人がいることが示唆されている。こうした話は、四八期生の同期生会に限った話ではなかった。こうした問題は、他人事ではなく、自分たちの同期生会も考えなければならないという意見も存在した(72)。また、突然行方不明になる同期生や、事業に失敗した人もいたという(73)。

そして、五六期では、実際にそうした困窮同期生に対する支援が提起されていた。そこでは、遺族に対する援助協力については一般の関心が高い反面、生存同期生の困窮者(特に戦傷病同期生)への援助救済に積極性がないことが指摘されている。この批判に対して、五六期生の同期生会役員は、何もしていないわけではなく、この問題は被救済者、被援助者のプライバシーに関連することもあり、活動を一般に公表していないという。同期生の困窮者調査が検討されたこともあったが、本人のプライバシーを侵す恐れがあるので、組織的調査、援助は行われなかったが、本人の親友、同区隊、同部隊の関係者に連絡してそうした同期生を物質的、精神的に支援しているという[74]。

若い期の人たちは、『偕行』や「花だより」を通じて、自身のアイデンティティやエリート性を確認していた。そこから発展して、五六期生のような相互互助や、職業斡旋、事業の展開が可能となっていたのである[75]。偕行社としても、職業斡旋や、求人の掲載を行う他に、一九六七年に発行された偕行社会員名簿には、仕事別索引がついていた[76]。こうした名簿や、『偕行』での近況紹介が、仕事上の連絡、事業の展開、親睦互助に役立っていた[77]。つまり、『偕行』を通じた偕行社のつながりが戦後社会で活躍するエリート間のネットワーク(社会関係資本)として機能していた側面があったのである。しかし、元陸軍将校という戦前のエリートだからといって誰しもが、「戦後のエリート」となれるわけではなかった。偕行社や同期生会が「エリートの会」となることで参加が難しくなる人や劣等感を抱いてしまう「落伍者」が存在し、そうした人々は徐々に会から遠ざかっていく。また、詳細に相互の近況が報告されることは、「落伍者」や、同期生会や偕行社への参加に積極的でない存在を浮き彫りにすることになった。例えば、先述した「同期生誌上交歓」では、近況を寄せない同期生の名前が記され、「どうか近況を御知らせ下さい」と記載されていた[78]。また、突如行方不明になる同期生や事業に失敗した同期生の様子も報告されていた[79]。つまり、元陸軍将校のエリート間ネットワークが形成される一方、その負の側面も少なからず存在したのであった[80]。

2　最若年期と靖国神社国家護持運動

最若年期の組織化の困難さ

1節で述べたように、若い期も自身のエリート性やアイデンティティを確認しながら、徐々に偕行社に参加するようになっていった。一方、その組織化が最も難航したのが、陸軍士官学校在校中に終戦を迎えた最若年期(五九〜六一期)であった。彼らは、基本的に戦場に出る機会を持たず、戦没者も少なかった。また、五九期で二八五〇人、六〇期四七〇四人、六一期五〇〇三人と数が多く、面識があるのは、その中の僅か数%という状況であった。その上、五八期以前が公職追放になった一方、最若年期は公職追放にならず、共に苦労したという経験を持たなかった[81]。また、若かったこともあり、多くが大学に入学するなどしており、思想的な変化がより大きいのも特徴の一つだった。そのため、同期生会の組織化は、他の若い期と比べて難航し、「花だより」も掲載されることが少なかった。こうした最若年期が、4章で述べる偕行社の自衛隊への引き継ぎの議論において重要な役割を担うことになる。そのため、詳しく、それぞれの期の特徴や、組織化の過程を見ていこう。

五九期生の同期生会が活発になる背景には、三無事件というクーデター未遂事件があった。一九六一年に起こった三無事件とは、「無税・無失業・無戦争」の三無を主張し、国会を襲撃し、臨時政府樹立を目指した戦後初のクーデター未遂事件であった。結果的に、元陸軍将校(五九、六〇期)をはじめ、一三人が逮捕された[82]。

五九期同期生は、弁護費用のため募金運動を積極的に行っていたが、その延長線で同期生会が活発になっていった[83]。しかし、この募金活動においても「つまらぬことをしてくれた。恨みがましく思われこそすれ、同情する気持にはなれない」と断られることも珍しくなかった。そして、大部分が「二度とこのような非合法をさせないよう」また「お前が来たのなら仕様がない」といった消極的な募金者であったという[84]。

また、同期生会が行われる中でも幹事の中には、「名声や名誉、あるいい《〔ママ〕》は商売上の利害と混同した人」も過去にはおり、なかなか同期生会として組織化、大規模化するのに苦労していた[85]。

一九六〇年代後半になるとようやく「現代の年齢、地位／環境などの条件から、同期生意識が強く」なり、同期生会が活発になっていったのである[86]。つまり、かつては、偕行社を懐古趣味的、ノスタルジー的と批判した若い期／最若年期も四〇代を超え、社会的地位もある程度確立したことにより、自分の人生や将校／将校生徒時代を追想するようになっていたのである。そのため、「思い出の記事を読み、共通の感慨を抱ける同期生の誼みは貴重である。これは、決して懐古趣味だけで片づけるべき問題ではない。むしろ往時の出来事を追想し、そのときの思い出を大切にする人こそ、今日の社会に、前向きの歩みを続けている人だ」と主張されるようになっていた[87]。

一方、三無事件に関与者を出していた六〇期ではあったが、五九期のように募金活動は起こらなかった。また、戦後同期生大会を開いても参集者がうまく集まらず、名簿を発行しても入金率は一五％に満たなく、赤字続きの同期生会運営だったという。そうした中でも、先述したように偕行社総会の幹事をきっかけに組織化が徐々に進んでいき、『偕行』を同期生会で一括購読する形（一五〇〇円を同期生会が徴収し、一〇〇〇円を同期生会が偕行社に送付するという形）をとり、『偕行』の購読者数を増やし、「花だより」を充実させていった[88]。

また、同期生に向けた「はじめて、偕行をお読みの方々へ！」と題する文章では、同期生会の目的は、「同期生の最後の一人が、この地球上から姿を消すまで、立派な社会人として過すべく、互に助け合うことであって、政治的思想には、全く無色透明であります」とある[89]。つまり、政治的中立を前面に押し出し、同期生たちを勧誘していったのであった。

最も組織化が困難であったのが、最後の陸軍士官学校生徒となった六一期である。六一期は、甲乙と入学時期が異なる二つの集団がいた（能力的差異ではない）。また、士官学校在籍期間も一年にも満たなかった（甲が一九四四年一一月入校、乙が一九四五年四月入校[90]）。教育課程も異なったため、両者の交流は戦後においても進まなかった。そのため、東海地区では「甲」の同期生会が結成され、そこでは「甲」であることが強調され、甲乙合同の六一期生同期生会に対しては、全く関係ないものとして、独自の行動を行うことが提起されていた[91]。

また、陸軍幼年学校出身者が存在した乙において、幼年学校出身者と中学校出身者との対立もあった。陸軍におけるいわば内部進学組である陸軍幼年学校出身者から見れば、中学校出身者は「ぶったるんでいる」ように見えたという。どの期でも幼年学校と中学出身者の対立は存在したが、入校当初の対立感情は、共同生活期間が長くなるにつれて融和していくものだった。しかし、六一期乙には、四ヵ月しか共同生活の時間がなく、切磋琢磨の名分のもとに、幼年学校出身者による集団的私的制裁が行われていた。その恨みは、戦後になっても消えることはなく、戦後の集まりでも初めて出席した中学校出身者がいきなり「幼年校出身者おるか、いたら表に出ろ」となったという。幼年学校出身者も「ここにも、一般（中学校出身者という意味）は、いるのか」と会合でいったという。また、幼年学校出身者は、中学校出身者よりも共同生活が長いために縦横のつながりが強く、戦後の団結も強かった。そのため、中学校出身者の幹事の呼びかけに「協力するか、せんか」という集まりが持たれるなど、中学校出身者にとっては、会に参加することや、運営を難しくしていた[92]。

そのため、同期生会の下位区分である陸軍士官学校の区隊、中隊に基づく集まりはあったが、同期生会としての組織化は困難を極めた。「同期生会の団結」はナンセンスと言われ、同期生会の必要性自体も論じられた[93]。

一方で、これは他の最若年期にも当てはまることだが、戦局が厳しい中、陸軍士官学校に入校した戦友としての意識や、同期生会を発展させている期の動向に刺激を受けていた。そうした影響もあり、一九六〇年代後半から一九七〇年代前半に徐々に六一期の同期生会も組織化されていくのである。

こうした最若年期の参加を、偕行社は望んでいた。年々高齢化が進み、会員の物故が続く中で、偕行社としては、最若年期や更にその下の幼年学校在校中に終戦を迎えた人々の「数」に大きな期待を寄せていたのであった[94]。

「花だより」こそ『偕行』の中心

前節から述べてきたように、社会的要因(社会の旧軍に対する感情の変化)、個人的な要因(壮年になり生活が落ち着く、陸軍将校であった誇りの確認)、偕行社の努力(会館の建設など)、「戦後体験」などが重なった結果、若い期を中心に会員が激増する。偕行社としても、名簿改訂などを契機に勧誘活動を行った。その結果、一九六三年には、五六期生だけで一〇〇〇名の購読者が増加し、併せて一五〇〇名の購読者増加になった[95]。そして、一九六六年には会員数が一万二〇〇〇名、一九七〇年の時点で一万四四一六名となる。[96]

　こうして、三〇期代以前が中心であった会が、五〇期代、六〇期代などを中心とする会に変化していった[97]。期の人数によって文量が割り振られる「花だより」は、必然的に若い期中心に変化する。

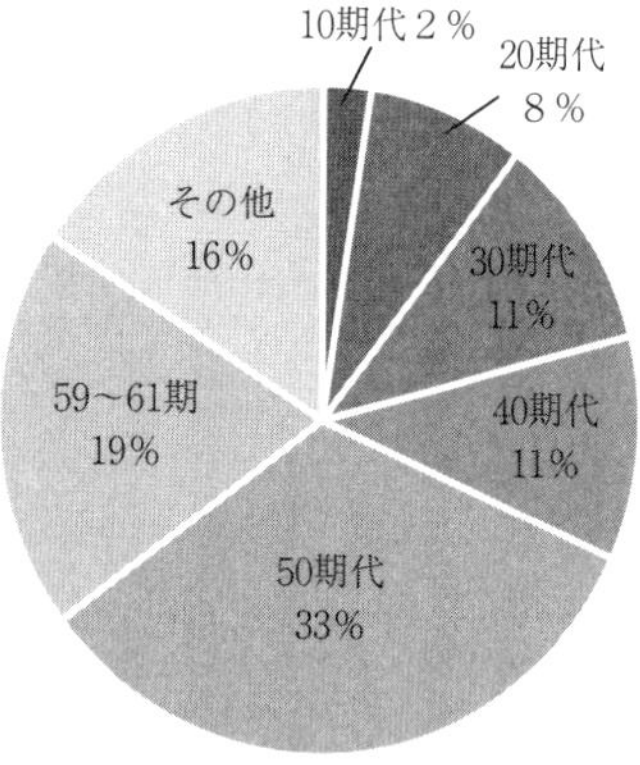

図２－１　1972年期別会員割合[98]

　一九七二年の期別購読者数を見てみると全体の一万四六五二人[99]に対して、五〇期代[100]が四九五五人、終戦時在校中の五九～六一期二九〇九人と五〇期以降だけで会の半数近くを数える。また、「花だより」の割り当て行数を見てみると、二〇期代が平均して九二行、三〇期代が一二一行、四〇期代が一三四行に対して、五〇期代は四三六行、五九～六一期は六八三行となっている[101]。若い期の参加により、彼らの「花だより」は量的に充実していくのである。

　若い期の「花だより」の充実については前節で論じたが、同じように最若年期も「花だより」を充実させていった。しかし、最若年期には、若い期が「花だより」の中心に据えた「戦没同期生」との記録や逸話は多くない。そのため、積極的に読者を獲得するために「花だより」の内容を面白くしようと尽力していた。例えば、六〇期の「花だより」では、「わが四十代を語る」という連載を企画している。この連載は、四〇代半ばとなった六〇期生が偕行社会長や恩師などの古い期に自身の四〇代を語ってもらうというインタビュー企画であった[102]。これは、陸軍士官学校の同窓生、偕行社の一員だからこそ話を聞きにいけるという利点を最大限活かしたものだった。この企画では、元皇室で、首相経験者の東久邇宮稔彦（二〇期）

や、反再軍備を掲げ、中国共産党と近い関係にあった遠藤三郎にまでインタビューを行っている。遠藤は、軍関係者から危険人物扱いされ、同期生会への出席も断られるような状況であった。しかし、六〇期生は、陸軍に所属した期間が短く、偕行社でも新参者だったので、陸軍将校のしがらみからも比較的自由に行動し、遠藤にインタビューに行っているのがわかる。彼らがいかに面白おかしく書いていたか、東久邇宮とのインタビューの一部を引用しよう。

「白内障で、目に不自由しましてね」と殿下。〔中略〕一夜漬けの予備知識から、村山〔インタビュアーの一人〕、「殿下がヨーロッパから帰国された昭和2年1月に、私は生まれました」というと、「私の大佐時代(40歳)です。相当、時代のズレがありますね」と笑われ、さらに、「お二人とも同期生ですか?本当ですか?」(村山は、60期のピカ一だし、曽根〔もう一人のインタビュアー〕は黒髪、フサフサである)に、村山、テレ笑い。(殿下の白内障はインチキじゃないのかと、村山、ボヤく)[103]

陸軍将校は、皇室とのつながりからそのエリート意識を感じていたため、皇室や元皇室を戦後においても重要視していた。ただ、六〇期のインタビューでは、その元皇室相手であろうと、「殿下の白内障はインチキじゃないのか」と書き、面白おかしく書いてしまう。この後のインタビューでも、(　)をつけながら東久邇宮の言葉への率直な感想が綴られていた。そして、インタビューの終盤では、東久邇宮の軍歴を読み間違え、東久邇宮から激怒されている[104]。ただ、その激怒される様さえも面白おかしくすべて書いてしまうのであった。怒られた後、謝る様子を少し見てみよう。

――大戦中、四年間も防衛司令官の大役を、おつとめになっておられていたとは露知らず、本当に大変失礼いたし、心からお詫びいたします。

（手紙じゃ、よく聞く文章だけど、言葉として、ご本人の前で、頭を下げながら言ったことは、生まれて初めてのような気がする。多分、今後もないことだろうが……。初体験というのは、妙な感じのするものである）[105]

皇室を怒らせながらもその様を面白く書いてしまうのは、最若年期だからこそ書けることであった。[106] そして、こうした「花だより」によって同期生の購読者を惹きつけ、他の期に最若年期の存在を知らしめることにつながった。[107]

「花だより」という同期生会に編集権限のあるスペースが人数によって、平等に分配されていた。[108] そのため、人数を増やし、「花だより」を量的に充実させようと購読者を増やす努力を各同期生会が行っていたのである。また、編集権限が及ばないからこそ、偕行社への批判や、先輩へのインタビューを面白おかしく書くことも可能になっていた。[109] そして、そうした同期生会の「花だより」を見るために思想心情的に偕行社とは相容れない人々も、『偕行』を購読することが可能になっていたのである。

こうした、「花だより」が量的に若い期中心となる傾向に対して、「花だより」は全廃すべきであるという意見が古い期の人から出されることもあった。二七期の谷田勇《たにだいさむ》は、偕行は本文のみとし、期固有の記事は各期の会報によるものとすべきであると主張した。更に「花だより」は、「自分の期を主にし、それに前後する若干期のものを見る程度であり、ことに、最近、若い方の期において相当分量になっていても、われわれには無縁のことであるからだ」という。[110]このような意見もあったが、「政治・経済・文化・軍事などに関しては、他に幾らでも、それに適する書籍・雑誌類があり、ひとり会員の情報を入手し得るものは、偕行の、いわゆる「花だより」のみであ」り、『偕行』の「根本方針は、あくまでも「花だより」記事を主とすること」が確認された。[111]

こうして、最若年期を含めて同期生会運営が活発になり、偕行社における同期生という横軸がしっかりと整備されたのである。加えて、この時期には、趣味や職域、地域での偕行社の集まりも活発に行われるようになっていた。例えば、一九七一年七月号の「つどい」欄(偕行社内の集まりや慰霊行事を報告告知する欄)では、尺八や短歌といった趣味の集まりや、社会保険労務士の集まり、神奈川県や富山県といった地方の偕行社の集まりやニューヨークでの集まりも報告されている。[112]

つまり、同期生会という同期生をつなぐつながりが強固になった上に、趣味や職域、地域といった期を超えた交流も積極的に行われるようになったのである。

靖国神社国家護持運動

このように偕行社は、事業が発展し、会員数も増え、会の大規模化に成功した。この時期の政治との関わりについてみていこう。偕行社は、1章で言及したように一九五〇年代に確立した政治的中立のメカニズムによって、基本的に偕行社としては政治的運動を表立っては行わず、政治的中立が掲げられていた。[113]

しかし、そうした中で一九六〇年代後半から靖国神社を国が維持、管理することを求める靖国神社国家護持運動が日本遺族会などを中心に展開されていた。偕行社は靖国神社、日本遺族会などとの関係も深く、協力を要請されていた。そして、一九七一年の総会では、靖国神社国家護持に関する以下の決議文が満場

写真2－4　『偕行』1971年3月号表紙

一致で決議された。

「靖国神社の英霊は、かつてのわれわれの部下であり、同僚であり、上官であり、靖国神社の社頭で再会を期した戦友である。紙一重の差で、幽明、境を異にして今日に至っている、われわれにとって、片時も忘れることのできないのは、靖国神社のことである」。「靖国神社を国家において護持し、本来の姿にかえすことに努めるのは、われわれ生存将校の道義的責務である」という[114]。

偕行社は、自分たちの部下や同僚、上官のためにも靖国神社の国家護持を目指し、本格的に運動を起こす。偕行社内にも「靖国神社国家護持推進特別委員会」が発足した[115]。『偕行』の表紙にも「靖国神社国家護持」の文字が記されるようになる（しかし、3号しか続いていない[116]）。

しかし、期や地方によってその熱量は異なったようである。一九七一年に集められた衆参議院議長あての、「国家護持の早期実現に関する請願書」は、偕行社として二万一四九筆の署名を集めた。特に二二、二六、二九、四一、四四、四五、五〇、少候二〇、五七期が活発に署名を集めたという。一方、「期としても、また地方偕行会としても反応の全く無いところもあり、偕行同心に道遠きを感ぜしめられるのは遺憾のことと思われた」という[117]。

また、靖国神社国家護持運動に対する違和感が六〇期の同期生会から出されている。六〇期は、靖国神社国家護持運動に対する同期生会としての賛成、反対を表明することはできないと主張している。六〇期にとっては、前述したように同期生の紐帯を保つためには、会として政治的中立を示すことが重要であった。そんな彼らにとって、靖国神社国家護持運動が政争の具となっており、「旧軍人だから、無条件で賛成すべきである」とは断じられないものを含んでいる」という。そんな彼らに対して偕行社の中には、「60期は、教育期間が短かかったし、将校団にも入っていなかったから、同期生間の絆が弱いし、考え方も違う」「60期は部下を持ったことがないので、英霊に対する考え方が他期と違うのだ」といった意見が出され、異端視された。そんな批判に対して、六〇期生は敗色濃厚の一九四四年に入校し「それは、ただ、ひたすら「一命を国に捧げることで、祖国日本が救われるならば……」との決意のもと、敢えて身を軍籍に投じた同志であり、人生二十年と悟った純情無垢の少年たちであった。／したがって、わが60期生には「末は大臣、大将か」などという甘い希望は、当初から皆無であった」。「「靖国神社」――それは、わが60期にとり、単なる合い言葉でなく、一日一日が靖国の神への修養の道であった。／かかる60期生であってみれば、靖国神社への崇敬は、昔も今も不変であること、決して、先輩諸期に優るとも劣らぬものたることを確信している」と主張した[118]。この他に六一期生も靖国神社国家護持運動への批判を繰り広げている[119]。

広田照幸は、陸軍将校の教育において作られたのは、全く見返りを要求しない「献身」への決意ではなく、天皇や所属集団のための献身を誓いつつ、それが同時に私的欲求充足の手段でもある、というような意識構造であったと指摘している[120]。天皇への献身感情と個人の立身出世の欲望が共存していたのである。そして、「純粋に国の為に献身しようとする動機は、太平洋戦争末期の入校者の回想録の中でしか私には見出せなかった」という[121]。つまり、戦争末期の入校者である最若年期の時代においては、献身感情と立身出世への欲望が両立し得なくなっていたのである。「わが60期生には「末は大臣、大将か」などという甘い希望は、当初から皆無であった」という言葉は、献身感情と立身出世が両立し得なくなっていた六〇期生から、献身感情と立身出世への欲望を両立し、実際に陸軍の中枢にいた古い期に対する痛烈な批判だったのである。

最若年期であればこうした状況は同じであった。最若年期が陸軍士官学校に入校した時期は、日本の戦局が厳しくなり、「軍人以外の商売」が成り立たない状態であった。その結果、陸士、海兵より上の層で、本来第一志望は旧制高等学校を目指していた人たちが陸士、海兵に大量に受験し、入校してきていた[122]。そのため、最若年期の戦没者はごく少数であったが、陸軍士官学校志望の動機の純粋さは、他の期にも劣らないという自負があったのである[123]。また、戦後は各々が大学に入り直すなど、思想的転換が多く見られ、同期生の中には共産党員も多く在籍していた[124]。

その上、この時期は、同期生会の組織化から日が経っていないこともあり、同期生会のまとまりに欠けた。靖国神社国家護持運動に対する六〇期生の反応としては、靖国神社国家護持運動に参加すべきという意見がある一方で、「国際的に日本の軍国主義復活が懸念されている折から、誤解をされる行動は厳につつしんで欲しい。／自衛隊に協力したり、靖国神社問題に公然と賛成する雑誌／偕行を発行したり、矛盾を感じないのか」と厳しい意見も寄せられていた[125]。こうした多様な人々をまとめることは困難であったし、どちらかの方向に偏ることは、多くの離脱者を出す可能性が高かった。そして、多くの離脱者を出してしまえば、「数」という最若年期の長所を失ってしまうことになりかねなかった。そうした危惧があったからこそ、六〇期は、靖国神社国家護持運動への賛成、反対を表明せず、運動に積極的に参加することはなかったのである。

偕行社は、こうした批判に対して、靖国神社国家護持運動は、偕行社の目的の一つである遺族援護の一部であると主張する。そして、その後も国家護持運動への協力を続けるのであった[126]。

一方、より政治団体化するべきという意見もあった。一九七三年に開かれた偕行経済クラブ（主に経済に関係する仕事をしている会員の研修・親睦を目的とするグループ）[127]は、共産党代議士柴田睦夫《しばたむつお》（大阪陸幼四七期）を招いた。この席上対立や混乱を避けるために質疑応答が行われなかったが、これに対して土居《どい》明夫《あきお》（二九期）が怒りを示す。土居は、偕行社が政治的団体ではないから政治的中立というのはおかしいと主張する。「政治団体でなくとも、その団体の目的達成のための政治運動はあり得る。偕行社が靖国神社護持の運動をしているのも、一つの政治運動である」と指摘する。更に、日本は改良か革命か二者択一を迫られているという認識を示し、その中で偕行社として行動を起こさなくてよいのかと提起する。共産党代議士の柴田は最後に、「旧友たちが、思想、信条を越えて、私の選挙を応援して下さった友情に対し、心から感謝する」といったという。これに対し、土居は「私たちは、天皇制を打倒して、日本人民共和国を作るという、共産党を応援した友情が自分の思想、信条より大切とは、どうしても思えない。／こんな、幼年学校の旧生徒も、偕行社員になれるとは、どうしたことであろう」と疑問を呈している[128]。こうした意見に同調する意見も出されていた。陸軍将校生徒等が主体である偕行社では、憲法問題（九条）や皇室のことなどについては、皆一様に同一意見を堅持し参集しており、軍備反対、皇室否認の者は、おそらく会員に入っていないし、また会員として承認されていないだろうという意見が出されていた。その中では、もし軍備反対、皇室否認の会員がいれば、偕行社の団結のために脱会もしくは、除名するべきだと主張されていた[129]。

こうした意見に対して、当時の理事長白井正辰《しらいまさたつ》（四三期）は、偕行社が「特定の政党、その他の団体を支持し、もしくは、これに反対し、または、公職の選挙において特定の候補者を支持し、もしくは、これに反対すること」という一般的定義による政治的な活動を行うべきではないと主張した[130]。こうした政治的中立の態度は、戦後初期の再結成から深く議論され、今日まで継承されているからこそ、今後もその姿勢を堅持するという。一方、靖国神社国家護持については、あくまで遺族援護、戦没者の慰霊顕彰の事業の一つとして引き続き行っていくことが明言された。そして、偕行社はこの後も、靖国神社国家護持貫徹国民協議会（靖国協）に委員を派遣するなど靖国神社国家護持運動に一定の協力を行っていた。しかし、靖国協への参加についても、会内の意見がまとまらず、「熱心な者がやればよい」という形になっていた[131]。そのため、靖国神社国家護持を強く求める会員からは反発もあったようだが、偕行社が積極的に運動を展開することはなかった[132]。

一九六〇年代～七〇年代前半の戦争観

次にこの時期の戦争観について概観していきたい。これまで見てきたようにこの時期の偕行社、同期生会は徐々に大規模化していった。そして、そこでまず行われたのが、戦没同期生など戦没者の慰霊祭であった。また、彼らを思い起こす記事が『偕行』や同期生通信「花だより」では多く投稿されていた。ただし、そこから一歩踏み込んで彼らが戦没した状況はどのような文脈であったのか、例えば陸軍の作戦や戦争にどのような問題があったのかという点まで踏み込んだ発言や企画は行われなかった[133]。

こうした状況になった要因として、証言の統制・抑制機能が未だ働いていたことが考えられる。将官級の陸軍の大御所が徐々に物故していたとはいえ、未だ健在な将官級も存在した[134]。また、陸軍に対する社会からの印象が好転していたとはいえ、自分たちの非はどこにあるのかと全面的に反論することや、自分たちの過誤を見つめるまでには至っていなかったのである。

他に、靖国神社国家護持運動の影響もあったと考えられる。これまで述べてきたように、偕行社では靖国神社国家護持運動への参加をめぐって対立が生じていたが、あくまで政治的運動ではなく遺族援護の一環であり、「熱心な者」が中心となって行われているものだった。その中で仮に、自分たちに非はあったのかと陸軍悪玉論への全面的な反論を行うことや、逆に陸軍の過誤を見つけようとする「陸軍の反省」を強く求めれば、靖国神社国家護持運動に熱心に参加する人からは「英霊を冒涜している」と、逆の立場の人からは「偕行社は軍国主義の復活を目指しているのか」と反発を招く可能性があった。

また、彼ら自身が犯したとされる罪についても充分に議論されていなかった点は重要である。例えば、先述した「花だより」では同期生のエリート性や戦没者の存在が確認される一方で、戦時中に米兵捕虜の死刑に関わり、[135] 戦後BC級戦犯となった射《い》手《て》園《ぞの》達夫《たつお》(五二期)は、「同期生会、偕行、国防問題、すべてに興味がない。過去の一切を忘れ去りたい」と言っていた。[136] この戦犯となった人物が一九八八年に死去した時には、「花だより」では彼が戦犯になったのは「驕れる勝者の報復裁判にて終身刑に処せら」れたからだとされている。更に、「君苦哀を内に蔵して語らざるも　悲憤察するに難からず」とあり、彼が戦後も自身の行為について同期生に語っていないことが窺える。[137]「驕れる勝者の報復裁判」という認識は一九八〇年代のものだとしても、射手園が同期生に自身の体験をほとんど語っていないことが読み取れるだろう。[138]

つまり、この時期の偕行社は陸軍の責任や自身たちの加害責任といった繊細な問題を避けることによって、自身たちのエリート性を確認し合い、集団としての紐帯を保っていたのである。

小括

本章で見てきたように、一九六〇年代になると偕行会館の落成、エリート性の再確認、共通の「戦後体験」などが重なり、若い期や最若年期が偕行社に参加するようになり、会の中心は若い期となる。会員が高齢化していく一方の偕行社にとって、若い期や最若年期を会に迎え入れるのは、最重要課題であった。だからこそ、豪華な総会を開き、偕行会館を整備し、その「前向きさ」を強調した。一方、偕行社のあり方を「懐古趣味的」と批判してきた若い期も、四〇代になるにしたがい、自分の人生を回顧し得る経済的、時間的余裕を持てるようになっていた。

そのため、偕行社を通じた事業の発展や親睦互助といった「前向き」な活動を行いながら、戦没した同期生や陸軍士官学校時代を回顧し、自身の元陸軍将校としてのアイデンティティを確認していったのである。こうした「前向き」な活動には、古い期からの多少の抵抗はあったものの、古い期の重鎮の多くは物故しており、なおかつ若い期が「数」を確保したことにより、会の主導権は若い期が握るようになっていた。そして、様々な職種に就く壮年で働き盛りの若い期が多く所属する偕行社は、社会関係資本としても機能するようになったのである。その結果、偕行社は元陸軍将校たちが、お互いの戦後の活躍、エリート性を再確認する場として確立していったのである。

その中では、自身たちが犯した加害行為などが後景化され、戦争に関する議論は充分に行われていなかった。

また、こうした偕行社の大規模化において、会が政治的中立を掲げているのが重要であった。戦後社会で様々な考えを持つようになっていた若い期の元陸軍将校を集めるには、会が政治的中立を掲げていることが必要であった。1章でも見てきたように、靖国神社国家護持運動以前の偕行社は、政治的野心を外部の団体で満たすことによってその政治的中立を掲げることが可能になっていたのである。

ただし、靖国神社国家護持運動は別だった。靖国神社国家護持運動は、元陸軍将校として参加することが当然だと思われていた運動であり、偕行社もそれに参加することになる。しかし、政治的話題を避けることによって成立、発展していた最若年期の同期生会は、靖国神社の国家護持とはいえ、偕行社の政治的中立を犯しているのではないのか。それによって多くの同期生を包摂できなくなるのではないのかという懸念を示した。他方、より積極的に保守的な政治運動を行うべきであるという意見も出されていた。つまり、靖国神社国家護持運動をきっかけに偕行社が掲げていた政治的中立が大きく揺さぶられたのであった。こうした状況に対して、偕行社は、遺族の援護事業の一部であるという論理で国家護持運動と政治的中立との両立を目指した。多様な会員を包摂するには、靖国神社国家護持運動への参加も政治的中立もどちらも掲げなければならなかったのである。こうした論理で、国家護持運動と政治的中立の両立を行ったが、その結果、偕行社として一致団結して運動を展開することはできなかった。

第3章 「歴史修正主義」への接近と戦後派世代の参加

本章では、一九七〇年代後半〜二〇〇〇年代の偕行社の動向を見ていく。前章で見てきたように若い期が会の中心になったことで、陸軍の反省や古い期の戦争責任の追及が行われるようになる。しかし、一九九〇年代に入ると「歴史修正主義」に接近し、新しい歴史教科書をつくる会(つくる会)の「教科書改善運動」に参加するようになる。

会の政治的中立を求め、古い期の責任追及を行っていた若い期は、なぜ「歴史修正主義」に接近し、「教科書改善運動」に参加したのだろうか。また、時を同じくして偕行社は元陸軍将校を超えて、元幹部自衛官にも門戸を開くようになった。こうした状況にも目配りしながら、偕行社における「歴史修正主義」の台頭や、会の存続がどのように行われたのか。そして、それらがどのような関係にあったのかを明らかにする。

戦友会に関する先行研究では、基本的に戦友会の非政治性が強調されてきた。戦友会研究会の代表である高橋三郎は、戦友会は、戦争体験者にとって自己確認の場、心のやすらぎを求める場であり、その場を大切にしようとすればするほど政治的経済的なことがらを極力避ける必要があったことを指摘している(1)。

吉田裕も、元兵士たちは「過激なナショナリズムの温床とはな」らず、戦争の侵略性や加害性への認識を深めていったことを指摘している(2)。

また、戦友会研究では、戦友会は、戦争体験をした兵士たち「一代限り」のものと考えられており、戦後派世代の参加は充分に検討されてこなかった。こうした中で、遠藤美幸は戦友会の高齢化に伴う活動の質的内容の変化と世代交代について論じている。遠藤が研究した戦友会には、戦後派世代が会に参加するようになり、活動が一時的に活性化する。しかし、戦後派世代の戦争の捉え方や参加の意図に疑問を感じる元軍人や遺族が現れる。そして、元軍人や遺族の望む戦友会のあるべき姿から「変容」してしまった結果、元軍人や遺族は会から遠ざかり、戦友会は解散へと向かったという。遠藤の研究によって、戦友会の戦後派世代への「引き継ぎ」の可能性とその困難さが指摘されたといえる(3)。

戦争体験者が減少する社会の中で、その団体を引き継ぐことの困難さを指摘することは重要であるが、団体を戦争体験者から引き継ぎ、現在も活動を続ける団体がどのようにその困難さを乗り越えたのかを問うことも必要であろう。また、戦後派世代が戦争体験者の団体や、その資産を引き継ぐにあたって、それらを正当化した論理にも着目しなければならない。

つまり、既存の戦友会研究では、①戦友会の非政治性が強調され、「歴史修正主義」との関係が捉えられていない、②戦争体験者から戦後派世代に会が引き継がれる可能性が充分に検討されていないという問題点がある。

こうした視点を欠いた結果、一九九〇年代以降に戦争体験者が「歴史修正主義」などの「過激なナショナリズム」に接近していく力学や、戦友会が元自衛官という異なる軍事組織出身者を会に迎え入れ延命してきたことが見逃されてきた。

一方、「歴史修正主義」や日本の「右傾化」、「保守運動」に関する研究が二〇〇〇年代以降活発に行われてきた。[4] その嚆矢となったのが、小熊英二と上野陽子の研究である。[5] 小熊と上野は、「普通の市民」たちが「つくる会」に参加する要因の分析を行っている。その中で上野は、「つくる会」の神奈川県支部へのフィールドワークを行い、「戦中派」世代(戦争を体験した世代)と若い世代の間に戦争体験の有無と皇室観の違いが存在し、「戦中派」は会内で孤立していたことを指摘している。[6]

本章で問題にしたいのは、なぜ偕行社という戦友会は、戦後派世代の元自衛官を会に迎え入れ、会の引き継ぎが可能になったのかという問題と、なぜ戦争体験者は「歴史修正主義」に接近していったのかという二つの問題である。先述した戦争体験の有無や皇室観の違いは戦争体験者／「歴史修正主義」者の間だけではなく、戦争体験者／戦後派世代の間にも存在するはずである。こうした違いが想定される中で、なぜ戦争体験者たちは、戦後派世代に接近していったのか。

また、「つくる会」をはじめとする「歴史修正主義」が問題とする日本の近現代史における当事者である戦争体験者、その中でも軍の中枢にいた陸軍将校が「歴史修正主義」とどのように向き合っていったのだろうか。そして、戦後派世代や「歴史修正主義」との向き合い方はどのように関係していたのか。本章では、こうした「歴史修正主義」や戦後派世代の参加について検討していく。

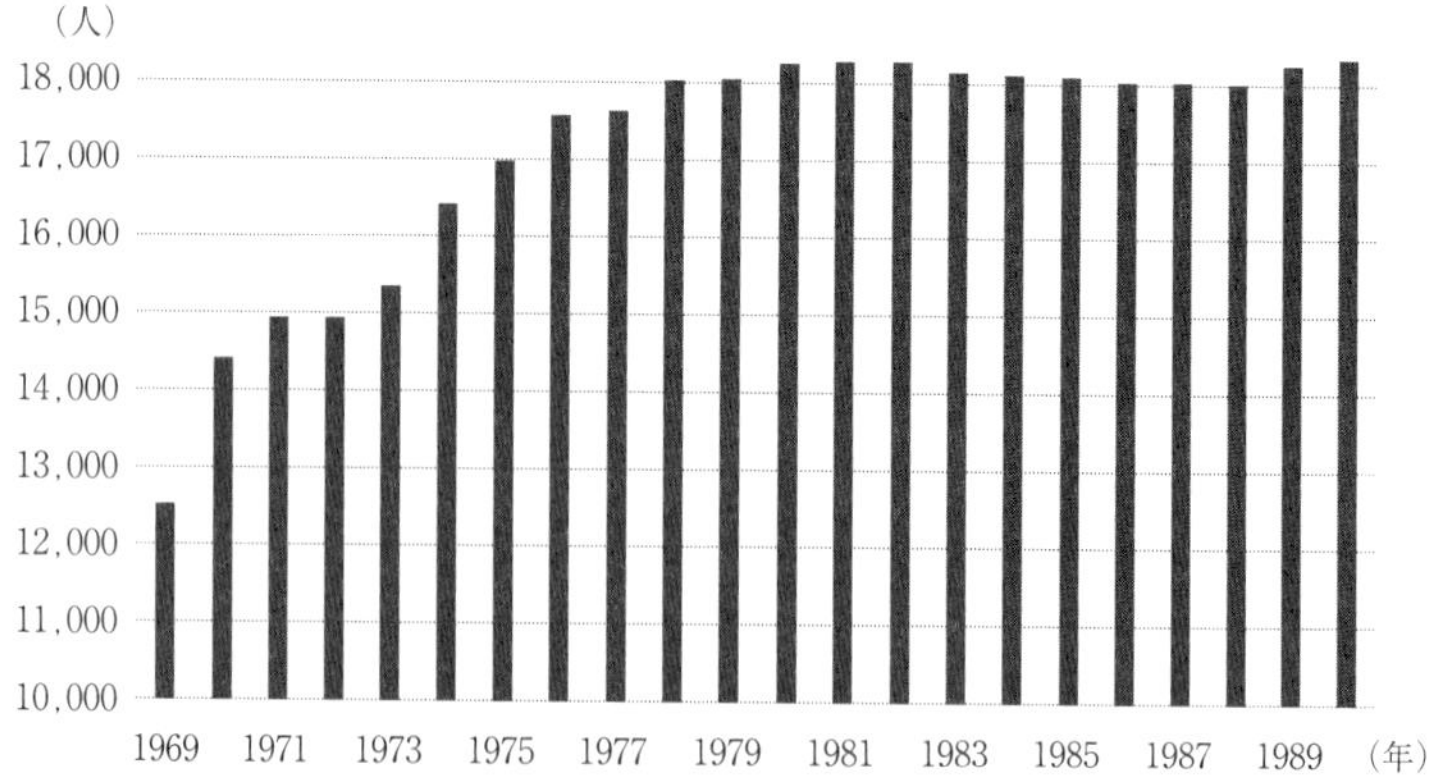

図３－１　偕行社会員数（1979～1990年）[7]

1　内部対立の激化

「エリート間」ネットワーク同台経済懇話会

まず、当時の会の運営状況や、会内で成立した「エリート間」ネットワークについてみていこう。一九七五年になると、敗戦から三〇年ということで、最若年期でも四〇代後半に差し掛かり、古い期は徐々に物故していく。しかし、最若年期の加入などもあり、一九七八年に会員数が一万八〇〇〇人に到達し、以降も一九九〇年まで一万八〇〇〇人台を維持することになる（図３－１参照）。

一番数の多い最若年期、若い期が、四〇代後半から五〇代ということで、会社の社長や重役等、社会的地位の高い人物が多いという状況になっていた。そして、同台経済懇話会というエリート元陸軍将校の「経済クラブ」が発足する。一九七五年に発足した同台経済懇話会は、経済界で活躍した陸軍幼年学校、士官学校、経理学校の出身者が中心となって設立された。当時、伊藤忠の副社長であった瀬島龍三（四四期）が代表幹事となっている。設立総会では、当時副首相で後に首相になる福田赳夫[8]が講演を行っている[9]。

この会の趣旨は、「会員の相互の親睦、研鑽、協力により、それぞれの事業の繁栄をはかり、わが国経済の発展に寄与することを目的とし、会員の資質の向上と相互協力の実を挙げる」ことにあるという。そして、その特色は、「会員は、企業の経営者・管理職として、単に営利の追求に走るのではなく、常に企業の社会的責任を考え、またその業界の発展のみならず、わが国の発展興隆を通じ、広く世界の平和に貢献するという、共通の認識に立つ集団であ」り、「嘗て命を懸けて君国のために報じたエリートの集団としての伝統を引き継ぎ、他の経済団体にはない信頼と薫陶の豊かな関係が生かされることを期待する」という[10]。

会員は、陸軍士官学校出身者の中でも会社の経営者及び管理職と行政、学会、法曹界、経済団体の役員等に限定されていた。入会金も二万円、年会費五〇〇〇円、例会費二〇〇〇円であった[11]。主な活動として月例会(講演会)や研究会、総会などが開かれていた。講演会には、前述の福田赳夫や当時の経団連会長土光敏夫《どこうとしお》、松下幸之助、戦史作家の児島襄《こじまのぼる》など錚々たるメンバーが招かれている[12]。会員数は、設立から一年で四五〇名、一九七九年末には七〇〇名、一九八八年には九五〇名に達している[13]。

こうして、戦後も「エリート」となった元陸軍将校間のネットワークが整備されていったのである[14]。このネットワークは、相互の経済活動等において有効に作用した。例えば、瀬島龍三は、陸軍士官学校の人脈や同台経済懇話会のネットワークを活かし、中曽根首相と韓国大統領の首脳会談のお膳立てをしている[15]。

一方、会員になれる対象は限定されており、入会金二万円と年会費五〇〇〇円(後に名簿代含め一万円に)という決して安くない費用がかかり、戦後「エリート」になれなかった元陸軍将校はそのネットワークに入ることが不可能になっていたのである。

陸軍の歴史と向き合う

そして、一九七〇年代から、偕行社は徐々に陸軍の歴史と向き合うようになっていく。そのきっかけとなったのは、若い期の人々から「陸軍が正常な形で動いていた時期の隊付や将校団の話、長い伝統の上に築かれた聯隊の姿などが聞きたい」という声が出ていたことであった[16]。若い期は、戦時体制の影響もあり、正常に機能していた陸軍の状態を知らず、その頃の陸軍について話を聞くことを望んだのである。そうした声に応え、偕行社は様々な陸軍の歴史と向き合い始める。

具体的には、「大東亜戦争開戦の経緯（座談会）[17]」「将軍は語る」「各兵科物語」「聯隊物語」などの連載が『偕行』で行われた。この時期は、まだ複数名の将官経験者が健在であり、佐官級として大本営に勤務するなど戦争指導の中心にいた人も複数健在であった[18]。そのため、開戦の経緯を明らかにするための座談会や将官級の証言を聞き取る「将軍は語る」という企画が成立したのであった。また、会員数の増大に伴い、会の運営面が一九七〇年代になると安定していた。そのため、最も資金のかかる事業である『偕行』発行において、こうした企画に誌面を割けるようになったという運営的要因もあった。

また、上述したエリート間ネットワークが形成され、各界で活躍する人材を多く輩出していたということもあり、本当に自分たちや陸軍に過誤はあるのかについて考え直すことが可能になっていたのである。「将軍は語る」の連載開始に際して、この連載のインタビュアーであり、後の偕行社のあり方に大きな影響を与えた加登川幸太郎（四二期）から、「〝旧軍人総ボロクソ〟で、軍の教育や軍という集団は、コチコチの軍国主義者を作りあげただけのものだとけなされているが、果たして、そうだろうか」と問題提起がなされる。そして、「全員が軍服を脱いで以後の三十年、今日まで、そして今でも、社会の各界に活躍してこられ、また、おられる会員の動静を見るに、やはり、その筋金は軍の教育にあったのではなかろうか。／軍の難点は難点として、利点を強調するになんの躊躇の要があろうか」という[19]。つまり、陸軍の評価が戦後初期の厳しさではなく、社会で活躍する多くの元陸軍将校がいたこともあり、こうした企画を行うことが可能になっていたのである。

しかし、陸軍の歴史と向き合うことは、必然的に戦中の対立関係が顕在化することにつながった。例えば、将軍(将官級)に話を聞く上で、彼らの活躍した時期的に二・二六事件や陸軍の派閥対立といった話題は避けて通れなかった。二・二六事件の際にピストルで撃たれた片倉衷《かたくらただし》(三一期)は、ピストルで撃たれた時(片倉は磯部浅一《いそべあさいち》(三八期)に撃たれたと主張している)の状況を語り、皇道派の中心人物である真崎甚三郎を刺し殺そうとしたことを語っている[20]。陸軍を回顧するという作業によって、こうした派閥対立の生々しい記憶が蘇ることになったのである[21]。

冨永恭次をめぐる論争

こうした、陸軍の歴史を振り返る中で、様々な論争が『偕行』上で行われるようになる[22]。ここでは、その中の一つである冨永恭次[23](二五期)の評価についての論争の詳細を見ていこう。事の発端は、一九七七年に生田惇[24](五五期)によって連載されていた「陸軍航空特攻隊史話」でのフィリピンでの特攻隊指揮官冨永の評価であった。冨永は、東條英機の腹心として活躍するも、東條の失墜とともに第四航空軍司令官となり、フィリピンでの陸軍特攻作戦を指揮する。フィリピンの死守を主張していたが、戦況の悪化やデング熱などもあり、台湾へ無断で撤退したとして戦後批判された人物であった[25]。

生田は、フィリピンでの陸軍特攻についての記事の中で、冨永の台湾後退問題について触れ、「冨永中将が比島方面陸軍航空の最高指揮官として、国軍最初の、そして長期、大量の特攻隊を運用するには、余人にうかがい知れぬほどの心労があったであろう」と同情を寄せながら、最終的に「冨永中将は、遂に将軍の器ではなかった」と評価した(26)。

これに対して、六月号の冨永の同期である二五期の同期生通信「花だより」で「偕行誌の品位を保て」という文章が掲載された。二五期内で、「冨《〔ママ〕》永恭次君に関する事項は、真否は、ともかくとして、同窓会誌の読み物としては、穏当を欠くも甚だしいとの批難があった」という。また、「あのような週刊誌的な記事は、偕行誌の品位を傷けるものだと断ぜざるを得ない」。「審査を慎重にしていただきたいと切に希望する」という主張がされた(27)。

そして、八月号では、上記の「花だより」に対する反発が掲載された。本書冒頭で言及した中野滋(五六期)による「異なことを承るに及んで私からも一筆させて頂きます」では、二五期の花だより担当者である石橋を含めて激しい批判が展開された。中野は、「石橋さんは、同期の冨《〔ママ〕》永軍司令官をかばおうとしておられるのでしょうが、4月号の生田さんの文の、どこが週刊誌的でありどこが偕行の品位を傷つけているというのでしょうか。私には一向に解りません」という。更に「思うに、(石橋さんの)その怒り」「は、同期の一人に対して向けられた批判が、余りに的を得ているので、石橋さんは批判された者の「仲間」として、不愉快に思われた、ということではないでしょうか」という。更に、「「同窓会誌」として云々とありますが、偕行誌は一般の同窓会誌と違っていて当たり前ではありませんか。会員数が刻々減りこそすれ、増えることのない同窓会であり、会員は、ほとんど全員が敗戦の責任者であるはずの同窓会であります。〔中略〕/会の特殊性からして、オヂイチャンのご機嫌を取り持つような甘い文章だけから成る会誌では、大した意味がない」という。そして、「中には、痛烈な自己批判もなければ、偕行誌は骨抜き」になってしまわないかと問題提起する。更に、「われわれは敗戦の責任者としての自己批判こそあるべけれ、「仲間」の「メンツ」を立てるために、口を封じ筆を枉げることがあってはならないと存じます」と主張する。[28]

中野の五六期や五七期といった敗戦直前に陸軍将校に任官した期は、陸軍士官学校卒業後訓練不足の中、技量不十分なまま多くの同期生が特攻隊に編成され戦死していた。そうした背景もあり、冨永や石橋への強い批判につながったのであった。

更に「真実の追及を」という論稿でも以下の批判が寄せられた。

戦争中は指揮官の命令指示に従って多くの者が死地に投じていったのです。今、ここに研究者によって、当時の経緯が明らかにされて行くのは、誠に、結構なことで、大きな期待を寄せています。その結果として、当時の関係者が、きびしい歴史の審判を受けることは当然のことであります。「真否は、ともかくとして」では困るのであって、真実は何か、が徹底的に究明されなければなりません。

大体、当時、高い地位にあった人々が、古傷にさわられることを恐れて、お互に傷をなめ合っている姿ほど惨めに映るものはありません。

自分は比較的安全な場所にいて、命令を下して部下を死地に投じて行った高級指揮官や幕僚の戦争責任は、もっと厳しく追及されて然るべしと確信しているものです。それが、今は亡き部下戦友への慰霊と贖罪であり、子孫に残す教訓であると考えるからです。[29]

この論争は、単に冨永の評価に関わるものではなく、偕行社内部にある二つの傾向を表している。一つは、二五期の「花だより」に見られた、同期生もしくは陸軍を庇おうとする傾向である。彼らは、自分たちや「仲間」そして、陸軍の汚点に触れようとせず、証言を抑制しようとしていた。そして中には、戦後の陸軍悪玉論に強い反感を持ち、陸軍の汚名返上や「大東亜戦争」の肯定を目指す人もいた。

もう一つは、敗戦の責任と向き合い、自己批判ないし敗戦の反省を行おうとする傾向である。陸軍の汚点を糊塗しようとする動きに反発し、上層部の責任を問う若い期の人が多かった。いわば、陸軍の中枢にいた高級将校と実際に戦場で多くの戦死者を出した若手将校との衝突ともいえる事態が偕行社で起きていたのである。

『南京戦史』の出版

上述した二つの傾向の対立は、偕行社が一九八〇年代に出版した『南京戦史』の刊行過程でも起きていた。一九八二年、「教科書問題」に端を発して、「南京大虐殺」への関心が強まっていた(30)。会員からも「南京大虐殺」はなかったという趣旨の投稿が複数されていた(31)。翌年、『南京戦史』の編纂の中心となる畝本《うねもと》正巳《まさき》(四六期)によって、五月号に「「南京大虐殺」の真相は――戦場の体験談を求む」という呼びかけがされた(32)。

一九八三年一〇月には、理事長の名前で、「南京問題について緊急お願い」という投稿が掲載された。そこでは、「いわゆる「南京大虐殺問題」について真実を究明し、その虚構を打破すべく」「**畝本正巳**氏（46期）が数年来大変な苦労を重ねて」いるが、実情を把握するには至っていないという。そして、「偕行社としては同氏の調査に全面的に協力すること」にしたという。「この問題について我々が健在のうちに確たる事実を残しておかなければなりません」として、南京攻略戦参加者へ情報提供を求めた[33]。そして、翌月一一月には、「いわゆる「南京事件」に関する情報提供のお願い」が『偕行』編集部名義で出された[34]。そこでは、「「そのようなことは**何も見なかった、聞いたこともない**ということも、また有用な情報であります。こうした史料が数多く集れば、**事の真相を公正に**描き出せるものと確信しております」という。ここから、『偕行』編集部としても何も見なかった、聞いたこともないという証言を強く求めている姿勢が窺える。一方で、「この問題は、まことに残念ながら、全く事実無根とは主張し得ないことかとも考えます」とも書かれており、加害証言が多少出てくることは念頭に置かれていたようである。こうした姿勢は、『偕行』編集部に限ったものではなかったようである。会員からも「今更皇軍の名誉などに捉われ、事実を隠蔽する要はなく、南京で日本軍の非行のあった事は、事実であるという反省の上に立ち、大虐殺三十万の数的虚構の解消に当るべきではなかろうか」という意見が出ていた[35]。

一九八四年四月号から畝本正巳編纂の「証言による『南京戦史』」の連載が始まる。関係部隊の行動の細部公的資料が充分に存在しない状況を補い、従軍者の証言によって、南京で「何が行われたのか」を明らかにしたいという趣旨であった[36]。

この連載は、翌一九八五年二月号まで、一一回にわたって続いたが、連載の終盤に近づくにつれて、「不法行為」の目撃談や捕虜の処分についての証言が出され始める。例えば、八月号では、「支那兵の降伏を受け入れるな。処置せよ」と師団命令が出たことが証言されている[37]。こうした証言は、会員や畝本に少なからぬ衝撃を与えていた。会員の中には、こうした師団命令や参謀からの指令に対して、「私たちは、真面目に、命をかけて戦いました。万々一、そのようなことがあったとすれば、断じて許すことはできません」と怒りを示す会員もいた。こうした声もあったが、畝本は、今後も「国軍の恥ともなるべき資料や証言を敢えて発表するかも知れない。これを隠したり、抹殺しては、千歳の後に至るまで歴史の真実を誤ることになろう。私が知り得た事実は、率直に発表するつもりでいる」という。そして、「それが、「戦争の現実」を知らない若者たちに、我々の戦争体験を伝える唯一の途であると考えるからである」という。[38]

そして、一九八五年二月号で「証言による『南京戦史』」の連載の最終回(一一回目)となり、三月号には、〈その総括的考察〉が掲載された。[39]「証言による『南京戦史』」は偕行社の協力のもと畝本の署名記事として『偕行』に連載されていた。畝本は連載終了に際して、「筆者の総括的考察」を書き、編集部に送っていた。しかし、編集部協議の結果、結論的考察は『偕行』編集部がこれを起草することとし、畝本の同意を得たという。これまでは、畝本の意思を尊重してきたが、この問題を取り上げた『偕行』としての原則的立場と見解も示すべきであるとして、『偕行』編集部執筆責任者という肩書きで加登川幸太郎(四二期)が総括的考察を執筆した。畝本は、小隊長として南京攻略戦に従軍した経験から、虐殺などあり得ないと国軍の汚名を晴らすべくこの連載に挑んだ。しかし、その結果は灰色、黒の証言が現れた。畝本は「不法に殺害したとされる事案について多くの疑問があるが、今日においてその真偽を究明することは不可能である。〔中略〕強いて言えば、不確定要素はあるが、虐殺の疑いのあるものは三千及至六千内外ではあるまいか、と私は答えるしかない」とした。この連載に加わった民間研究家の板倉由明《いたくらよしあき》は、現時点での推定概数を八〇〇〇〜一万三〇〇〇人とした。そして、加登川は、「一万三千人はもちろん、少なくとも三千人とは途方もなく大きな数である」。「戦場の実相がいかようであれ、戦場心理がどうであろうが、この大量の不法処理には弁解の言葉はない。／旧日本軍の縁につながる者として、中国人民に深く詫びるしかない。まことに相すまぬ、むごいことであった」と述べた。[40]

注目に値するのは、この総括の中で、「不法行為」を招いた中国兵への蔑視についての記述があることである。「支那事変は明治以来日本が一貫して進めてきた大陸発展政策の宿命的帰結であった。／日本は近代中国の認識を誤り、広大な中国の国力や目覚めた民族意識を軽視し、依然として古い優越感に驕り、中国蔑視の先入感〔ママ〕が潜在した」と指摘する。更に「このことが日本政府による事変処理や軍中央部の指導を誤らせ、ひいては現地軍将兵の〝中国兵蔑視、捕虜の適法処理の観念の低下〟を招来した」ことを指摘している。そして、「集団あるいは大量の投降兵に対する長勇軍参謀や第十六師団司令部の暴命、または戦闘行動間における過剰なる殺害など、〝正式の捕虜〟として収容し、処理する観念が稀薄であった。南京戦の特性上各種の悪条件が累積したとは言え、一部の不心得者によって、法的審判を経ず過剰な処理の行われたことは遺憾である。／その根底に、優越感、蔑視観、驕り、道義心の低下が潜在していたと深く反省する次第である」という(41)。

つまり、「南京事件」では軍や兵士の中国や中国兵への優越感、蔑視、驕りが不法行為の背景にあったことが指摘されているのである。こうした不法行為の背景にあった日本軍の問題点についての指摘は、「証言による『南京戦史』」以前にもあった。一九七二年に刊行された『陸士第二十四期生小史』では、日本軍は「残念ながら掠奪、放火、殺人(強姦)、虐殺など、あらゆる悪業の仕放題だった」と指摘している。そして、その背景には、軍司令部の責任があったという。掠奪は補給を軽視する「軍上層部の作戦指導の基本観念」に問題があった。そして、その結果行われる「徴発」であるが、「上司から命令したのが《徴発》であり、否らざるものが《掠奪》だなどという理屈が、兵隊さんに呑み込める道理はない」という。「兵士達は、こんなことから、自然掠奪が、大した悪事ではないという気持を持つことになり、一事が万事、延いては良心の麻痺を来して、軍紀風紀の頽廃を生じ、遂に放火、殺人(強姦)果ては虐殺なども、さほどの悪業とは、思わないような心境に立至ったと推するのは、筆者の僻目だろうか」と指摘する(42)。

「南京事件」を研究した秦郁彦は、日本軍の不法行為には、こうした中国兵への蔑視や軍上層部の補給軽視、国際感覚の欠如など構造的な問題があったことを指摘している[43]。「証言による『南京戦史』」は、そうした日本軍の構造的な問題の一部を指摘していたといえる[44]。

この総括的考察には、「南京で実際に何が行われたか」をひたすら探究し、不法殺害の数を公表し、潔く頭を垂れたことに対して、「これこそが陸士精神、真の軍人精神ではないか」と称賛の声が寄せられると同時に、多くの批判が寄せられた[45]。『偕行』編集担当常任理事である高橋登志郎(五五期)は批判を以下の五点にまとめている。①畝本を排除して加登川が総括したこと、②真偽不明の証言を採用したこと、③数字を発表したこと、④中国人民に詫びたこと、⑤本考察が偕行社の総意(統一見解)とは認められないこと、といったものだった[46]。

こうした批判もあり、「証言による『南京戦史』」を刊行することは難航したが、一九八九年には、新しい資料を加えて改訂したものをたたき台にして更に編集委員で検討して修文した『南京戦史』が刊行される[47]。ここでは、虐殺数については、一万六〇〇〇人が、捕虜や敗残兵、便衣兵として撃滅、処断されたと推定した上で、「戦時国際法に照らした不法殺害の実数を推定したものではない」という。そして、「これら撃滅、処断は概して攻撃、掃蕩、捕虜暴動の鎮圧という戦闘行為の一環として処置されたものである」が、「これらを発令した指揮官の状況判断、決心の経緯は戦闘詳報、日記等にも記述がないので、これらの当、不当に対する考察は避けた」という、「「総括的考察」よりは後退した表現」であった[48]。

この「証言による『南京戦史』」、『南京戦史』は、新聞で報道されるなど、偕行社の外部からの反響も大きかった[49]。「証言による『南京戦史』」については、秦郁彦が、「この『偕行』の結論によって、巷間声を大にして30万を唱える人は居なくなるだろう。これで決着がついた」といったという。文部省の元教科書検定官、時野谷滋《ときのやしげる》も、「『偕行』はまことに良いものを出してくれた」。「今後これが学界の定説になるよう期待している」と評価したという話が、『偕行』に掲載された(50)。また、笠原十九司《かさはらとくし》は、「「証言による南京戦史」の「その総括的考察」が南京事件論争にとって画期的な意味をもっているのは、これによって南京事件の「まぼろし説」「虚構説」が否定され、破綻させられたことを意味する」からであるという(51)。

一方で、南京事件調査研究会は、『南京戦史』について、「南京大虐殺説への反論を目的とし、事件の本質を数の問題にすりかえ、しかもその数をなるべく過少に計算して、南京大虐殺を「捏造」だと主張しようとしている」と批判している(52)。実際に偕行社はこの後「南京事件」の「数」について、様々な相手に反論していくことになる。

偕行社の「証言による『南京戦史』」及び『南京戦史』は、南京における不法行為を認めており、その根底にあった中国人への蔑視についても言及されている。そのため、一見「陸軍の反省」の色が濃いように見える。しかし、その数を「過少に計算」しており、犠牲者が少ないため、通常の戦闘行為と変わらないという「南京大虐殺」への反論も可能になっていた。つまり、単に「陸軍の反省」が現れていたわけではなく、「陸軍の汚名返上」を願う人にとっても許容可能な二つの傾向の妥協の産物だったのである。

ともあれ、このように若い期が会の中心となることで、陸軍の歴史を振り返ることが可能になり、徐々に陸軍や古い期の責任について議論されるようになっていたのである。

2 「陸軍の反省」と「歴史修正主義」の台頭

陸軍の反省の盛り上がり

陸軍の反省を行おうとする人々と、陸軍の汚名返上を願う人々が偕行社で共存する中で、一九九〇年代を迎える。一九九〇年代は、戦争責任をめぐって日本政府の軌道修正が明確となり、「負の歴史」の清算が始まった時期であった[53]。

一九九三年八月九日には、細川護煕を首班とする五五年体制確立以降初の非自民政権が誕生した。細川首相は、一〇日の記者会見で、個人的な意見と断りながら「日中戦争に始まる先の戦争」について、「私自身は侵略戦争であった、間違った戦争であったと認識している」と述べた。「侵略」であることを明確に認めるこの見解は、歴代首相の中でも「最も踏み込んだ表現」だった[54]。

更に、戦後五〇年の筋目の年である一九九五年の六月九日には、社会党の村山富市首相の下、「歴史を教訓に平和への決意を新たにする決議」(いわゆる「終戦五〇年決議」)が、衆議院本会議で採択されることになる。この決議は、「世界の近代史上における数々の植民地支配や侵略的行為に思いをいたし、我が国が過去に行ったこうした行為や他国民とくにアジアの諸国民に与えた苦痛を認識し、深い反省の念を表明する」ものだった[55]。村山首相は更に、同年の八月一五日に「戦後五十年に当たっての首相談話」(いわゆる村山談話)を発表する。この談話では、日本が関わった「先の戦争」について、「遠くない過去の一時期、国策を誤り、戦争への道を歩んで国民を存亡の危機に陥れ、植民地支配と侵略によって、多くの国々、とりわけアジアの諸国の人々に対して多大の損害と苦痛を与えた」と当時の政策決定に誤りがあったという歴史認識を示した。その上で、日本の植民地支配や侵略の被害を受けた人々に対して、「改めて痛切な反省の意と心からのおわびの気持ちを表明」した[56]。

偕行社でも過去の「負の歴史」に向き合うべく、本格的に「陸軍の反省」を求める声があがっていた。一九九二年には、安部喜久雄(五三期)から「偕行社で今為すべき事――陸軍の反省」と題する投書がされた。安部は、「海軍に関して」は、「**部内反省記**が公刊されて」いるのに「陸軍にはこのような「**部内者**の反省記」がないことを甚だ遺憾に思って」いるという。その上で、「偕行社は「生き残った陸軍現役将校を主とした」集まりです。**私どもは私ども**陸軍の失敗・誤まり等を明らかにして公表すべきである。俗に言えば「自分たちのわるぐち」を自分たちで公表すべきです」と主張する。そして、「どうしてそんな体質になったのか。其の他陸軍の全般に亘り、30期、40期代で省部の要職におられた諸先輩が、お達者でおられるここ二～三年のうちに、偕行社の企画として、陸軍の反省と贖罪のキャンペーンを実行すべきだと思います」と主張した。また、編集の高橋登志郎(五五期)の手元には、「陸軍に対する批判」を内容とした会員の手紙、手記等が五通届いていたという[57]。中には、偕行社の慰霊のあり方を批判するものもあった。これまで偕行社に関わってこなかった浅野恒(五五期)によって書かれたものである。浅野は、「「花だより」らんには、戦死した者は気の毒というほかないが、というすぐあとに、聞くにたえない手放しの放言が平気で続くのがある。無感覚というか、死者にたいし不謹慎であろう。しかもこの種の人はえてして靖国の国家護持等などに熱心である。この国の至るところにこの種の実体〔ママ〕はあまりにも多い」と痛烈に批判している。この他にも陸軍幼年学校出身者への批判などが書かれている。浅野は戦後偕行社や同期生会に深く関わってこなかったが、戦没遺族に上記の内容の記事を送り、浅野の死後この論稿が『偕行』で発表されることになったのである。[58]

一九九四年には、会員の娘から「旧陸士の皆さんは極めて仲がよいが、そのために本来ならば糾弾されるべきことなのにかばい合ってしまっているのではないか」と、内部で批判を行うことを求める論稿が投稿された。[59]当時は、細川政権の後を継いだ羽田孜内閣で法相になった永野茂門《ながのしげと》(五五期、元陸上幕僚長)が、アジア・太平洋戦争について「あの戦争を侵略戦争というのは間違っている。侵略を目的にやったかといえば違う。植民地解放、(大東亜)共栄圏解放ということをまじめに考えた」と語った。更に、「南京大虐殺」については「私はでっち上げだと思う」と述べ、その根拠として「直後に私は南京に行っている」と説明したことが毎日新聞に報じられ問題となっていた。[60]この発言は、韓国、中国などからの反発も招き、永野は発言を撤回、羽田政権発足一〇日目で辞表を提出することになった。[61]

同年には、「『偕行』はその内容が、旧陸軍の追憶記事の多いのはわかるが、慢心した旧陸軍の不毛な政策、作戦についての反省批判が全くないのは淋しい」という投稿も掲載された。[62]この二つの論稿には、賛否両論が会内で出されていた。[63]つまり、日本の「侵略戦争認識」が定着する中で、戦争の性質を問う声や「陸軍の反省」を行おうという声が積極的にあがるようになっていたのである。

座談会「わが人世に悔あり」

一九九五年には、こうした「陸軍の反省」を求める声に応えるべく、加登川幸太郎[64](四二期)が「わが人世に悔《くい》あり――陸軍追想」という題で座談会(加登川の反省を若い期の人々が聞くという形)を開き、『偕行』での連載が始まった。加登川は、軍務局に勤務後、レイテで参謀として勤務し負傷するなど、「陸軍のエリートとして戦争指導の中枢と最激戦地の両方を経験した希有な軍歴の持ち主」であった。[65]偕行社では、上述した「証言による『南京戦史』」や、「将軍は語る」などの企画、司会、インタビュアーなどを行っていた。

この連載企画を開始するにあたっては、一九九四年三月から翌年三月まで「合計50時間を超す」集会を実施済みであった。その内容は、「キレイごとはない。**忌憚のない旧軍批判である**」という。[66]

この時期は、東京裁判や「東京裁判史観」について、議論が巻き起こっていた(詳細は次項で触れる)。こうした東京裁判がなければ人民裁判が行われ、旧軍人たちは裁かれたはずだと加登川はいう。そして、「あの戦争をやって、ああいう始末になった結果というものについて、陸軍の責任者たちは、「東京裁判にかこつけて、その陰に隠れて、口を拭っておるのじゃないか」と私は思ったものだった」という。そして、A級戦犯の人々に「かぶせきれない罪を犯した連中が沢山」いると指摘する。そして、「みんな東條が悪いんだ、武藤が、松井が悪いんだと、「オイラじゃないヨ」という顔をしている。だが今日、それではあまりに「不透明」だ」という。そして、「今日の偕行社というのは、あの7人の方々におぶさるのでなければ、「自分たちの先輩の罪は罪として認めざるを得ない」という立場に立つべき」だと思うという。[67]

そして、「陸海軍は兵を餓死させることでこの戦争を始めたようなもんだ。それは誰なんだ」と強く主張する。「旧軍の敗戦についての責任というものを、誰がどういうふうに考えて、どういうふうに詫びていくかそれが大切なんだ。それがいま頃、なにかといえば、それでは靖国神社の神様に申し訳ないではないかという。靖国神社の神様に申し訳ないといって詫びるべきはわれわれですよ。靖国神社の神様の数を増やしたのは誰なんだ」と指摘する。そして、インパール作戦の指揮官牟田口廉也《むたぐちれんや》(二二期)のように、「戦争が終わったあと、自衛隊の学校に行って、「俺のやったことは間違ってなかったんだ」なんて言って回った人もおりますよ。あれだけインパールで兵を殺しても、本人が全然責任を感じないんだからしょうがない。そんな将軍がいたんだ」という。更に、「旧軍人の連中は、何が悪かったんだというふうな態度だ。侵略戦争という言葉は言い過ぎだが、靖国神社の神様を楯にとって、何が悪かったんだといったような開き直った顔をしている旧軍人がいる。これが苦々しいんだ」と主張した[68]。

この座談会は、後述するように全体像が不明なため、どこまで日本や陸軍の侵略行為や、「政治介入」に踏み込んだ発言があったかは定かではない。しかし、兵士を死地に送り込んだ陸軍将校としての深い反省のもと、率直に「陸軍の反省」について語っている。こうした「陸軍の反省」が可能になったのは、偕行社で「陸軍の反省」の機運が高まり、それに応えようとする加登川という人物の存在が重なり、こうした座談会が開かれたからであった[69]。

ただし、この「陸軍の反省」がどこまで日本の侵略行為や加害を反省するものになっていたのかは検討の余地がある。大沼保昭《おおぬまやすあき》は、「戦争責任」という場合、①日本の国家経営を誤って戦争をしてしまい、国民に甚大な犠牲を強いた「敗戦責任」を意味する場合と、②他国に攻め入って、中国をはじめとするアジアの諸民族、米英、オーストラリア、オランダその他の一千万人を超える人々を殺戮し、甚大な被害を与えた「戦争責任」との両面があるという[70]。加登川自身も、「侵略戦争という言葉は言い過ぎ」と述べているように、「陸軍の反省」は、日本の侵略行為や加害といったアジア諸国などへの「戦争責任」というよりも、日本を敗戦に導いてしまった元陸軍将校としての「敗戦責任」についての議論であったといえる。そのため、2章で登場した戦犯となった人物など、自身たちの加害責任については充分に議論されていたとはいえないだろう。「陸軍の反省」は古い期の責任を追及する一方、自身たちの加害行為を後景化する側面もあったのである。

この加登川の座談会は、次号以降何の知らせもなく、掲載がストップする。事の真相を加登川は、同期生通信「花だより」の「加登川の「旧軍反省記」自爆空中分解の真相」と題した文章で語っている。そこでは、この座談会は、会内を分裂させる可能性があるという原多喜三(五〇期)会長の意向により、連載中止に追い込まれたという。原は、これでは偕行社が割れるからと休載を求めたが、加登川は原の考え方を「著者に対する侮辱」と受けとめ、寄稿を掲載することを加登川の方から拒否したという。加登川は、「私の旧軍反省記は、今まで旧軍関係者が誰一人も口にしたことのない暴言に近い「提言」である」という。「これが賛否両論をひき起こすことは当然のこと、だが、言論には言論で答えよ。「連載中の記事を無断休載する」とは「言論圧迫」である。私は断然抗議する。そして私は決して筆を捨てない。『偕行社に拒否された旧軍の反省とはこれだ』という稿を新らたにおこして、世に問うて従来の主張を続け、且、偕行社の体質の旧態依然たることを非難するつもりである」という。[71]

こうした加登川の抗議が同期生通信を通じて『偕行』に掲載されているように、「花だより」の編集権限は各同期生会にあり、完全に言論が統制されているわけではなかった。そして、「花だより」を通じて、加登川を支持し、連載の継続を求める声があがっていた。

例えば、六一期の「花だより」では、「問題は、偕行の編集委員の方針や決定の方法が一般会員からみると極めて非民主的で不合理に感じられることである」とその批判は、編集方針、決定過程にまで及んでいた。[72]連載中止には、他にも様々な人から抗議の声があがったものの、それが覆されることはなかった。[73]

加登川は、この後座談会と同趣旨の本『陸軍の反省 上下』を一九九六年に出版する。[74]その中で加登川は、元陸軍将校の中には加登川に賛同を示す人、反発する人とその心情は、人によって大きく違うことを指摘し、「旧軍がその誤りによって国家、国民に非常な被害を与え、迷惑をかけ、今日に至って尚「軍閥」の名のもとに指弾され、非難されている〔中略〕のだから、「反省し、謝罪する」という一点だけでは全員が一致されることを望みたい。それなしに消え去ることは、無責任であり、さらに軍の恥の上塗りではないか」と指摘する。そして、「この本は、いかにも私個人の反省懺悔であるかに見えようが、私の背後には「良識ある」多くの人達、特に若い期の方々が、「軍の先輩自らの声で、『真実』が聞きたい」と期待し、応援して私を激励してくれている方が沢山いる」。「遠くない将来に、偕行社が消え去らないうちに、こうした声が「偕行の声」となることを祈るものである」という[75]。

しかし、加登川の願いは叶わず、偕行社としての「陸軍の反省」はここで頓挫してしまうのであった。

「歴史修正主義」の台頭

一九九〇年代は、「侵略戦争認識」が社会で定着し始めた一方で、政府の政策転換に反発する動きが、一九九〇年代半ば頃から急速に台頭してくる時代でもあった[76]。偕行社でも細川発言、村山談話に対する強い反発が現れる[77]。そして、「侵略戦争認識」の背景にあるとされた「東京裁判史観」が批判されるようになった[78]。

そもそも東京裁判は、三つの戦争犯罪（平和に対する罪、通常の戦争犯罪、人道に対する罪）を規定し、アジア・太平洋戦争の責任は「戦争犯罪人」に帰せられた。こうした認識を前提に、一九二八年の張作霖爆殺事件からの日本の行動を侵略戦争として裁くという歴史観を有していた。言い換えれば、この戦争は「戦争犯罪人」が起こし、彼らは通常の戦争犯罪だけではなく、共同で世界侵略を謀議し、遂行した罪も負っているのであり、更にその戦争は日本が一方的に罪を問われるべき「侵略戦争」であった、というのである。こうした見方が、いわゆる「東京裁判史観」と呼ばれている[79]。この「東京裁判史観」という言葉は、一九八〇年代に積極的に使われ始め[80]、日本の政治的・経済的・軍事的自立のための復古主義的ナショナリズムを志向する上で排除されるべき対象として槍玉にあげられていた[81]。
偕行社には、「東京裁判史観」に基づく「侵略戦争認識」によって戦没者や自分たちが、侵略戦争遂行者となってしまうことに強く反発する人たちがいた。そして、「東京裁判史観からの脱却、これ無くしては靖国の英霊の眞の安らぎはあり得ません。かつて国軍の幹部たりし者、或は幹部を志した者は、これの是正に努めることは責務ではありませんか」という声があがるようになっていた[82]。

こうした姿勢は、一九九六年に行われた「『偕行』誌のあり方について」のアンケートにも表れている。このアンケートは、アンケート回収期間の短さ、誌面を切り取り、自身で封筒に入れ、八〇円切手を貼らなければならないということもあってか、当時の発行部数約一万八〇〇〇部のうち二六七名（一・五％）しか回答していない[83]。そのため参考程度に見るべきだが、逆に言えば、期間内にしっかりとアンケートを返送する熱心な読者層の回答と見ることもでき、偕行社内の一定の傾向を読み取ることができる。その中で、一般記事として掲載されるテーマとして、「歴史認識を糺す記事を載せる」ことの可否を尋ねたところ可が二二二（八三・一％）、不可が二五（九・四％）だった[84]。このアンケートから吉田裕は、少数ながら「自虐史観」・「東京裁判史観」克服キャンペーンに同調しない人々が存在したことを指摘している[85]。たしかに、一九九八年には、五八期の遠藤十三郎[86]から「最近の偕行記事の論調は、歴史認識その他の諸問題に対し、あまりにも保守的で、いささか感情的に過ぎはしないか、何事も両面的に見てこそ公平である」という意見が寄せられていた。また、遠藤は、「1万5千人の会員が総て同じ意見とはとても思えない。／我々は戦争への反省と敗戦の責任を考え「向こう側の声」も聞き、もっと謙虚であるべきだと思う」という[87]。

また、「今まで読んで良いと思った記事」に対する回答では、「加登川氏の「わが人生に悔あり〔ママ〕」及び旧軍の反省」が打ち切りになったにもかかわらず、二位の二七票を集めている[88]。実際に、「あれだけの戦争をした陸軍の中核にあった偕行会員として、陸軍の誤った点は内部から後世に言い残さねばならないのではないか」といった意見もあり、依然として「陸軍の反省」を求める声は一定程度あったといえる(89)。

ただし、先述したように「陸軍の反省」は、アジア諸国に対する「戦争責任」の議論というよりも、軍人として日本を敗戦に導いてしまった自国民に対する「敗戦責任」を意味する側面が強かった。例えば、五八期の浅田孝彦《あさだたかひこ》は、戦後五〇年を契機に「戦争責任」を反省するマスコミの風潮が強まったものの、「戦争は正義の名のもとにお互を殺戮しあう人類の狂気であ」り、「古来残虐でない戦争などはない。それなのに何故わが国だけがその責任を負わなくてはならないのか」と日本の「戦争責任」を否定する。その一方、「私の心の奥底には未だに敗戦責任(戦争責任ではない)がずっしりと淀んでいる。祖国を守るべき軍」の幹部として「天皇の負託を受けながらも祖国を焦土と化し、戦いに敗れた責任は私の心から永久に消えることはあるまい」という(90)。つまり、「陸軍の反省」に見られる「敗戦責任」と「戦争責任」の議論が切り分けられた上で、「陸軍の反省」を追及することと「戦争責任」の議論への反発が両立可能なものになっていたのである。そのため、「敗戦責任」を感じ、「陸軍の反省」を行いながらも、「戦争責任」については否定していたのである。

その結果、誌面には、「東京裁判史観」の批判が多く掲載されるようになっていた。そこでは、「東京裁判史観」の根底には、戦後のGHQによる改革や「マインドコントロール」、戦後教育があるという主張がなされていた(91)。そうした中で期待が寄せられていたのが、後に「つくる会」に集結する藤岡信勝たちの「自由主義史観研究会」や小林よしのりであった(92)。そして、一九九七年には、後に会長になる山本卓眞(五八期)によって「つくる会」が紹介され、その活動への期待が高まっていた(93)。

加登川の座談会を没にした原会長もそうした考えの持ち主であった。原は、「歴史教育のあり方についての検討が進められていることは喜ばしいこと」だと語り、「我々としてはこれらの動きに出来るだけの支援を惜しまない所存であり、一日も早い改革が望まれます」と運動の更なる進展を期待していた。[94]当時の「歴史修正主義」的な言説を積極的に支持する声が若い期からもあがるようになり、「つくる会」の「教科書改善運動」に参加する議論が俎上にあがる。[95]原会長は当初は教科書問題について陸軍の威信に関わるもので看過できないとしつつ、「これは隣国との間の政治的意味が強い問題」であり、「偕行社は「政治には関わらない、政治的行動はしない」という方針が創立以来の基本姿勢」ゆえ、これを堅持すべきであると語っていた。[96]

しかし、二〇〇〇年には、「つくる会」の教科書の採択運動を行う「教科書改善連絡協議会」が発足し、偕行社からも運営委員の選出を依頼され、一九七七年に自衛隊を退職して以降、一九九九年まで日本史教論を務めていた木野茂《きのしげる》(五六期)を推挙した。[97]そして、「各地の偕行会と連携して、教科書改善運動について積極的に支援をする」ことが二〇〇一年の事業方針から盛り込まれるようになる。[98]

そして、「採択制度及び運用の改善を求めるポイント」、「教科書採択活動の具体的すすめ方」、「地方議会における活動のポイント」など、具体的な運動方法が誌面で紹介され、地方の偕行社や各期同期生会に協力が要請された。[99]この過程で、「教科書改善運動」については、「これは政治活動であるから(財)偕行社としては関与すべきでない」という意見が評議員会で出ることもあったが、これは圧倒的多数で否決されたという。その上、若松会(主計団)の「花だより」では、この評議員のことを「トンチンカンな評議員もいた」と表現している。[100]「教科書改善運動」への参加が、偕行社内でどこまで「政治」と捉えられていたのかはわからない。しかし、「東京裁判史観」批判を積極的に行う中で、偕行社はそうした意見に(少なくとも表面上は)染まり、「政治的運動」であるとして関与を否定する評議員が「トンチンカンな評議員」と表現されるまでになっていたのである。

こうした状況の中では、直前に行われていた「陸軍の反省」も否定的に扱われるようになる。例えば、「陸軍の反省もよいでしょう。只それは、陸軍悪玉論に利用され、東京裁判史観の固定化に貢献し、日本唯一悪玉論に拍車をかけることになります」と主張されるようになっていた(101)。つまり、「敗戦責任」を感じ行う「陸軍の反省」が、彼らが対立していると考える「東京裁判史観」の人々に使われ、「戦争責任」の議論になるのを恐れるようになっていたのである。

戦争の最前線に立ち、多くの同期生を失った若い期の人々は、「陸軍の反省」を行い、責任ある立場にあった古い期を追及しようとしていた。そうした彼らが、なぜ「つくる会」にシンパシーを持ち、「陸軍の反省」を抑制していったのか。

ここでいう「陸軍の反省」とは、再三述べているように、軍として軍人として日本を敗戦に導いてしまった「敗戦責任」についての議論である。そのため、基本的に戦争指導などの大局的なものであり、その責任追及の目は古い期を中心とした陸軍の中枢にいた人々に向けられていた。そして、最前線で戦っていた若い期は、なぜ自分たちはこれだけ多くの犠牲を強いられたのか、その原因はどこにあったのかを知りたがっていた。戦後初期は、社会からの陸軍将校に対する否定的感情があったことや、健在であった将官級、佐官級の人々によって証言の抑制機能が働いていたことから、そうした責任追及は充分になされなかったのである。しかし、一九七〇年代以降、徐々に将官級、佐官級の人々がいなくなる中で、古い期の責任を問う「陸軍の反省」を求める声が徐々に盛り上がり、それに応える加登川の存在により、座談会が開かれたのであった。

他方、細川発言や村山談話など日本のアジア諸国に対する加害責任などを問う「戦争責任」の議論が一九九〇年代の日本社会では盛り上がっていた。「戦争責任」の議論においては、国策決定に関与した古い期はもちろん、最前線で戦った若い期もその加害行為や「侵略戦争」に加担した責任を追及される立場になったのである。

若い期の人々はこうした批判に立ち向かい、戦没した戦友のため、陸軍将校として積極的に戦争に参加していった自分たちの青春時代を肯定するために「歴史修正主義」に接近し、陸軍の汚名返上を積極的に行おうとするのであった。

だとすれば、「歴史修正主義」的な言説は、彼らが待ち望んでいたものであったといえるだろう。五九期の立石恒は、西尾幹二著『国民の歴史』を読んで「戦後、自虐史が横行し、自分自身が悪いことをしたように、萎縮した肩身の狭い思いをして来たが、この本を読んで、過去の闇の奥にあったものが見えてきた。現在が見え、将来が展望できるようになった。真実と欺瞞、実像と虚像の区別が見えて来た。われに非はないと、この本は断言するかのようだ」という[102]。

つまり、「陸軍の反省」はあくまで「敗戦責任」に関わるもので、「戦争責任」を問うものでなかったからこそ、「歴史修正主義」的な立場へと接近することが可能になっていたのである。

その中で、彼らは、自分たちの体験と「歴史修正主義」に齟齬を感じながら接近していた。例えば、小林よしのり著『戦争論』では、陸軍幼年学校の「定員150名の内100名は宮家や華族、将官の子供の特別枠で、一般からは50名程度しか取らなかったという間違った記載が」あった[103]。しかし、『戦争論』は、「非常に良く我々の言い分を代弁してくれる」として好意的に捉えているのであった。こうした彼らの体験やアイデンティティの根幹に関わる間違いに気がつきつつも、「東京裁判史観」に立ち向かおうとするその歴史観にシンパシーを感じ、接近していくのであった[104]。

また、陸軍の中枢にいた古い期の人々がいなくなったからこそ、こうした歴史観に接近することが可能だったともいえる。「歴史修正主義」的な歴史観の中には、アジア・太平洋戦争の原因は、中国共産党やアメリカといった敵国の謀略によるものだという主張が少なからずあった。吉田裕が主張しているように、こうした「陰謀論」で戦争の原因を説明してしまうと、「陰謀」を見抜けずに翻弄され続けた国家指導者の資質が問われることになる。(105) 国家指導者も輩出していた古い期が健在の場合、こうした歴史観に簡単に同意することはできなかっただろう。また、1章でも述べたように実際に国策決定の場にいた人々が健在だったためこうした陰謀論に対して、統制、抑制の力が働いていたのである。つまり、陸軍の中枢ではなく、最前線にいた「若い期」が会の中心となったからこそ、こうした歴史観に同意することが可能になっていたのである。

そして、従来の靖国神社国家護持運動等がうまくいかず、「侵略戦争認識」(細川発言、村山談話)が社会に広まり、独立国とも思えない状況になっているのは占領政策や「東京裁判史観」、教育に原因があるとして、「つくる会」への積極的支援や、日本会議との連携が目指されるのであった。

3　戦後派世代の参加

偕行会館の売却とバブル

一方、偕行社の運営面では、一九八〇年代から社屋の改善と将来問題が課題となっていた。(106) まず、社屋の改善について見ていこう。一九六六年に落成された偕行会館であったが、八〇年代には、既に老朽化が問題となっていた。改修や、建て替え、土地建物の売却移転などが検討されたが、資金源がなく、なかなか話は進まなかった。しかし、一九八六年からバブル景気により、東京の地価の上昇が始まる。偕行社の所有する土地も例外ではなく、「一坪八百万だ、千万円だ、いや一千五百万円だ」という情報が入っていた[107]。そして、土地建物の売却と適当なビルの貸借方針が決定され[108]、一九八七年に土地建物を二七億六〇〇〇万円で売却する[109]。そして、翌一九八八年に市ヶ谷の翠ビルディングの地下一階、二～四階を賃貸料月額四五九万二〇〇〇円で保証期間二〇〇八年までの二〇年という条件で借りた[110]。このビルの構成は、表3－1のようになっていた。

当時の会長竹《たけ》田《だ》恒徳《つねよし》(四二期、元皇族)は、「偕行社をクラブにしよう」という意思を持っており、その方針に沿い、「一流クラブ並」のロビーや娯楽室を備えた内容となっている。また、図書室には、偕行社がこれまで集めてきた陸軍関連の希少図書が所蔵され、会員外の閲覧者も多く訪れるようになった。一方、旧会館での宿泊数が減少していたこともあり、これまでのように宿泊施設は備えられていなかった[112]。

一方、土地の売却によって得た利益は靖国神社への一億円の寄付、千鳥ヶ淵墓苑への一〇〇〇万円の寄付、新社屋の補償金などを除き、二五億円を信託銀行の運用基金信託に設定した[113]。この利率は当初バブル経済の影響もあり、六％前後、年に一億五〇〇〇万円前後を得ることになり、会の財務を支えることになる[114]。その結果、会館売却以前の偕行社と比較し、収入総額に占める会費の割合が減っていく(会館

4階	役員室、会議室、事務局、合同事務所
3階	貸室、各種集会宴会用
2階	ロビー、和室2部屋
地下1階	図書室、同閲覧室、娯楽室、レストラン、麻雀室〈3台〉

表3－1　偕行社新会館の内容[111]

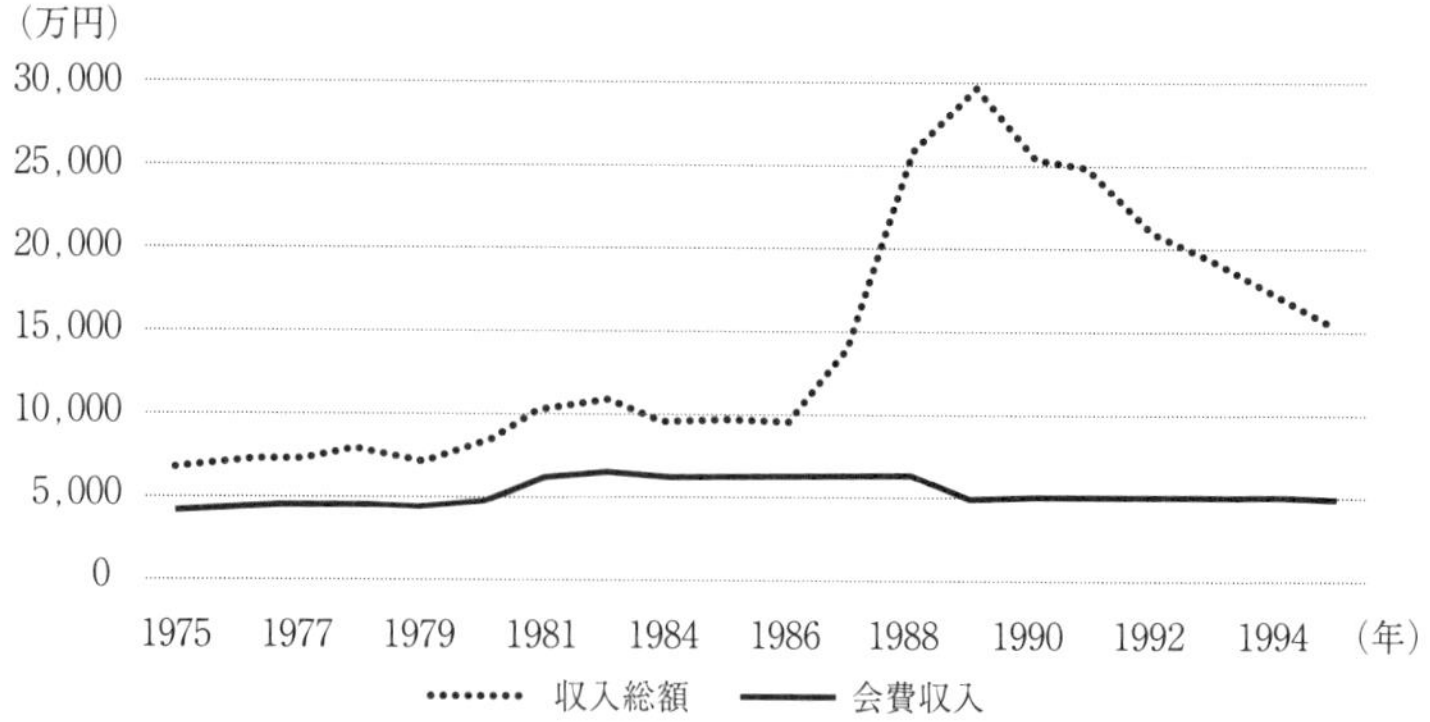

図３－２　偕行社の収入総額と会費収入[115]

売却以前は六〇％前後、以降は二〇％前後。図３－２を参照）。

こうして、偕行社は、会館の売却、移転、基金の運用によって、資産、新たな会館、運用益を得た。この運用益による運営は、バブル経済の中で、当初は順調に進み、会員に様々な恩恵を与えることにつながる。会費は四〇〇〇円から三〇〇〇円に減額され、各期同期生会、地方偕行社に対して、正会員一人あたり五〇〇円の交付金が毎年出されるようになった。例えば、一九九一年には、各期同期生会に総額七七七万円、各地の偕行社に総額六〇九万円が交付されている[116]。交付金の使途は各組織によって異なったが、会員を増やすことや、地方組織を充実させるインセンティブを生み出し、新規入会者勧誘や地方組織の再編を促すことにつながった[117]。また、長寿会員には、長寿祝いとして、一万円が送られている[118]。

一方、資金があることで、監督官庁である厚生省からは、現在国家予算では処理しにくい戦後処理事業、戦争犠牲者の援護事業への協力を要請されている。偕行社としても、戦後処理の援護事業、特に戦時中の陸軍に関係ある事項に対しては、偕行社が健在であるうちに処理したいという意向を持っていた。しかし、厚生省からの要請は、樺太一時帰国者の援護事業という「内容的にみて旧陸軍と直接関係ない」ものであったが、「監督官庁よりのたっての要請と云うことで政治的な配慮」により、六六〇万円の援護費を支払うという協力を行っている[119]。

こうして、会の財務が好転した恩恵を様々な形で受けていた。しかし、収入総額における会費の割合が減り、運用基金による収入がもとになることによって、会の財務が景気動向に大きく依存することにつながるのであった。

将来問題

会の将来についての議論が本格化し、激しい議論が行われたのもこの頃であった。一九九〇年代後半から二〇〇〇年代前半は多くの戦友会が解散していった時期でもあった[120]。偕行社においても将来問題が一九八〇年代から本格的に議論されていた。そこでは、様々な意見が出ていたが、主に①自然消滅、解散論、②幹部陸自への継承、③会社化などの意見が出ていた。そうした中で、一九九四年には、靖国偕行文庫[121]及びなるべく多くの資産を靖国神社に奉納し、一九九八～二〇〇八年（平成一〇～二〇年）に会を収束させる方針が示された[122]。当時の誌面に記載はないが、一九九〇年代の将来問題決定の背後で当時の竹田会長が偕行社を自衛隊につなぐことはできないかと検討を命じたが、良い感触が得られず断念したという[123]。

しかし、偕行社の常務会は一九九九年から元幹部自衛官の会の参加を目論み始め、元幹部自衛官と懇談の機会を持つ[124]。こうした動きの背景には、海軍士官親睦組織の水交会の動向が影響を与えていた。一九九八年の偕行社総会では、水交会は、元海上自衛隊の会の桜美会に後事を託すことを決め、二一世紀初めの一体化を目標に動いていることが、来賓の水交会会長から語られている[125]。そして、二〇〇一年の理事会では、規程を改定して元幹部自衛官が会員になれるよう提案されるが、「規程の改定は後継問題の結論を得てから行うべきである」とする強い反対意見が出て、審議未了となった。偕行社の理事会としては、「自衛隊出身者が偕行社の後継者となれるかどうかは今後の問題として、先ずは元幹部自衛官を正会員として受け入れ、偕行社終末期の活動を一緒に汗をかいて貰う中から将来問題も考えて行きたい」という考え方であった。(126) また、元幹部自衛官からは懇談、意見交換を重ねているのに一向に話が進展しないことに不満も窺われたという。(127) 元幹部自衛官へ賛助会員での参加を打診したが、半数から正会員で迎えて欲しいという意見があった。これに対して、「現在の構成員とは異質なのだから、最初から正会員と言わず先ずは賛助会員で良いではないか、但し賛助会員でも人数が集まるようならその代表として理事、評議員を選出できるように規程を改正すれば偕行社の運営に参画できるので、志を同じくする人の活動には支障ない筈」との意見もあった。(128) こうした元幹部自衛官を後継者にすることに対しては、自衛隊と陸軍の建軍の事情、性格、歴史など全く異質の存在であり、違和感を覚えるという反対論が根強くあった。(129)

資産をめぐる攻防

それ以上に重要であったのが、先述した偕行社の持つ資産の行方であった。バブル経済の崩壊により運用資金の収益は年々悪化していた。図3-3を見ていただければよくわかるが、最盛期約一億八六〇〇万円あった資産の運用収益は、一九九〇年代になると下落の一途をたどり、会の将来問題が本格的に議論されていた二〇〇〇年代初頭には、約二〇〇〇万円から八〇〇万円までに落ち込むことになる(一九八七年は年度途中から運用収益を得たため少ない。二〇〇五年に上昇しているのは、投資信託から多少リスクのある投資に切り替えたためであり、この点は後述する)。

こうした運用収益の減少に伴い、各期同期生会への交付金の廃止、会館の縮小など支出を削減すること

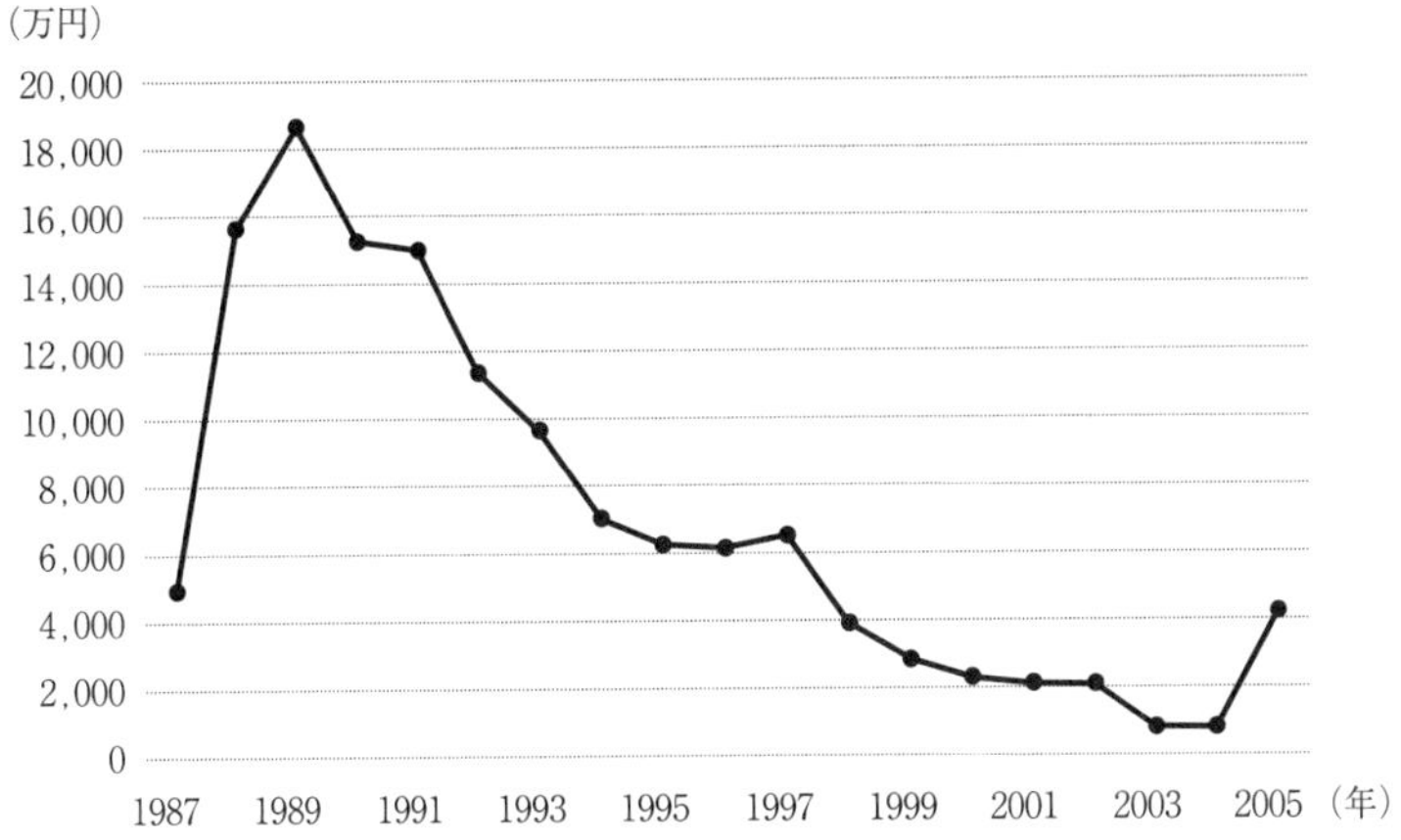

図３－３　運用収益の変遷（1987〜2005年）

によって対応しようとする。しかし、毎月の『偕行』の発行に加えて、月額四五〇万円余、年間五〇〇〇万円以上の会館利用料を支払うという運営は、もはや会費のみによってまかなえるものではなくなっていた。また、従来の方針に沿って靖国神社に靖国偕行文庫を奉納し、約五億円の資金を偕行社が拠出した（一九九七年に約一億八八〇〇万円、一九九八年に三億一八〇〇万円など）。そのため、偕行社は赤字運営となり、運用資金元本の取り崩しが続き、最盛期には約二九億円あった偕行社の資産は、二〇〇〇年で約一八億円、二〇〇五年で一三億七〇〇〇万円にまで減少していた。こうした背景には、会館売却益で購入した株の暴落による含み損二億円余りや、恒常的な赤字運営があった[130]。靖国偕行文庫の建設資金を除いても、一九九〇年から一〇年で五億円、一五年で一〇億円の資産が減少していたのである。

２章で言及したように、この資産の元は、靖国奉仕会（旧国防婦人会）から寄付された土地建物であった。そのため、資産が減る前になるべく多くの資産を靖国神社に寄付すべきとの意見が四〇〜五〇期の当時古参となっていた期

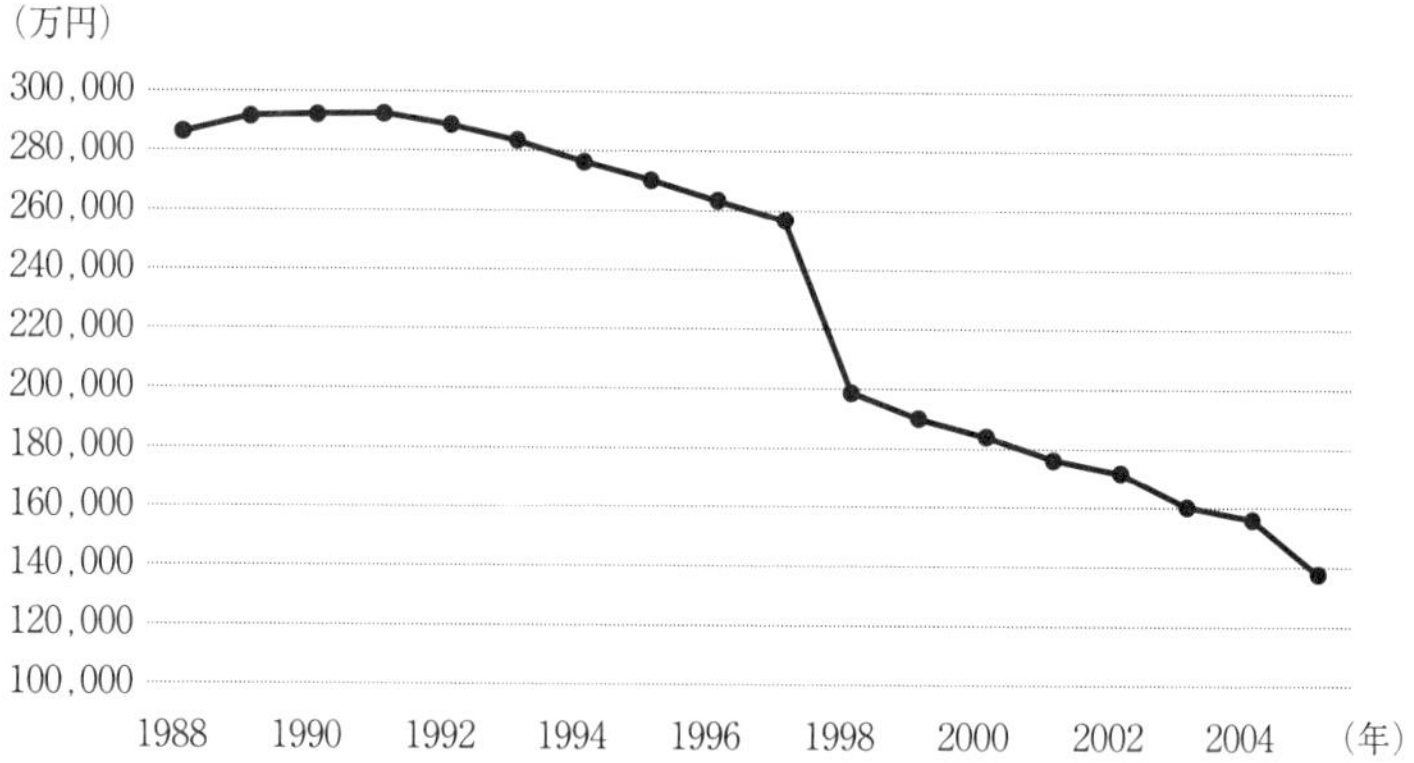

図３－４　偕行社資産の合計金額の変遷（1988～2005年）

から出ていた。

この時期は、靖国神社が創立一三〇周年の記念事業として遊就館の新築をはじめ、各種事業のための資金の半分である五〇億円余りを募金で集めようとしていた。しかし、不況の影響で企業からの寄付が思うように集まらないことや戦争体験者の減少もあり、募金が必要額の半分程度しか集まらず、偕行社へ協力を要請していた[131]。偕行社としては、二〇〇三年までに個人、同期生会、地方偕行社を通じて、六四〇〇万円余りの寄付をしていたが、この要請に応えて、一八五六名から二三五二万円の寄付を追加で行った[132]。こうした個人としての寄付だけではなく、偕行社の資産自体を寄付すべきという声があがっていたのであった。

一方、運用資金を取り崩し、元自衛官を会に迎え入れてでも会を存続させようという意見が理事会、評議員会などでは強かった。評議員会では、会の存続を求める最若年期（五九～六一期）と会の早期解散を求める四〇～五〇期の対立があったという[133]。

こうした議論の中、元幹部自衛官の参加が二〇〇一年に認められる。偕行社の理事会としては、「自衛隊出身者が偕行社の後継者となれるかどうかは今後の問題として、先ずは元幹部自衛官を正会員として受け入れ、偕行社終末期の活動を一緒に汗をかいて貰う中から将来問題も考えて行きたい」という意向であった[134]。元幹部自衛官の深山明敏は、「偕行社の将来に関する問題には、いろいろなご意見があると思いますが、私どもは立派な後継者になりたいと願っております」という[135]。

元幹部自衛官が会に参加するようになっていたが、会の将来についての問題や、資産の行方については依然未解決であった。そして、そうした問題について二〇〇三年から『偕行』内で本格的に議論が行われるようになる。「従来、偕行社運営の機微に触れる問題は、一方に偏らず会員全員の意見を公正に収載することが難しいことから掲載を差し控えて来」たという。しかし、将来の「方向を見定める時期に当たり、機関での審議と並行して偕行社将来問題、併せて資産運用の問題等についても誌面に会員の投稿を掲載し、会の意向を纏めていく一助と」したいという[136]。

偕行社を早く解散して、靖国神社へ少しでも多くの資産を寄付すべきという意見が出る一方で、最若年期(五九〜六一期)を中心に「英霊」を永続的に奉賛するためにも、偕行社は永続するべきという意見が出ていた[137]。そうした意見に対して、現在の偕行社には五八期以降の戦場での体験を持たない人と、戦場での体験を持つ人がいるといい、「戦死者への思いは靖国神社に収束される。我々の靖国に対する思いは体験のない若い期の人々には理解困難である」と五八期(任官直後に終戦、基本的に戦場に出ていない)や最若年期(五九〜六一期)への批判が繰り広げられた[138]。

最若年期は、会員数が多く、評議員の数も多かった。二〇〇四年九月の時点で、会員数一万三六〇六人のうち五九〜六一期だけで五七〇六人(四二%)[139]、評議員の数は二〇〇三年の時点で、一三五名のうち五九〜六一期で四六名(三四%)を占めていた[140]。四〇〜五〇期の同期生会は高齢化による会員の減少や活動力の減退等によって活動が下火になり、解散が検討されていた。一方、最若年期を中心に比較的若い世代は依然として多数の会員を抱え、同期生会が活発に開かれていた。特に最若年期は、二〇〇〇年代に入っても五〇〇～九〇〇人規模の同期生会を未だに開催していた。例えば、偕行社の将来問題が議論されていた二〇〇三年でも、五九期が六四〇余名の、六〇期が八三七名、六一期が六三〇名の同期生総会を開催している。[141]同年の偕行社総会の参加者が二五〇名なので、いかに最若年期の同期生会が盛況であったかがわかるであろう。[142]この同期生総会は、同期生本人だけではなく家族の参加も多かったようで、いくつかのグループに分かれて旅行などを楽しんでいる。[143]例えば、五九期は彼らが教育を受けた朝霞の振武台及び朝霞の自衛隊駐屯地訪問という日帰りのコースから、北海道、知覧・沖縄戦跡探訪と日本各地に加え、サイパン・テニアン戦跡めぐりをするグループに分かれて旅行を行っていた。[144]最若年期は、終戦時一八歳前後（一九二七年生まれ前後）であり、一九九〇年代には退職しており、九〇年代の終わりには七〇代になっていた。だからこそ、一定の時間的・経済的余裕があり、戦後の長い時間をかけて培われた同期生の絆が成熟を迎えていた時期であった。それゆえに家族を含めた同期生会が活発に行われていたのである。そして、同期生会のためにもその活動の中核となる偕行社の存続を望んだのであった。[145]

二〇〇四年六月には、理事長の齋須重一（五七期）が「偕行社の将来問題について」を理事の大多数の意見として発表した。そこでは、「今回我々が資産からの神社への寄附に賛同しないことで、あたかも英霊奉賛の意識が薄いように嘆かれる方がおられますが、それは甚だ不本意であります。数多くの親しい同期生が靖国神社に祀られております。任官前の期といえども、御聖断がなければあの秋には本土決戦で靖国神社に直行していた筈です。何で英霊奉賛と背馳する行動を取り得ましょうか」という。そして、偕行社が、「英霊」を奉賛する組織として、永続を目指すことが述べられた。[146]

同年九月の評議員会で、理事長から「偕行社の将来問題について」と同趣旨のことを説明、決議を行った。「反対意見が先輩期からこもごも出た」が、採決の結果九割以上の賛成で可決された。しかし、「怪文書の類で執行部が放慢財政で飲食に金を使い会の資産を多額に食いつぶしているという弾劾文」が出回るなど会内での対立が深刻な状況になっていた。[147]

この過程で大きな問題となったのは、理事の一人から出た「最近の財団法人に対する監督姿勢からして、額の多少に拘わらず宗教法人に対する寄附は到底承認される可能性はない」という発言であった。[148] こうした発言に対して、発言は事実と異なり、問題は評議員会で、「こんな出任せの指導をして靖国献金を牽制している」ことであると非難されている。[149] 理事長も同趣旨のことを「偕行社の将来問題について」で記述していたが、これに対し、元会長の原多喜三は、「理事長の肩書をつけて発表するにしては、勉強不足、お粗末過ぎると感じました」と強く批判している。[150] なお、この原の投稿は『偕行』編集者によって修正されたようである（修正部分不明）。「花だより」は慣習的に「聖域」とされており、各期の花だより担当者に編集が任されていた。しかし、偕行社の不利益になりかねない記述があったので、編集人が速達で了解を求め、数行を削除したという。[151] つまり、これまで「聖域」とされていた「花だより」にまで編集人が手を加えねばならないほどに、両者の対立は深刻化していたのであった。

この評議員会の決定を契機に四七期では、会員一〇二名のうち、七一名がまとまって退会を企図する。この企ては、副会長や理事長の説得、後述するように翌二〇〇五年に山本卓眞（五八期）が会長になったこともあり、退会を延期したが、両者の対立の深刻さが窺える。[152]

元自衛官の参加理由

深刻な対立がありながらも偕行社は永続路線を選択し、元自衛官への参加の呼びかけや、それに伴う会の目的の修正などを行う。こうした深刻な対立が偕行社内部にあることは、元自衛官の耳にも届いていた。そうした中で、元自衛官はなぜ偕行社に参加したのか。二〇〇六年八月号に掲載された「各地の元幹部自衛官にお願い」には、以下のようにある。

陸軍の先輩方が、この会の後継を我々に託された趣旨は、英霊顕彰の継続と、陸軍の良き伝統の継承だと忖度します。

そのことは入会者として当然のことですが、そういう受け身の加入に留まらず、この偕行社を陸上自衛隊発展に貢献できる支援・協力団体としても大きく育てて行きたいと考えています〔中略〕

現在、海の「水交会」、空の「新生つばさ会」に対応する陸のOBの全国的な組織はありません。陸自の元幹部自衛官が結集して、陸自を支援し、殉職隊員の慰霊顕彰を行い、修親会との交流を深め、また現役には発言できないような問題について国民に訴えることは意義の深いことではないでしょうか。

既に公益法人として存立し、有力な本部機構と月刊の会誌があり、全国に約1万名の会員を擁する偕行社が我々に門戸を開いて下さったのですから、是非この機会を活用し、陸自元幹部の団体として更に発展させ、併せて先輩方のご期待にも応えたいと思います。

憲法改正の動きが活発化し、国軍化も期待できるようになりますと、遠い将来において、陸・海・空のOB機構の大同団結の機運が生じることも考えられます。その時代に備えておくためにも、「陸だけが組織の無い」現状は、決して好ましいものではありませんますます。(153)

つまり、元自衛官たちは、「英霊」の奉賛や伝統の継承と引き換えに会誌や資産を持つ偕行社を引き継ぎ、陸自の外郭団体を整備しようとしていた。そして、そこでは親睦互助よりも、陸自への支援や防衛に関する提言が重視されていたのである。

二〇〇五年には、「東京裁判史観」の払拭を目指す山本卓眞が会長に就任した。山本は、偕行社を同窓会に留めず、国家に意見を持ち、それを発信する会にしようとする。具体的には、自衛隊が偕行社の後継者となることを期待し、自衛隊が靖国神社を公式参拝できないこと、殉職者が靖国神社に合祀できないことなどを変えるには、法と制度を変えるために声をあげる必要があることを指摘している。そのためには、「国民の意識を変え、偏向した教育を正す運動が必要でしょう。偕行社がそういう国民運動の中核となることでこそ、偕行社の新しい、大きな存在意義が生まれる」という[154]。山本らの主導によって、偕行社は、同窓会的な運営を脱して、国家の威信と防衛に関する意見を積極的に持ち、必要に応じてそれを世に問う団体となっていくのである[155]。こうした山本の方針は会内で一定の支持を受けていた[156]。

つまり、山本は、靖国神社を中心とする戦没者の慰霊顕彰を継続するために元自衛官を会に迎え入れ、その上で、靖国神社や自衛隊の地位向上を目指し国民運動(教育改革)などを行うことを目的として掲げたのである。こうした戦没者の慰霊顕彰には、陸軍の汚名返上、陸軍悪玉論の是正という側面も含まれていた。そのため、偕行社の解散と靖国神社への資産の寄付を求めていた戦場体験のある若い期にも、会の存続を受け入れることが可能になっていたのである。また、山本が偕行社の存続に反発していた戦場体験のある先輩期と懇談の機会を積極的に持つなど、会内の融和に積極的に動いたことにより、偕行社の将来問題についての対立は沈静化していった[157]。

小括

戦友会に関する先行研究では、戦友会の「非政治性」が強調されてきた。また、遠藤美幸は、二〇一〇年代の戦友会において、右派団体にも所属する戦後派世代の会員の唱える歴史認識や「自虐史観」の否定に対して、元軍人や遺族は違和感を持ち、会から遠ざかっていったという。そして、戦友会の元軍人が右派勢力の中心とならなかったことを強調している(158)。

本章で扱った事例から浮かび上がるのは、戦後五〇年以降になって元エリート軍人たちが戦友会にあった政治的中立を捨て、「歴史修正主義」に接近していく力学である。偕行社では、若い期が会の中心となったことで、古い期の批判や「陸軍の反省」が積極的に行われていた。そのことは彼らが属した陸軍の組織病理や「南京事件」の原因の一つである中国兵への蔑視に向き合うことにつながっていた。

しかし、ここで主に議論されていたのは、軍、軍人として日本を敗戦に導いてしまった「敗戦責任」についての議論であり、その批判の矛先は軍の中枢にいた古い期に向けられていた。一九九〇年代から、他国に対する侵略や加害責任が問われる「戦争責任」の議論が日本社会では盛り上がっていたのだが、そこにおいては、侵略戦争に加担し、加害行為を行った若い期自身の責任も問われることになったのである。そのため、戦没した戦友や陸軍将校であった、あるいは陸軍将校を志した自分たちの青春時代を肯定するためにも「戦争責任」を問う風潮に反発するようになった。そして、物故した古い期への批判や「陸軍の反省」が「戦争責任」の議論と結びつくことに懸念を抱くようになった。それゆえに、彼らは、「陸軍の反省」から目を塞ぎ、史実との齟齬をうすうす感じながらも「歴史修正主義」に接近したのである。

そして、「歴史修正主義」に接近し、「東京裁判史観」の打破を目指すという目的を持つことによって親睦互助という性格は後景に退き、会の「政治化」や、戦争体験者が非体験者と手を取り合い会を存続する可能性が芽生えたのであった。二〇〇〇年代になると「教科書改善運動」に参加するなど、かつて掲げていた政治的中立を破り、本格的に「歴史修正主義」に接近していった。また、将来的な解散が決まっていた会の将来問題も再度議論がなされ、元自衛官の参加が始まる。

元自衛官としては、陸軍の伝統を引き継ぐことと引き換えに、偕行社の資産を受け継ぎ、陸自の外郭団体を整備しようとしていたのであった。会の将来問題については、最若年期と戦場体験のある世代による新たな対立を生じさせた。しかし、会を「政治化」して存続することは、「自虐史観」の打破を願う戦場体験のある世代にも、未だ活発に活動を続ける同期生会のために偕行社の存続を望む最若年期にも、陸自の外郭団体を求める元自衛官にとっても許容可能なものであった。三者の意図は微妙に異なったが、「政治化」による会の存続という大きな目標自体は共有可能であった。戦争体験世代内の世代間対立を解消することや、戦後派世代の元自衛官を会に迎え入れることは決して容易なことではなかったが、「歴史修正主義」や、団体を「政治化」すること、団体が保有する資産が三者を結びつけ、会を存続させたのであった。

つまり、「歴史修正主義」や会の「政治化」といった、会の「引き継ぎ」の困難さを後景化する要素によって偕行社は存続することができたのである。結果的に、「東京裁判史観」の払拭を目指す山本卓眞が会長に迎え入れられ、偕行社は「政治化」していくのであった。

第4章　同窓会から政治団体へ

前章で見てきたように、偕行社は深刻な対立が生じつつも、持続路線を選択し、元自衛官を会に迎え入れた。本章では、そうした中で、元自衛官が元陸軍将校から偕行社という団体をどのように引き継いでいるのかを論じていく。偕行社という団体、その資産を受け継ぐ中で、元自衛官たちは、元陸軍将校の旧軍での体験や戦争観、政治との向き合い方をどのように捉えたのだろうか。そして、その中でどのような活動を行っているのだろうか。

近年、戦争に関する社会学や歴史学、文化人類学では、戦争・軍隊と社会の関係性が着目され、研究されている[1]。こうした中、現代も続く軍隊と社会の問題として、制度史[2]、地域社会[3]、ジェンダー[4]など様々な視角から自衛隊が論じられるようになった。こうした研究の中で、自衛隊と旧軍の関係については、自衛隊が意識的に旧軍との差異を打ち出したことや、旧軍との人的連続性、陸軍・陸自に比べて海軍・海自の連続性が強いことなどが解明されてきた[5]。また、津田壮章《つだたけあき》は自衛隊の退職者団体である隊友会について研究し、隊友会を通じた政軍関係や社会との関係について明らかにしている[6]。

本章はこうした先行研究に対して、偕行社という旧軍体験者と元自衛官が共存する団体で、旧軍と自衛隊の連続性／非連続性がいかにして図られているのかを明らかにする。偕行社の会員は、陸軍と自衛隊という軍事組織における幹部という共通性を有するものの、教育内容や勤務内容、「戦場経験」の有無など違いも多い。こうした共通性や差異は、彼らが共に活動を行う偕行社でどのように意識されたのだろうか。そして、元陸軍将校にとって異質な存在である元自衛官の参加によって偕行社はどのように変化したのかといった点について、本章では見ていく。

1　公益財団法人化への道のり

会員数の減少

まず、会員や運営の変化について見ていこう。先述したように、二〇〇五年には、「東京裁判史観」の払拭を目指す山本卓眞（五八期）が会長に就任。山本は、偕行社を同窓会に留めず、国家に意見を持ち、それを発信する会にしようとする。[7] 先述したように会の将来問題について深刻な対立があった偕行社では、「英霊」の奉賛や「東京裁判史観」の打破を願う四〇～五〇期の人々に対し会の存続を納得させるためにも、「歴史教科書改善運動」などに深くコミットする必要があった。また、元自衛官を会に引き入れるためには、防衛庁との関係を深めていくことが重要だった。

ここでまず、往年の偕行社と自衛隊の関係について説明しておきたい。1章でも触れたように元陸軍将校の中には、警察予備隊創設時から幹部として自衛隊に参加した人物が多く存在した。[8] そのため、自衛隊に所属する偕行社の会員が『偕行』に投稿することや、自衛隊の様子を『偕行』で報告することがあった。[9]

しかし、精神的・人的に連続性がある海軍・海自に比べ、陸軍・陸自は連続性が弱く、なおかつ陸軍は敗戦に導いた主原因と見られ自衛隊から敬遠されていた[10]。そのため、自衛官になった元陸軍将校たちは、偕行社に対して「冷淡であった」という。彼らは、自衛隊の「文官に対して気がねしているのか、元の軍人との関係を持ってるのは怪しからん、自衛隊というのは旧軍との関係は全然別なんだという空気があった」という。そのため、偕行社とあまり連絡を取らない人も多くいたようである。ただ、元陸軍将校の自衛官も退官していき、両者の関係は徐々に改善されていったという[11]。その結果、同期生会で退職した元自衛官の再就職の面倒をみるなど、退職年齢が早い同期生自衛官を経済界で活躍する同期生が援助するという場面もあった[12]。また、総会などに自衛隊の音楽隊が参加することや、各地の自衛隊の駐屯地に同期生会などが見学に行くなど、両者の交流は少なからずあったようである[13]。しかし、一九八〇年代には、ほとんどの元陸軍将校の自衛官は退官し、徐々に自衛隊との関係性は薄れていった。そのため、前章で述べたように元自衛官の参加に大きな議論が必要になったのである。

こうした状況の中で、元自衛官を会員に迎え入れた偕行社は、元自衛官の会員を獲得するために自衛隊への接近を図っていく。まず、偕行社の所管官庁を厚生労働省から、防衛省との共同所管に変更する。この共同所管を祝う祝賀会には、厚生省、防衛省関係者だけではなく、自衛隊の陸上幕僚長や友好団体（靖国神社、隊友会、水交会、つばさ会、日本郷友連盟など）が参加している[15]。また、政治家では自民党の山谷えり子が出席している[14]。偕行社は、防衛省や友好団体や自民党の政治家と関係を緊密にしながら自衛隊との協力を目指していくのである。

山本会長が、陸自幹部候補生卒業式で祝辞を行うなど、徐々に陸自との距離をつめていった。山本はこの祝辞で、先人の歴史的偉業として、日露戦争と戦後の日本とアジアの驚異的経済発展と並んで「大東亜

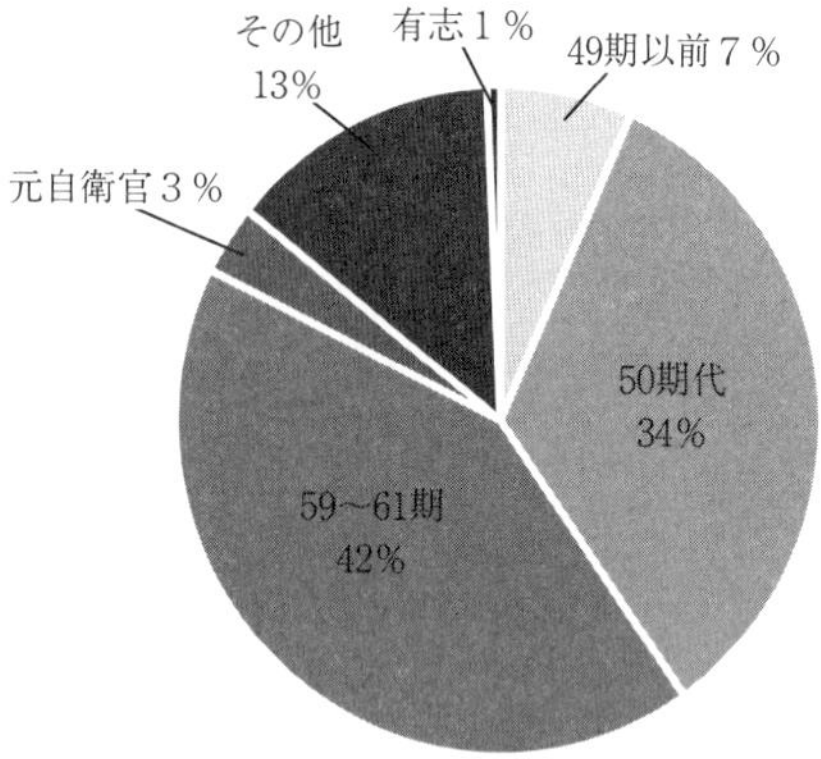

図４－１　2005年会員構成（総数12,931人）[17]

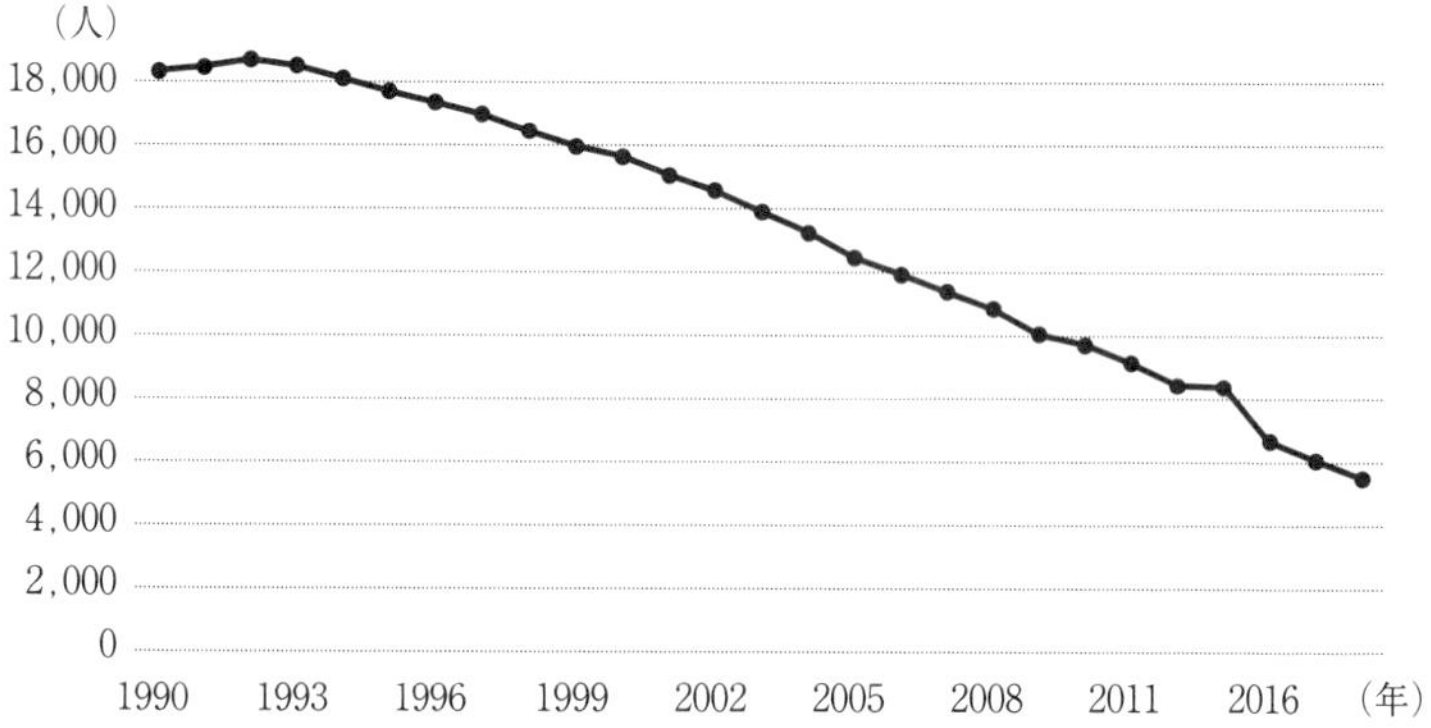

図４－２　偕行社会員数の変遷（1990～2018年）[18]

戦争」をあげていた。[16] こうして、徐々に彼らの考えや偕行社という存在が自衛隊に浸透していくが、元自衛官の会員増加や会員比率の上昇は容易ではなかった。二〇〇五年の会員比率を見ると、元自衛官が四三四人で僅か三％に留まっているのがわかる（図４－１）。

そして、より深刻な問題となっていたのが、会員数の減少であった（図４－２）。一九九〇年代も多くの物故者を出していたが、家族会員の増加などによって会員数を維持するだけではなく、一九九二年に偕行社としての最大会員数（一万八六九六人）を記録するまでになっていた。他の戦友会と比較して、会員数の最盛期が遅かった要因は、大量採用された最若年期や陸軍幼年学校在籍者が多く在籍し、軍隊経験者の中でも年少世代の占める割合が高いためであった。

しかし、そうした最若年期でも二〇〇〇年代には七〇代になり、高齢化、会員数の減少が深刻であった。こうした高齢化、会員数の減少に伴い、古い世代から順に同期生会としての活動を終了していく。中には、家族会員による運営が行われる期も存在したが、そうした運営が必ずしもうまくいくわけではなかった。例えば、四九期では、「夫人方の方が多くな」ったため、「故御主人、或いは官舎隣組を偲ぶよすがとして、当方より指令する事も考えて居りますので御理解と御諒承の程お願いします」と協力を要請した。[19] しかし、「「プライバシー」尊重等々でご異議が多く」、この提案を撤回し、担当者は辞任している。[20] その結果、九〇歳を超えた四九期生の同期生通信が更新されることはなかった。一方、家族会員を中心に同期生会が運営される期も存在したが、家族会員の高齢化も深刻であった。

元自衛官獲得のための施策

こうした会員数の深刻な減少もあり、元自衛官を勧誘するために彼らにとって魅力のある会にする必要があった。そのために、二〇〇八年には、安全保障特別委員会を設立し、防衛に関する提言を目指すとともに、シンポジウムなどを開き始める[21]。

こうした動きは元自衛官が求めているものであった。元自衛官の会員は、偕行社は「防衛や自衛隊に関して「言わなければならないこと」を言って欲しい」という。「旧陸軍の先輩方が言われなき汚名を晴らしたい、と思われるように、自衛官OBの我々も「言わなければならないこと」がある。特に自衛隊創設期もそうであるが、世論も法整備も処遇も常にアゲインストの風のなかで、それぞれが国の防衛を支えてきた」。「しかし、その誇りや志がしっかり受け継がれ、また、至当に評価されているのか。例えば、近々退職が予定される後輩の多くは再就職に苦労している。既に退職した同志の多くの処遇も決してよろしくはない。彼らはみんな黙っているが、誇りを傷つけられてはいないだろうか。／しかし、そうした想いを愚痴ってばかりいても何も解決しない。我々が先輩方の国を想う志を受け継ぎ、更にそれを後輩たちに受け継いで貰う為には、幹部団の集まりである偕行社は、「言わなくてはならないこと」があるはずである。そうしたものが言える偕行社であることを強く期待する」という[22]。

つまり、元自衛官としては、旧陸軍の汚名返上とともに、自衛官の地位向上や、「誇り」を得ること、自衛隊に関する法整備などをしようとしていた。この時期偕行社に入ってきた元自衛官の多くが、自衛隊創設期、または創設間もない時期に勤務しており、自衛隊に対する社会からの逆風を感じていた。そうした状況を少しでも改善しつつ、旧軍の汚名返上も行おうとしていたのであった。

こうした姿勢が端的に表れているのが、自衛官勧誘のために、二〇〇九年に付けられた偕行社のキャッチコピーであった。偕行社は、広告業者とともに考案し、「英霊に敬意を。日本に誇りを。」というキャッチコピーを作成し、『偕行』の題字の下に掲載するようになった[23]。

この他に、より多くの元幹部自衛官を会に引き込もうと、限定購読会員制度を開始する。この制度は、毎月発行されている『偕行』のうち、一、八月号のみを受け取り、会費も通常四〇〇〇円のところ、一〇〇〇円で済むという制度であった[24]。こうした制度もあり、二〇〇九年六月に元幹部自衛官会員が一〇〇〇人を超すようになる[25]。

公益財団法人化を目指す

更に偕行社は二〇〇八年の公益法人の法改正以降、自衛隊への積極的援助を行うために公益財団法人になることを目指す。公益財団法人になることは、社会においてそれなりの地位を確保したことを意味し、安全保障等に関して提言する場合に注目されると考えたのである。また、元自衛官を迎え入れるにも、一般任意法人である陸士同窓会の継承では魅力が薄いが、国防の基礎を固める目的に邁進する公益財団法人であるから入会して共に働いて欲しいという呼びかけはインパクトがあると考えたのである[26]。

公益財団法人になるために、定款を作成し、様々な改革を行い、公益財団法人の申請を行う。しかし、その同窓会的な性格が問題となり、なかなか認定されなかった。そこで、偕行社は同窓会的なイメージを消すため、一〇〇名弱であった賛助会員の増加を図る[27]。

つまり、旧陸軍の評価を好転させ、自衛隊を支援する政治団体になるためには、偕行社に本来あった同窓会的側面を打ち消さなければならなかったのである。そして、二〇一〇年から偕行社は同期生会、偕行社の親睦互助の根幹であった同期生通信「花だより」の別冊化に踏み切る。別冊化することによって、機関誌における同窓会的誌面の比率を減らそうとしたのであった。

しかし、こうした動きには、旧軍関係者の会員からの異議も出ていた。当時の編集委員長で、元自衛官の偕行社への参加を推進していた戸塚新（六一期）は常務会で顔色を変えて怒ったという。戸塚は、「戦後、『市ヶ谷』という名で発刊して以来、花だよりは『偕行』の中心です。先輩がたの思いが籠もっています。別冊とか付録とか、とんでもない。そんなことをしなくてはなれない公益法人なら私は編集委員長を降ります」といったという。こうした意見に対して、元自衛官は、「公益法人と認定されないような団体では元幹部自衛官を呼び込むことは出来ない。そうすると英霊の慰霊顕彰の中核である偕行社はいずれ消えますよ、それこそ先輩がたに申し訳が立たないでしょう。我慢、我慢、総てを公益認定の得られる法人に変革することに賭けましょう」と説得したという[28]。

そして、自衛隊を支援する公益法人を目指す中で、誌面も防衛、自衛隊色が強まっていくことになる。『偕行』の目的として「偕行社の公益目的事業について会員及び一般国民に幅広く普及・啓発できる記事を主たる内容とし、我が国の**防衛基盤の強化拡充に資する**」という文言が掲げられる[29]。そして、こうした変化は、『偕行』の内容にも及んだ。従来の『偕行』は基本的に会員の投稿記事が主であり、防衛問題や国際情勢の分析といった記事もあったが、そのほとんどが会員による投稿記事であった。しかし、防衛に関する記事を増やすために、会外部からの転載、執筆依頼などを積極的に行うようになるのである。

こうして自衛隊や防衛問題についての記事が『偕行』で増えるが、旧軍関係者の会員からは、「自衛隊の記事ばかりで読むところが無い」という声もあがっていた。そのため、自衛隊の全国の駐屯地紹介などでは、意識的に旧軍の所在部隊の戦歴等も加えていた[30]。

つまり、公益財団法人化の動きには、同窓会的側面の抑制など元陸軍将校にとって受け入れ難い部分も多くあった。特にこの時期も未だ同期生会としての活動を継続する最若年期にとっては、同窓会的な側面が抑制されるのは、大きな損失であった。しかし、英霊の慰霊顕彰及び、「東京裁判史観」の打破のためと戦場体験のある年長世代を説得し、会の存続を決定した最若年期にとって、公益財団法人化しなければ、英霊顕彰の中核である偕行社は消え、「先輩がたに申し訳が立たないでしょう」という言葉はあまりに重く、受け入れざるを得なかったのである。そのため、公益財団法人を目指す中でも、なんとか元陸軍将校と元自衛官の連続性を見出そうとしていたのである。ただし、この時期会の中心となっていた最若年期は、陸軍士官学校在校中に終戦を迎えており、各地の部隊に配属された経験を持たない。そのため、各地の駐屯地と旧軍の所在部隊の戦歴等が彼らにどこまで親近感を持たせる情報であったのかは、疑問の余地がある。

2　元自衛官による運営と戦争観の変化

公益財団法人認定、元自衛官による会の運営

二〇一一年には、偕行社の同窓会的側面を抑制するといった努力が実って公益財団法人に認可される[31]。このタイミングで山本卓眞(五八期)は理事長を退任し、志摩篤《しまあつし》(元陸上幕僚長)が新理事長になり、元自衛官による会の運営が本格的に始まることになった。

そして、東日本大震災が起こる中で、自衛隊への支援を行うとともに自衛隊の増員を求める政策提言を行う[32]。偕行社は、公益財団法人となり、政策提言も行うようになったが、元自衛官の会員の増加は思うように進まず、むしろ元自衛官の中には退会者も出ており、その定着率が問題になっていた。

元自衛官が増加しない理由の一つに、会の将来問題にあたって大きな対立があったことが元自衛官に知

れ渡っていたことがある。また、理事長に就任した志摩でも、陸軍の「先輩と何か平行線のようで、木に竹を接ぐ感じは拭えませんでした。また、談話室で声高に歌われている軍歌にも違和感を覚えていました。そんな心境でしたから、大変なところに入会したなとしばしば思うことがあ」ったという(33)。

元陸軍将校たちは、軍歌に非常に愛着を持っていた。軍歌に関する長期連載が『偕行』で行われ、会合、総会の際には軍歌が必ず歌われていた(34)。また、日本寮歌祭には、初出場以降毎年参加していた(35)。これまで見てきたように、元陸軍将校の中でも世代間のギャップは少なからず存在したが、軍歌によって共同性が保たれていた。しかし、元自衛官にとってはこうした「軍歌」が理解できなかったのである。また、元幹部自衛官といっても、防大出身者だけではなく、一般大学出身者、部内進級者もおり、共通する歌(防大校歌など)は存在しなかった。

防大一期生であり、一九三四年生まれの志摩でさえ、「大変なところに入会した」と感じさせた偕行社に対しては、他の元自衛官も、「全般に、旧軍出身者のノスタルジアがやや強く、(中略)『偕行』もやや懐古調、内輪的」と感じていた。また、「機関誌は、(中略)広告に葬儀社が多く、私の同期の中には、いかにも「老人会」の感じがするという者が」いたという(36)。

思い起こせば、こうした批判は、若い期の人々が一九六〇年代に行っていたことであった。一九六〇年代の偕行社は、敬老会という若い期の批判を受けて、偕行会館などの整理を通じて「実利」を提供し、当時三〇~四〇代の働き盛りとして社会で活躍する若い期が相互のネットワーク、社会関係資本を築くことによって、彼らが中心の会に変化させていった。しかし、若くても七〇代の旧軍関係者と退職した元自衛官ではこうした打開策を打ち出すことは難しかった。

また、かつての偕行社の会員は、陸軍の解体により、様々な職種に就いた元陸軍将校であり、彼らが

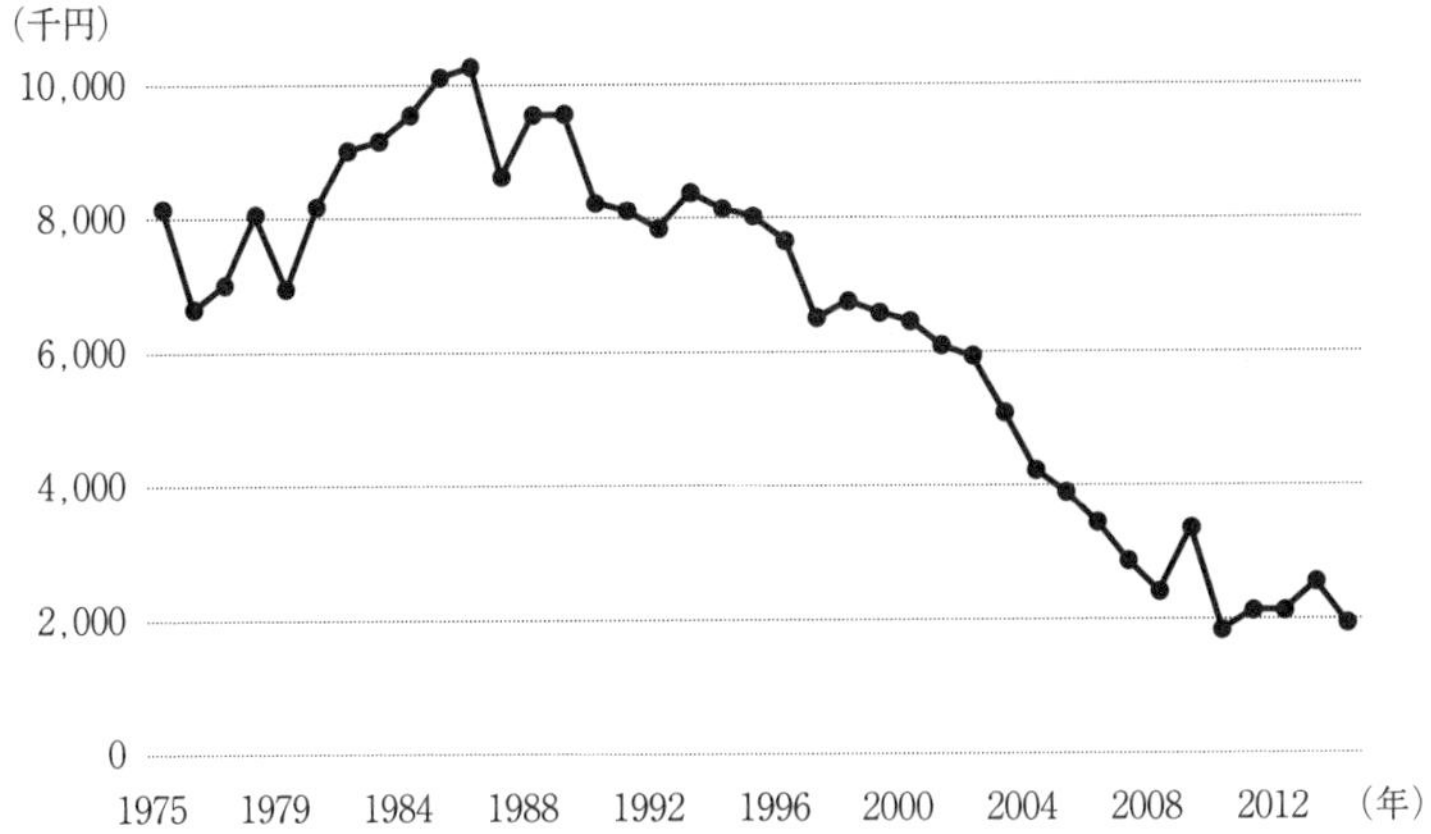

図4－3　『偕行』広告収入推移(1975～2014年)[38]

様々な職種に就いていたことが、社会関係資本としての魅力を高めていたのである。しかし、元自衛官は、基本的に自衛隊への勤務期間が長く、実業界との関わりが薄かった。つまり、戦中に陸軍将校であったが、戦後は様々な職業に就くことになり、その結果、職業に多様性を持ち、豊かな社会関係資本を持った元陸軍将校の集団が、元幹部自衛官という同一性の高い集団になることによって社会関係資本としての魅力が薄くなっていたのである。

そして、このことに偕行社も自覚的であった。二〇一〇年には、法人から会費を受け取り賛助会員とする法人賛助会員制度を設立する。こうした制度は、同種の団体に概ね存在するが、偕行社は会の性格上そのような必要を感じなかったので法人賛助会員制度を持っていなかったという。新公益法人の足腰を強くするには法人にも基盤を拡げなくてはならなかったのだが、戦争体験者の会員は、ほとんど年齢的に出身企業・業界とのつながりを失っていた[37]。

こうした経済界とのつながりの薄さは、『偕行』の広告収入の変遷からもわかる。最盛期は、一〇〇〇万円余りの収入を得て、偕行社の収入源の一つになっていた広告収入は、急速な会員の減少、会員の高齢化が始まる一九九〇年代後半から徐々に減少していき、三〇〇〇万円～二〇〇〇万円余にまで落ち込んでいた(図4－3)。

こうした経済界との距離を少しでも埋めるために偕行社では、防大中退者、任官しなかった者、自衛隊の早期離隊者を見つけようとしていた。「従来会員は陸軍将校と、その養成課程にあった者となっている。元幹部自衛官にはそうした附則を付けていないが精神として同じと思うから、遠慮なく同期生を勧誘して結構、というよりも寧ろ積極的に探して入れて欲しい。種々の職業についておられる筈だから、自衛官ばかりとなった後の会の運営に専門知識を持ち込めて大きな戦力になるであろう」という(39)。

つまり、自衛隊を勤め上げていない人を積極的に見つけ出し、彼らを会に迎え入れることによって会員の多様性をもたらそうとしたのである。それによって少しでも経済界とのつながりを強めようとしているのである。

「戦争体験」の位置付けの変化

こうして、会が自衛隊や防衛問題に取り組む一方で、元陸軍将校から会を引き継いだ以上、陸軍の「英霊」の顕彰や、「東京裁判史観」の打破にも元自衛官は寄与しなければならなかった。

また、近現代史研究会を開くなど、「戦争」が体験を語るものから「研究」する対象に変化していた。こうした研究会を開いたのは、「正しい歴史を認識し、東京裁判史観により歪められた歴史観に基づく偏った日本批判に対して戦っていく」ためであった(40)。戦争が「研究」の対象となる背景には、陸軍の歴史を「戦史」として勉強してきた元自衛官と直接的な戦場体験のない最若年期が会の中心となっていることがあった。

こうした中、「戦争体験」の位置付けも徐々に変化していく。それが顕著に表れているのが、南京事件に関する認識の変化である。きっかけとなったのは、二〇一二年の河村たかし名古屋市長の発言だった。河村は、姉妹友好都市である中国の南京市の共産党市委員会の常務委員らの表敬訪問を受けた際、「一般的な戦闘行為はあったが、南京事件というのはなかったのではないか」と発言した。河村は、事件後の一九四五年に南京に駐屯した父親が現地で優しくもてなされたことを挙げ「事件があったなら、日本人にそんなに優しくできるのか」と語ったという。[41] この河村の発言を受けて、「南京事件」に関する議論が盛り上がっていた。

そして、同年の『偕行』八月号で、「いわゆる「南京事件」について」という特集を組むことになった。この特集を組んだ編集委員長の戸塚（六一期）はこの特集について以下のように述べている。

『南京戦史』刊行以来既に20年以上を経過し、その後に「南京」関連の新知識はいろいろ発掘されていることを承知しているが、指弾する連中が加害者としている日本陸軍の後継たる我々が声を上げても、客観的な意見と認められないことを懼れる。

幸い、日本の正しい近代史を研究しようと集まっておられる民間有志の、多くが偕行社賛助会員の近代史検証会というグループがあり、多年いわゆる「南京事件」について精力的に勉強しておられるのを知った。

このグループに『南京戦史』刊行以後に得られた資料を中心に、「南京」を論じて頂くことをお願いした。その成果が以下の論説集である。『偕行』編集委員会は内容に介入していない。それぞれ記名して、論者の責任で発表して頂く。[42]

この特集では、「南京事件の真実を検証する会」(会長加瀬英明、事務局長藤岡信勝)の監事を務めており、二〇二二年には「新しい歴史教科書をつくる会」の副会長を務めている茂木弘道《もてきひろみち》を中心に、松村俊夫《まつむらとしお》、溝《みぞ》口郁夫《ぐちいくお》、石部勝彦、岩田圭二、小林太巌、門山榮作といった面々が執筆を行っていた[43]。内容的には、捕虜の殺害は国際法上合法であり、「南京大虐殺」は中国のプロパガンダであると主張されている[44]。そこには、「証言による『南京戦史』」の総括で中国人民に詫びた加登川幸太郎のような姿勢や、中国人への蔑視が「南京事件」の根底にあったという畝本のような姿勢は見られなくなっている。

戸塚は、編集後記で、この特集を「『南京戦史』を無視して未だに30万屠殺《(ママ)》を喧伝する中国に対し、偕行社が「灰色派」と定義されたままでは、「南京事件など見たことも聞いたこともない」と口を揃えて言われた南京で戦った先輩がたに申し訳ないのではないかという思いから決断し」たという[45]。流石に偕行社として「南京事件」を完全に否定することや、従軍経験者が高齢化する中で再調査することは不可能だったため、「日本の正しい近現代史」を研究している「賛助会員」の言葉を借りて、「南京事件」を否定したのであった。かつては、「陸軍の反省」を志向した最若年期の人自身が「陸軍の反省」を無視し、「南京事件など見たことも聞いたこともない」と年長世代が口を揃えて言ったことになっていたのである。こうした背景には、3章で述べたように、「南京事件」をその犠牲者の「数」の問題にしてきたことがあった。偕行社では、『南京戦史』の刊行以降、「南京事件」における犠牲者数などについて事あるごとに反論を行っていた[46]。こうした「南京事件」の「数」に関する反論を繰り返す中で、その数をわずかなもの、ないしは通常の戦闘行為で起こり得る犠牲者数しかいないという立場をとり、「南京事件」そのものの否定へとつながったのである。

ここで、一九八五年、「証言による『南京戦史』」連載当時の戸塚の言葉に耳を傾けてみよう。戸塚は、「趣味、陸士と称している」という。そして、「区隊会、同期生会、同台経済懇話会、偕行社、それらにまつわる日くなに、日くなにの会。出席やお世話で、仕事以外は殆んど陸士関係に明け暮れ」ているという。そして、以下のような言葉が続く。少々長いが重要なので、引用する。

私は陸士出身、旧陸軍軍人という時、誇りと共に一種の後ろめたさを感ぜずにはおられません。私は東京裁判史観に与するものではありませんが、あの戦争に日本が巻き込まれて行く過程の中で、我々の先輩の何人かの方々が、積極的にせよ消極的にせよ、一つ一つ安全装置を外していかれたことは否定できぬと思いますし、先輩方の指導された陸軍全体の雰囲気が、それを支援していたのも事実ではないかと考えます。今偕行誌は南京事件の冤をそそぐことにかなりの頁をさいておられます。それは是非やって頂きたい事業ですが、そもそも日本軍が他国の土地に攻め込まなければ、起り得べくもない噂です。あれだけの都会の攻防なら、虐殺は皆無でもまきぞえをくった無辜が絶無ではなかったでしょう。虐殺でも流れ弾でも、なくなる当人には同じです。四十万人でも四十人でも、その中の一人にとっては同じ生命です。作戦に従事された将兵には責任のないことですが、他国に攻め入ることを決めた陸軍には無辜の生命に対して責任がある筈です。

生命に対する責任と申せば、日本陸軍は自軍の将兵の生命に対しても尊重心に欠けていたのではありませんか。〔中略〕

生命の問題に至らずとも、皇軍とか聖戦とか軍の威信とか、今思えば空疎な、はた迷惑な観念を至上と信じ込んで、占領地の住民はもとより、国内でも民間の方々に不快や不便を強いた罪は避けられぬと思います。

私はこれら陸軍の原罪を、当時一介の将校生徒にすぎなかった故をもって免責であるとは露も思っておりません。当時の私の世界観や倫理感〔ママ〕をもってすれば、その職に当たれば私も正に今批判した通りの言動をしたでしょう。ですから私は陸軍々人の一員として、同じ軛の下にあると考えております。

なにを今更とお考えでしょう。私も迷いつつこれを書いております。しかし先般の教科書問題以来、日本軍の暴虐への反論、東京裁判批判、その他戦後四十年にして今やっと言える正論や本音が吹き出してきたかのようですが、そしてそれ自体は正にそうあるべきと存じますが、その今だからこそ私は、旧陸軍の一員として敢えてかような古傷に今一度身を向けておかねばならぬと考えるのです。先般の偕行社将来問題にも、私はこういう思想から消滅論を具申しました。

申すまでもなく私は、世界史上指折りの精強な武人集団に身を置いたことを誇ります。個々の戦闘で示された死生いずれにせよ清冽な武者ぶりの先輩方の末裔であることを誇ります。また私自身、一生国を守ろうと思いつめた若い日の姿を誇りに抱いています。が、根底に先述の罪の意識があるので私は私の中の陸士を趣味に止めておこうと思うのです[47]。

この一九八五年の戸塚の言葉の中では、陸軍士官学校に所属した誇りと同時に、「他国に攻め入ることを決めた」陸軍の原罪について指摘されている。そして、仮に自分も同じ立場であれば、同じ行動をしたと、その原罪に向き合い、「陸士を趣味」に止めておき、偕行社の将来問題でも消滅論を唱えていたのであった。しかし、二〇〇〇年代になると、二〇〇三年から二〇一五年に亡くなるまで長期にわたって『偕行』の編集委員長を務め、元自衛官の加入や、「東京裁判史観」の打破、つくる会への協力を積極的に行っていくのであった。

こうした転換の背景には、ライフステージの変化や社会状況との関わりがあった。「陸士を趣味」に留めていたのは、自分が仕事をしていたことも無縁ではなかったはずである。しかし、一九九〇年代後半から二〇〇〇年代になると最若年期でも退職年齢になっていた。そこで残ったのが、「趣味」であった陸士=偕行社、同期生会だったのである。そして、その時期は、「陸軍の原罪」であるアジア・太平洋戦争の認識について社会的に大きな変動や論争があった時期であった。彼らは、「陸士の誇り」と「陸軍の原罪」に向き合うために、退職後の空いた時間を使い「勉強」するが、その時期彼らの目の前にあったのが、つくる会に代表される「歴史修正主義」的な言説であった。そうした「歴史修正主義」的な言説に触れる中で、「陸軍の原罪」から解放され、「陸士の誇り」が強調されていくのであった。彼ら最若年期は、陸軍士官学校在校中に終戦を迎えており、実戦経験を持たなかったがゆえに、戦場の実相や加害の側面に触れずに済んだのである。そして、戦局が悪化する中で軍隊に自ら志願した純粋さを回顧するようになっていたのである。[48] その結果、偕行社の消滅論から存続論へ転換し、「賛助会員」の言葉を借りて、「南京事件」を否定したのであった。

こうした戦争観の変化や「南京事件」の認識の転換を、元自衛官の会員が必ずしも共有していたわけではなかった。後に理事長になる元陸上幕僚長の冨澤暉《とみざわひかる》は、「偕行社の先輩方は「旧陸軍の謂われなき汚辱を晴らすことが我々の任めである」とよく言われる。勿論その通りであるが、私は「旧陸海軍の謂われある汚辱を反省し、後輩に伝えることも我々の務めである」と考える」という。[49] 実際に「南京事件」に関する特集の編集の際には、「これを『南京虐殺幻派』一辺倒のものとせず、原剛氏(陸自60)のような『一定事実容認派』との両論併記とし、読者の議論と判断に任せるべきだ」と主張したが、戸塚編集委員長に拒否されたという[50]。

元自衛官たちは、近現代史研究会でもノモンハン事件を取り上げた際に、日本軍の問題点について指摘し、そこから「教訓」を得ようとしていた[51]。元自衛官は、偕行社を引き継いだゆえに、「東京裁判史観」と向き合い、「英霊」の慰霊顕彰を引き継ぐことを求められた一方で、冷静な目で「陸軍」を見ていた。戦後日本の軍事組織である自衛隊で働き、退職後も自衛隊の改善を願う元自衛官にとって、陸軍の欠落は「とても他人ごとに思えない」部分があったのである[52]。

こうした姿勢は、吉田裕の『日本軍兵士』の紹介にも表れている。吉田について、「多くの偕行社会員とは異なるリベラル派・左翼系の著作であ」るとしつつ、「あまり知られていない(したがって、現役の自衛官たちも準備が不足している)事実を発掘している」と高く評価している。特に、戦場における歯科医療の重要性や精神科医療と休暇の重要性、動員解除時検診と継続治療の必要性を明らかにしていることに関心を持っている。こうした視点は、自衛隊という軍事組織で長く働いていた元自衛官ならではの視点であった[53]。

その後も、内部に元自衛官と元陸軍将校という志向性の違う二者が共存しながら偕行社は運営されていく。元自衛官からは防衛問題、自衛隊に関する記事のレベルが低いと言われ、元陸軍将校からは自衛隊の専門用語が分からないと言われる状態になるのであった[54]。二〇一五年まで『偕行』の編集委員長だった戸塚新(六一期)の軍歴は僅か半年であった[55]。もちろん、元陸軍将校の中には、自衛隊に入隊した人物も存在したし、『偕行』で自衛隊や軍事技術などについての解説記事が載ることもしばしばあり、防衛問題、自衛隊に関心のある会員も多くいた。しかし、元陸軍将校と元自衛官では、「防衛」に携わった時間的経験の差が顕著であった。そのため、元陸軍将校からすれば、元自衛官の言っていることが分からない部分が多く、元自衛官からすれば、元陸軍将校に気を遣い、議論のレベルを下げる必要があったのである。

元陸軍将校の退場と偕行社の変化

時間の経過とともに、最若年期も高齢化し、徐々に元陸軍将校の会員も減っていく。そうした中、偕行社は会員数を維持するために自衛隊との関係性を強め、元幹部自衛官の入会促進を行っていた。二〇一〇年に当時副会長であった志摩は、「偕行社が『国を守る志』を共有する元幹部自衛官及び陸軍将校の会として、歴史と伝統を継承していくためには、元幹部自衛官が5千名程度はおろか1万人くらいまでは是非でも獲得しないと、偕行社は無視されるような小会派になる。英霊奉賛も自衛隊支援も消えてしまう。なりふり構わず会勢の維持拡大のために偕行社は会員獲得に最大の努力を傾注すべき」と訴えていた[56]。こうした入会促進の努力の結果、元自衛官の会員は着実に増えているものの、その数は二〇二二年で未だに三〇〇〇人前後であり、五〇〇〇人、一万人という目標は達成できていない[57]（図4－4）。そして、元陸軍将校の高齢化により、会員数は大きく減少する結果になっている。また、元幹部自衛官の会員が約三〇〇〇人いるものの、その約三分の二が、会費一〇〇〇円で済む限定購読会員〈普通会員B[59]〉であった。例えば、二〇一八年の元幹部自衛官の会員数は三〇六八人であったが、そのうち一九四〇人が限定購読会員であった[60]。

そして、限定購読会員が多いということは、会費収入の減収に直結していた。二〇〇三年度からの会費値上げ[61]によって一時的な増収を果たしているものの、会員の減少、限定購読会員の増加により、会費収入は落ち込み、二〇一〇年代には、二〇〇〇万円台から一〇〇〇万円台にまで落ち込んでいる（図4－5）。

こうした状況に対応するために偕行社では、限定購読会員の廃止及び年会費の値上げを実施している[62]。

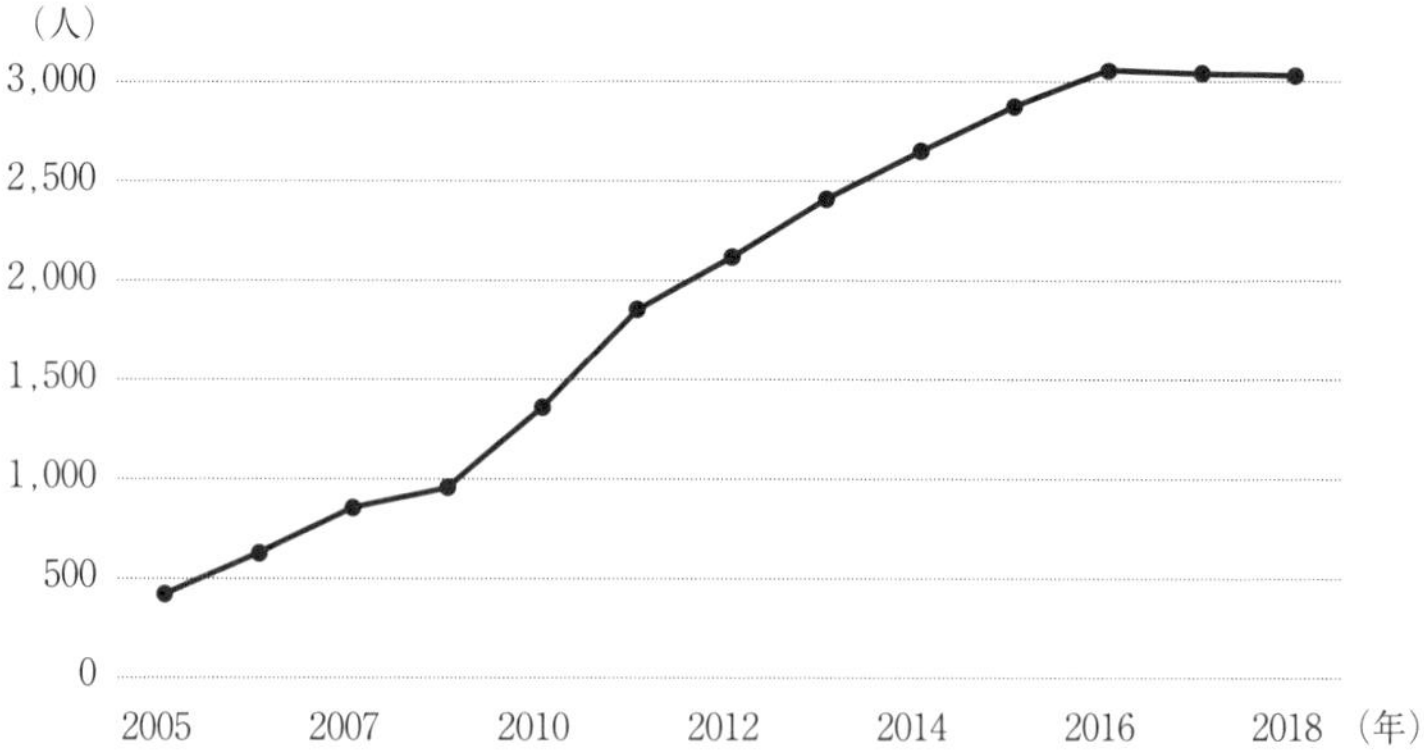

図４－４　元幹部自衛官会員数推移(2005～2018年)[58]

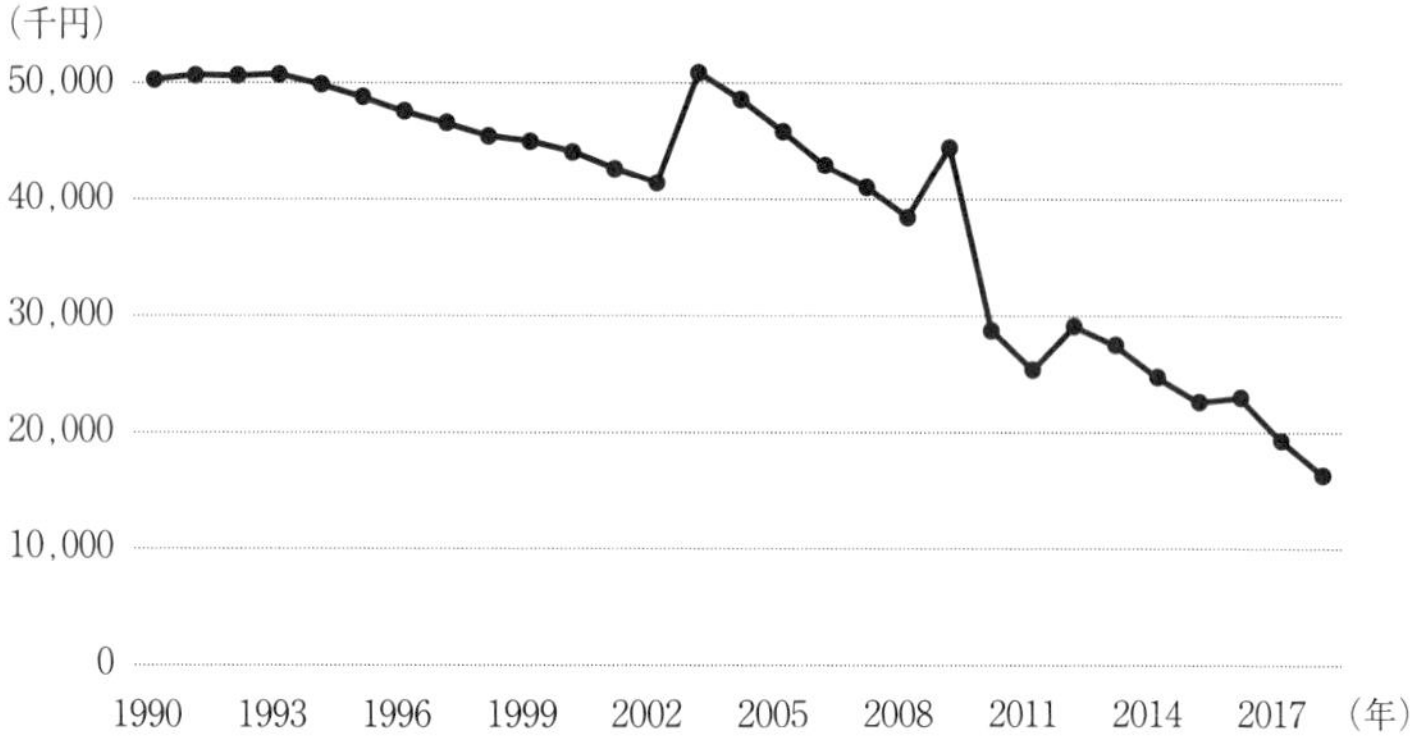

図４－５　偕行社会費収入推移(1990～2018年)

元自衛官の会員数が思ったほど増えない背景には、同種の団体が多いことや、偕行社の意義を元自衛官が感じられないことがあった。理事長を務めた志摩は、「偕行社に入りたてのころ私は慰霊団体の多さに驚き、山本会長に恐る恐る「何とか纏まらないものでしょうか」と伺ったところ「君たちの時代になったら頼むよ」と言われました。しかし深く関わるほど、それが如何に難しいことであるか分かって来」たという。「隊友会を筆頭に、郷友連、父兄会、水交会、つばさ会（航空自衛隊）、協力会と目白押しです。現役の各部隊長はこれらに万遍なく挨拶しなくてはなりません。纏まればいいと内心思っていますが、畏れ多いから口にはしません」という。[63]

元自衛官が偕行社に参加した際は、「陸自幹部」の外郭団体は存在しない一方、隊友会という「自衛隊」の外郭団体は既に存在した。[64]その中で海自幹部の水交会、空自幹部のつばさ会と肩を並べるために偕行社を「陸自幹部」の外郭団体として整備しようとしたのであった。しかし、偕行社に参加する元陸自幹部の多くが、隊友会やその他慰霊団体への参加も求められていたのである。

元陸軍将校や旧軍関係者は、親睦互助の偕行社、反共産主義的な政治運動を行う郷友連盟、英霊にこたえる会、軍人恩給に関する運動を行う軍恩連、各部隊等の戦友会、慰霊団体といった様々な団体に、基本的に「個人」として参加していた。そうすることによって、慰霊や親睦互助を行う戦友会、慰霊団体や偕行社に「政治」や戦中の対立を極力持ち込まないようにしていたのである。しかし、元自衛官には、こうした区分けは理解できないものであった。一方の偕行社は、英霊の奉賛や自衛隊の支援を掲げ、政治団体化したが、それによって隊友会等との区分けが一層難しくなったのである。

二〇〇〇年代の入会案内では、「遠い将来において、陸・海・空のOB機構の大同団結の機運が生じることも考えられます」と、将来的に陸海空の三軍一致の会を作り上げることも、元自衛官の念頭にあった

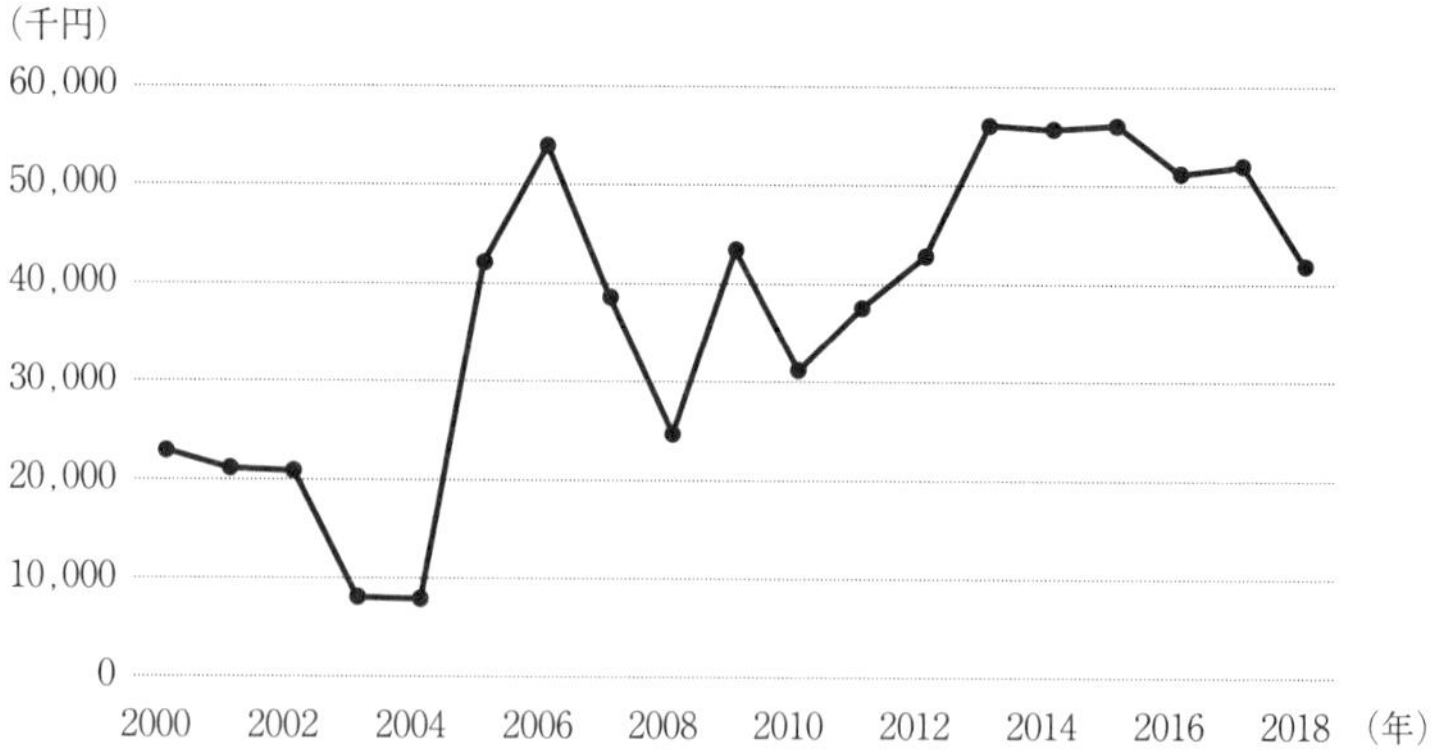

図4－6　偕行社資産運用収益(2000～2018年)

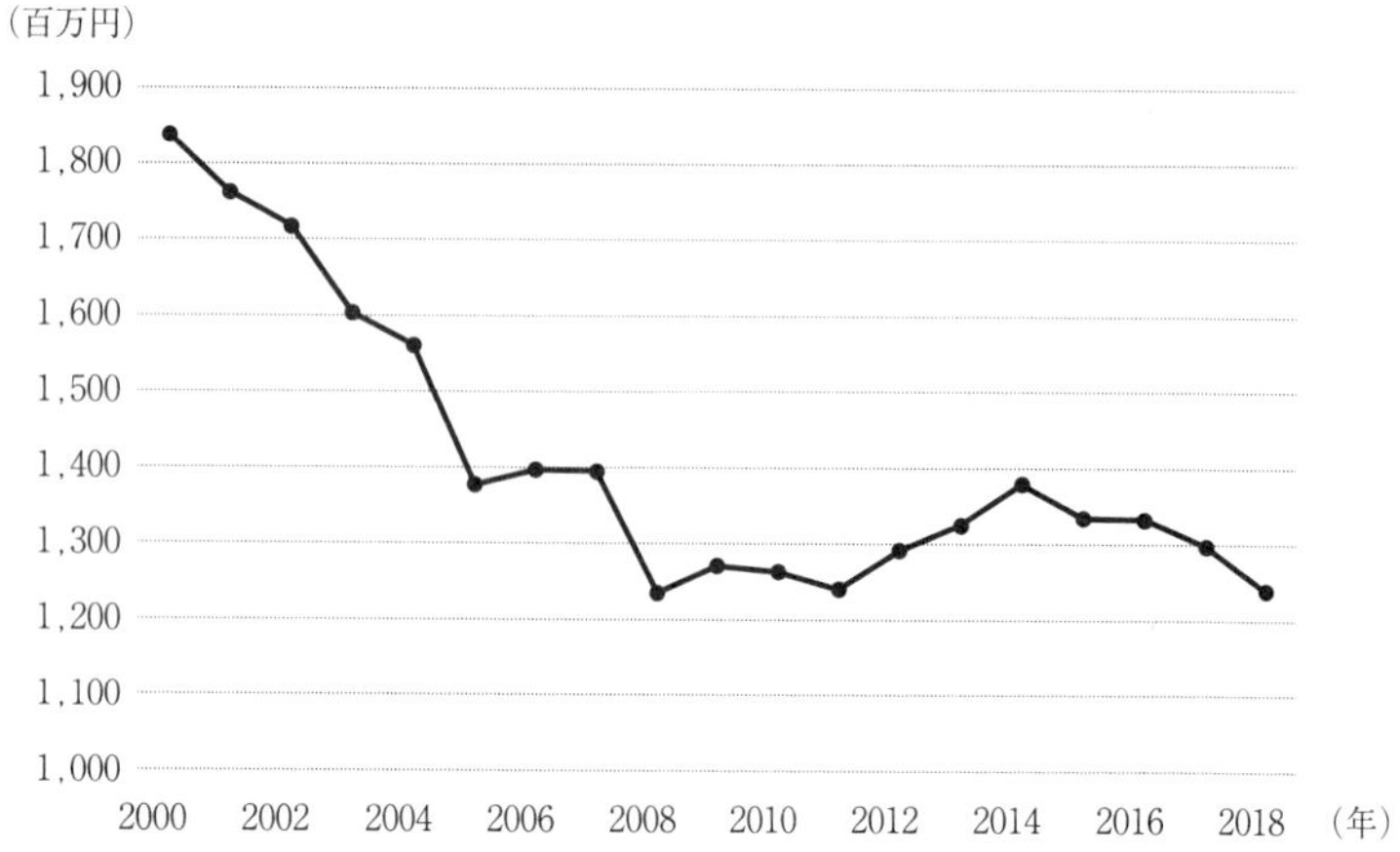

図4－7　偕行社資産の合計金額の変遷(2000～2018年)(69)

のである。しかし、元陸軍将校から会や資産を受け継いだ以上、簡単に会を統合するには障壁が多かった。

一方、偕行社の本来の目的であった親睦互助の側面も弱くなっている。偕行社の基盤は陸軍士官学校の同期生会であったが、元自衛官は事情が異なった。防大は陸海空が共に教育を受けていたし、陸自幹部は防大出身者以外に一般大学出身者、部内選抜の幹部も多かった。また、基本的に自衛隊に定年までいた人が多く、リタイアしても職域の結合や地域での部隊の集まりが盛んで、同期生会の活動があまり活発でない期も存在したという[65]。そして、同期生会が仮に活発であったとしても、偕行社や『偕行』の「花だより」を通じて、同期生会活動を行う必然性は低い。戦後、元陸軍将校の同期生の近況を知る手段として、「花だより」は有効活用されたが、インターネットを通じたコミュニケーション手段が発達した現代社会において、「花だより」を使う必要はないのである。そのため、「花だより」の元自衛官の使用率は一貫して低い。

そうした中、最若年期の高齢化も深刻で、同期生会の活動も次々と終了していく。二〇一五年には、陸軍士官学校最後の期である六一期が最後の全国同期生総会を開いた[66]。この時点で最若年期でも八〇代に達しており、同期生の三分の二近くは鬼籍に入り、生存者はほぼ三五%となっていた[67]。その結果、旧軍体験者の急速な減少により、最盛期(一九八二年)一万八五〇六人を数えた会員は、二〇一〇年に一万人をきり、二〇二一年には四五三三人、うち元自衛官は二八二一人、陸軍出身者九四八人、家族会員五三五人、賛助会員二二九人となっている[68]。そして、財政状況に目を向けると、二〇〇四年以降、投資信託から多少リスクのある投資(外貨、株など)に切り替えたために、資産運用収益は、約八〇〇万円しかなかった最低の時期と比較すると良化している(図4-6)。しかし、この運用収益と先述の減少した会費収入、会館での事業収入では、年間一億円余りの偕行社の支出を支えきれず、年々資産は減少している(図4-7)。アベノミクスの影響で、二〇一二～二〇一四年は運用収益が増収し、運用資産の評価額とともに偕行社の資産額も上昇したが、恒常的な赤字体質を改善するには至っていない。

こうした会の衰退、元陸軍将校の減少により、会の主導権を完全に握った元自衛官たちは、二〇二二年現在、偕行社の改革を本格的に推し進めている。まず、二〇二一年には、恒常的な赤字の原因となっていた会館の家賃を処理するために、新社屋の購入、引っ越しを実行した。新社屋は、防衛省から近い四谷のビルの一フロア（一九五平方メートル）を税込三億円で購入するというものだった。施設としては、理事長室、事務室、共用室、会議室、談話室の機能を保持したものの、従来の偕行社で行われていたようにマイクを使って軍歌を歌うことはできなかった[70]。新社屋が防衛省に近い場所を選択されたことからも、元自衛官の会員が自身たちの意思をある程度押し通せるようになっていることが窺える。また、経費削減のために基本的に毎月発行だった『偕行』を二〇二二年三月号から隔月発行に変更している。

そして、元自衛官たちは、偕行社としての慰霊祭を戦後初めて靖国神社で開催するようになった。「「国を護る志」の大切さを普及するとともに、今後現職陸上自衛官などが事に臨んで任務遂行中に亡くなった場合国家としての慰霊・顕彰が整斉と実施されることに強い思いを致して、偕行社が慰霊祭を」行うことになったという。この慰霊祭の対象は、単に戦没した陸軍将校に留まらず、国家防衛のために一命を捧げた陸海軍将兵、学徒、女子挺身隊などの英霊となっている。また、時期も「明治・大正・昭和のわが国防衛」と必ずしもアジア・太平洋戦争に限定していないのが特徴であった[71]。

こうした偕行社としての慰霊祭が行えるようになったのは、元陸軍将校が減少し、元自衛官が会の中心になっていたからであった。慰霊行事が行われる際、本来「誰を」慰霊の対象とするのかは、容易に決定できないセンシティブな問題であった。特に陸軍将校の内部には、様々な対立関係があり、「誰を」慰霊の対象とするか会内で合意形成を得るのは容易なことではなかった。実際に、往年の『偕行』では、終戦時にポツダム宣言の受諾を阻止しようとした宮城事件の首謀者たちの慰霊碑建立の話が掲載されると激しい批判が行われていた[72]。宮城事件の首謀者は極端な例とはいえ、「誰を」慰霊の対象とし、「誰を」そこから外すのかは非常に重要だったのである。そのため、偕行社としては基本的に慰霊祭を行わず、各個人が各部隊や同期生会、慰霊団体等を通じて戦没者の慰霊行事を行っていたのである。そうした意味でも、偕行社と慰霊団体を別に持つことは必要不可欠だったのである。また、偕行社としては、毎月靖国神社に参拝する月例参拝が行われていた[73]。

しかし、前述したように元自衛官にはそうしたしがらみは存在しなかった。また、毎月靖国神社に参拝するより、その慰霊行事を集約して一年に一回偕行社として慰霊祭を行う方が、元自衛官の負担は少なかったのである。つまり、歴史的文脈や団体が置かれた固有の状況が後景化したことにより、元自衛官が偕行社としての慰霊祭をすることが可能になっていたのである[74]。

こうして元陸軍将校が減少し、偕行社が変容する中で、組織体制にも本格的な変化が訪れようとしている。前述したように会員・資産の減少により衰退している偕行社を建て直すために、陸自幹部退職者の団体、陸修会との合併話が二〇二二年になって浮上しているのである。

陸修会は、二〇二二年四月に結成された陸自幹部退官者の会で、「陸自特に幹部自衛官を通じての必要な協力及び支援、殉職隊員の慰霊顕彰等を行うと共に防衛基盤の強化拡充を図るなど陸自の発展に寄与し、併せて会員相互の研鑽及び親睦を図る」ことを目的としている[75]。また、設立趣意書では、自衛隊退職者の隊友会、海上自衛隊退官者の水交会、航空自衛隊退官者のつばさ会があるものの、「陸上自衛官の退官者のみをもって組織する全国的な会は、存在していない」という。そして、「日本でも有数の規模を保持し、かつ我が国の防衛という極めて重要な任務を遂行する陸上自衛隊という組織に退官者組織がないこと自体が不自然であり、加えて、現下の状況を踏まえると、陸上自衛隊の退官者が、組織的に陸上自衛隊を支援すべき時代が到来している」という。そして、「本会の効率的かつ常続的な運営のため、既に一部の陸上自衛隊幹部退官者が、入会している「公益財団法人偕行社」との合同を目指す」と述べられている[76]。

つまり、偕行社になかなか元自衛官が定着しない中で、改めて退職した陸自幹部の組織を作り、偕行社の元自衛官への継承を再度行おうとしているのである。偕行社に対する現職自衛官の認知度が低いことや、偕行社はもともと陸軍の同窓会の色合いが強く、物好きな元自衛官も入っているという見方があったことや、旧軍の組織である偕行社に入会することに躊躇いを感じる元自衛官がいたことが背景としてあった[77]。新規会員募集もなかなかうまくいっていない偕行社は、将来的な会員、資産の減少による解散が議論されるようになっていた。

一方の陸修会は、「陸上自衛隊を幹部で勤務し円満に退職した者」すべてを一般会員とし、その中で陸修会に寄付を行ったものを正会員にするというシステムであった[78]。そのため、退職した陸自幹部全員を包含する組織になったという[79]。もちろん、陸修会が実際に陸自幹部すべてを包含する組織になっているのかはわからない。少なくとも設立から間もないこともあり、自衛隊や一般からの認知度は低いようだ。ただ、こうした手順をとることによって、陸修会と偕行社が合同した新組織が、陸自幹部の外郭団体であることを元自衛官や現役の自衛官にアピールできると考えたのである。

そして、現在偕行社と陸修会は二〇二四年度からの合同に向け協議を始めている。合同協議では、合同後の名称が大きな問題となっていた。「偕行社」の名前にこだわりたい元軍人やその家族の会員と、新しい組織として船出するために新しい名称を求める元自衛官で意見の食い違いがあったのである。そうした中でも、両者の折衷案をとり、合同後の名称は、「陸修偕行社」となることが決まった(80)。
こうして、元陸軍将校の親睦互助組織であった偕行社は、名前を変え、「陸軍の伝統を引き継ぐ」陸上自衛隊幹部の外郭団体として再出発することになるのである。

小括

本章で見てきたように、元自衛官たちは、偕行社に参加し、その資産や会を受け継ぐことによって、陸自幹部の外郭団体を整備した。ただ、その内実は様々な困難があったといえる。会の中心は元自衛官になったものの、依然として元陸軍将校の会員も多かった。そして、元自衛官と元陸軍将校は、軍事組織において幹部であったという職業上の共通点を持つものの、その関係は複雑だった。元陸軍将校は、戦争という実戦を経験した点、会と保有する資産を譲ったという意味で優位性を持っていたものの、軍事組織での経験、軍事に関する知識は元自衛官に劣った。また、陸軍将校に任官せず、実戦を経験していない最若年期も多く存在したので、軍事組織における幹部としての心構え、精神の伝承といったことも難しかったのである。

そのため、会員間の隔たりも大きく、「国を護る心」という精神面の強調や、自衛隊・旧軍の「誇り」を取り戻すという曖昧な目標を立てることによって会が成立していたのである。元自衛官は自分たちの職業経験やその教育から陸軍の失敗に向き合おうとするが、元陸軍将校の思いを受け継ぎ、「戦争責任」に関する議論に反発することが期待されたため、その活動も充分に行えなかったのである。

そして、元自衛官の運営のもと、自衛隊や防衛省との関係を強め、防衛政策に関する政策提言などを行うようになるのであった。しかし、会の資産は不況の影響や慢性的な赤字体質により、減少を続けていた。

社会関係資本という視点から見ても、軍の解体により戦後様々な職業に就いた元陸軍将校の集まりから、元自衛官と退職した元陸軍将校という同質的で実業界との関わりが薄い集まりに変化したため魅力が薄れていた。

こうした運営的な困難や会員間の隔たりの大きさ、そもそも自衛隊にも他に多くの団体があり、そうした隔たりが大きい偕行社に入る必要がなかったこと、元自衛官が同窓会的組織を持つ必要性に乏しかったこともあり、元自衛官の会員集めに苦労していた。この状況を打破しようと、元自衛官の会員は、偕行社の改革を今現在行おうとしているのである。

つまり、元自衛官が参加することにより、偕行社は持続路線を選択し、陸自の外郭団体化に向けて動いていた。しかし、その内実としては、元陸軍将校と元自衛官の隔たりが大きく、その運営は決してうまくいかなかったのである。その結果、陸修会という退職陸自幹部自衛官の会を改めて整備した上で偕行社との合同を図ることになったのであった。

終章　「陸軍将校の反省」の可能性と限界

終章では、これまで見てきた偕行社の戦後史を序章で設定した分析軸に沿って再整理し、偕行社の戦後史、そしてそこに浮かび上がるエリート軍人の戦争観の変遷について検討する。

1　偕行社の戦後史

最初に設定した分析軸は、「会の中心世代／世代間相違」であった。陸軍士官学校の同期生会の連合体として結成された偕行社において、どの世代が会の中心となるかは非常に重要であった。陸軍という軍隊社会は、職位に基づいた階級社会であり、先輩である古い期には絶対的な権力があったのである。陸軍の解体により、陸軍の要職に就いた経験を持つのは古い期だけであり、新規加入者が存在しない中で、その権力関係は基本的に不変であった。

そのため、1章で扱った初期の偕行社においては古い期が中心となり、彼らによって偕行社が運営、統制されていたのである。その結果、若い期は偕行社から遠ざかっていくのであった。

若い期が懸念していたのは、古い期が行う政治運動に再び動員されることであった。これが三つ目の分析軸である偕行社と「政治との関わり」の問題である。古い期は、将来的に偕行社として政治運動を行う野心を持っていた。一方の若い期は、敗戦により、陸軍将校という経歴が傷ついている中で、偕行社が政治運動を行うこと、そして、その団体の一員であることで、社会から過度に保守的、復古的な人物と見られる危険性を憂慮していた。戦後の混乱の中、大学への進学、再就職などによってキャリアを立て直していた若い期にとっては、そうした過度に保守的なイメージは現在の自分の社会的地位や生活に支障をきたす可能性があったのである。若い期の「数」を無視できない偕行社は、こうした懸念を払拭するために、表面上は政治的中立を掲げていたのである。

しかし、政治的中立を掲げていようと、若い期が偕行社に積極的に参加することはなかった。そこには、二つ目の分析軸である「会の資産／社会関係資本」が関係していた。この時期の偕行社は資金繰りに苦労しており、会員が集まる場所を準備することができていなかった。そのため、若い期／古い期の懇親は進まず、若い期に偕行社に参加する実益を提供することができなかった。人が集まっていないことや、経済的・社会的地位を充分に確保できていないこともあり、社会関係資本としての魅力が薄かったのである。

つまり、1章で扱った一九五〇年代では、政治的中立が掲げられていたものの、会の資産・社会関係資本が充分に整備されていないため若い期が集まらず、会の中心は古い期であった。そして、四つ目に設定した分析軸が、戦後社会から陸軍、陸軍将校へ向けられた目線である。社会からの否定的な目線は、前述したように若い期の偕行社への参加を思いとどまらせたり、政治的中立を求めることだけではなく、戦争に関する議論に影響を与えたりもしていた。この時期は、古い期が健在であったことや、再び社会から陸軍将校が否定的に扱われることを恐れ、戦争に関する論議が抑制されていたのである。

こうした状況が2章で扱った一九六〇年代になると徐々に変化する。会が偕行会館という資産を獲得し、親睦・互助の場を提供できるようになったのである。そして、陸軍への社会からの目線がかつてほど厳しくなくなったことや、エリート性の再確認、共通の「戦後体験」なども重なり、若い期や最若年期が偕行社に参加するようになり、会の中心は若い期となったのである。会員が高齢化していく一方の偕行社にとって、若い期や最若年期を会に迎え入れるのは、最も重要なことであった。だからこそ、様々な方策をうち、若い期を会に引き込んだのである。その結果、若い期が「数」を確保し、会の主導権を握るようになった。

こうした若い期の参加において重要だったのが、政治的中立であった。敗戦後、様々な教育や体験をし、思想的なまとまりがなくなっていた若い期にとって、政治的運動は、そうした多様な会員を包含できなくなる可能性を秘めていた。そのため、若い期は政治的中立を求め、靖国神社国家護持運動に対しても積極性を見せなかったのである。

こうして、会が資産を獲得し、政治的中立を掲げた結果、若い期が偕行社に集まり、様々な職種に就く壮年で働き盛りの元陸軍将校が多く集まる偕行社は、結果的に社会関係資本としても機能するようになったのである。

3章で扱った一九七〇年代後半になると、会の中心世代となった若い期によって軍の中枢にいた古い期の責任追及が行われるようになった。将官級、佐官級の指揮のもと、戦場の最前線で兵士を指揮し、戦った若い期の人々は古い期が行った無茶な戦争指導の責任を追及しようとしたのである。古い期への責任の追及は、陸軍の組織病理に向き合うのみならず、日本の他国への加害責任へと議論が敷衍する可能性を秘めていた。しかし、一九九〇年代になると、こうした陸軍の反省から目を塞ぎ、「歴史修正主義」に接近するようになる。彼らが求めていた「陸軍の反省」は、日本を敗戦に導いてしまった軍、軍人としての責任であり、その主要な責任者は古い期であった。しかし、この時期日本で議論されていた日本の「戦争責任」を問う議論においては、侵略戦争に加担し、加害行為を行った若い期の責任も問われていたのである。そこで彼らは、「陸軍の反省」が「戦争責任」の議論に結びつき自分たちへの批判が加熱することをおそれ、戦没した戦友や自分たちが軍人を志した青春時代を肯定するために、「歴史修正主義」に接近するのである。そして、「歴史修正主義」に接近し、「東京裁判史観」の打破を目指すという目的意識を持つことは、本来、戦争体験者による親睦互助組織であり、アイデンティティを確認し合う場であった偕行社が、非体験者を迎え入れ、政治団体化するきっかけになった。

そして、偕行社を存続し、「東京裁判史観」を打破するために、元自衛官という非体験者を迎え入れる。元自衛官としては、偕行社という団体や保有する資産を活かして陸自幹部の外郭団体を整備しようとしていた。この元自衛官の参加は、偕行社の資産の行方や会の将来問題をめぐって最若年期と若い期の対立を生じさせた。高齢化していた若い期は資産の靖国神社への寄付を、未だ行動力が減退していなかった最若年期は会の存続を求めたのである。この対立の結果、「東京裁判史観」打破のためには会の存続と政治団体化が必要という大義名分と最若年期の数によって、会の存続案が採用されることになる。「東京裁判史観」の打破を望む元陸軍将校と陸自幹部の外郭団体の整備を望む元自衛官の意図は若干異なったが、政治団体化による偕行社の存続という大枠は一緒だったのである。

4章では、偕行社に参加した元自衛官がどのように偕行社を運営しようとしていたのかについて検討してきた。会の中心は、徐々に元自衛官になるものの、依然健在な元陸軍将校が会内にいることや、元陸軍将校から資産や会を譲られたという立場によって、会内の議論や行動に様々な制約を受けていた。戦争に関する認識についても、元陸軍将校に配慮し、「東京裁判史観」の打破に向けて活動することが求められたのである。また、会の資産は会員の減少、不況により減ってゆき、元自衛官という同質的な集団であるため社会関係資本としての魅力も薄まっていた。

同種の団体が多かったことや、陸自幹部がそもそも同窓会組織を求めていないこともあり、元自衛官の会員増加は思うように進まず、改めて陸修会という退官陸自幹部自衛官の会を作った上で、両者を合併することで会員の増加を図っているのである。

2 陸軍将校の戦争観

こうした偕行社の戦後史からわかるのは、キャリアと世代、戦後社会の変容によって作られる元陸軍将校たちの戦争観の変遷である。彼らは、世代間の軋轢の中で、世代固有の認識を見つけ出していた。例えば、古い期の陸軍における上級者であった世代という認識は、陸軍が解体され、彼らの階級や、陸軍の上級者としての経験を独占できたからこそ獲得できたものであった。若い期は、こうした古い期に対抗するために、多くの血を最前線で流したことにアイデンティティを見出したのであった。そして、最若年期は、戦場経験もない中で、立身出世を夢見ることができない戦争末期に陸軍将校になった最も純粋であった世代という自己認識を持ったのである。

こうした世代ごとの認識は、偕行社においてどの世代が中心となるかという世代間対立の中形成されたものであった。また、こうした世代認識に基づき、偕行社という場に集う後ろめたさを後景化していたのである。元陸軍将校たちは、エリート軍人であった「誇り」と同時にエリート軍人であったがゆえの責任意識を持っていた。その中で、エリート軍人であったことを確認するためには、偕行社という元陸軍将校の組織が必要であった。しかし、そうした場に集うには、「陸軍の責任」に付随する責任意識や後ろめたさを後景化することが必要だった。そのため、若い世代の人々は、最も血を流した世代、最も純粋であった世代という世代認識を持ち、将官級、佐官級の戦争指導の中枢にいた古い世代の責任を問い、偕行社が「政治的中立」を掲げることを求めたのである。そうすることによって若い世代の人々が、陸軍将校であった後ろめたさを後景化し、偕行社をエリート軍人であったアイデンティティを確認し合う場とすることが可能になっていた。そして、そうした古い期への責任追及が「陸軍の反省」や「敗戦責任」と向き合う契機にもなっていた。

そして、「陸軍の反省」や「敗戦責任」と向き合うことは、自身たちや陸軍が行ってきた加害行為の背景にあった陸軍の組織病理や問題が起こる構造を考えることにつながった。つまり、「証言による『南京戦史』」で見られた中国人民への謝罪や、そうした事件が起こった背景にあった中国兵への蔑視感情、そもそも「侵略」しなければそのような噂は出ないという言葉など、痛切な反省に基づく認識が生まれたのである。しかし、この「陸軍の反省」に基づく古い期への責任追及は、加害行為を陸軍の組織病理や構造、それを作り出した古い期の責任へ回収してしまう側面があり、若い期自身が犯した加害行為を後景化する側面があった。

そして、将官級、佐官級に対して、被害感情を持っていた若い世代、最若年世代も一九九〇年代以降、「歴史修正主義」に近づくようになる。その背景には、古い世代の退場、「戦争責任」の議論の盛り上がりにより、若い世代自身の責任が問われるようになったことや、退職年齢に達しており、会や自身に政治的な色彩がつくことへの抵抗感が薄くなったことがあった。そして、「東京裁判史観」に対して、戦後の長い時間の中で、戦友会で確認し合ってきたエリート軍人としてのアイデンティティを保持するように動いた結果、政治的中立が覆されるのである。

こうした事実から明らかになるのは、キャリアと世代間闘争、戦後社会の変容との相関によって元陸軍将校の戦争観が生み出されてきた事実である。そして、元将校たちの戦争観の変容から、体験者の「証言」「記録」自体を相対化する必要性が浮かび上がる。体験者の「証言」や「記録」は、かつての、そして、その後の「証言」「記録」と同一ではない。元陸軍将校たちが置かれた状況（ライフステージ、体験者集団における立ち位置、社会状況）によって、様々に変化してきた。そのことは、体験者の「証言」「記録」のみに注目するのではなく、その「証言」「記録」に至る文脈を考慮しなければならないことを浮き彫りにする。戦争体験者が減少し、そしていなくなる社会の中で、体験者の「証言」「記録」は重要視されているが、そもそもその「証言」「記録」が当事者の中でいかに作られてきたのか、こうした相対化の視座を本書はもたらすものである。

3　本書の意義と限界

最後に本書の意義と限界について触れておきたい。本書の意義として一点目に、戦争体験者が「歴史修正主義」という過激なナショナリズムに接近していく力学を明らかにしたことがあげられる。これまでの戦争の記憶研究やネット右派研究では、近現代史の当事者である戦争体験者や戦友会が右傾化し、「歴史修正主義」に接近していった力学は充分に説明されていなかった。それに対して、本書では、元陸軍将校の世代とキャリア、戦後社会の変容に着目することで、彼らがなぜ陸軍の責任と向き合おうとしていた状態から「歴史修正主義」に転換していったのかを明らかにした。

二点目は、最若年世代という軍隊に所属しただけの世代の戦後史、彼らの戦争観の変遷を明らかにした点である。従来の戦争の記憶研究などでの世代論は、基本的に知識人研究をベースにしており、その世代区分は、戦前派／戦中派／戦後派世代というものであった。それに対し、本書は、若い期と将校の養成課程にいただけの存在である最若年期を分けて、世代論を展開した。このことは、単に戦中派世代内部の解像度を上げたことに留まらない。こうした最若年世代は、陸軍士官学校だけに留まらず、陸海軍の様々な軍学校に存在した。また、戦争末期の大量動員により、一定の「数」が存在したはずである。そうした一定数存在した最若年期の戦争観、戦後史を明らかにしたことは、戦争体験者がいなくなりつつあった二〇〇〇年代の戦友会や戦争に関する言説を見る上で重要であった。二〇〇〇年代から二〇一〇年代は、多くの戦争体験者が高齢化しており、その中で体験者の団体を引っ張り、その幕引きを行う、もしくは偕行社のように存続させたのは、最若年世代だったのである。

三点目は、戦争の中枢を担った元陸軍将校たちの戦後の思考を炙り出したことにある。彼らは、戦争において一定の職権と責任を持っていた。しかし、先行研究では、彼らの戦後の思考について充分に掘り下げられてこなかった。本書では、元陸軍将校たちの戦後史を描き、彼らがエリート軍人であった誇りと自身たちの責任にどのように向き合ってきたのかを明らかにしてきた。彼らは、世代間闘争の中で自身たちの責任に向き合おうとする契機を生み出し、一定の陸軍の反省を行ったのである。しかし、その反省は、古い期という他の世代の責任を若い世代が問うものであり、本当の意味で自身たちの「加害責任」に向き合ったわけではなかった。そのため、エリート軍人というアイデンティティが揺さぶられる中で、「歴史修正主義」に接近してしまったのである。本書では、こうした元陸軍将校の戦後の思考を明らかにし、彼らの「陸軍の反省」の到達点と限界を示した。

四点目は、戦友会という組織において、資産がどのような働きをしたのかを明らかにした点である。先行研究では、人が集まる団体であれば当然必要となる会の資産やその資産が果たした役割について検討されてこなかった。それに対して、本書では、会が保有する資産が会員の増加局面や非体験者が戦友会に参加する過程において決定的に重要な役割を果たしたことを明らかにした。また、こうした資産が現在、会を引き継いでいる元自衛官たちの戦争との向き合い方を規定していることを明らかにしている。これは、戦争体験者や戦友会の戦争観やその団体のあり方が、彼ら自身や相互の関係性だけではなく、資産や団体の運営といった現実的な会の様相から影響を受けていることを示すものである。

こうした意義がある一方、本書の限界、今後の課題もいくつかある。一点目は、偕行社に参加する元自衛官がどのような「自衛隊」体験に基づいて会に参加しているのかを充分に検討できていない点である。二〇〇〇年代から偕行社に参加しようとする元自衛官の姿を描いてきたが、陸自の外郭団体を整備する以外に、彼ら自身の「自衛隊」体験にどのような契機があり、偕行社に参加するに至ったのかを明らかにすることができなかった。今後、元自衛官のインタビュー調査などを行い、彼らがどのような過程で偕行社に参加したのか、そこにはどのような体験や意識があったのか、旧軍体験と「自衛隊」体験をどのように意識していたのかについて探究する必要がある。

二点目は、本書が陸軍将校内の「エリート」を中心に立論しているという点である。本書で扱ってきた元陸軍将校たちは、基本的に正規のルートで陸軍士官学校に入校したエリートであった。彼らは、ゆくゆくは陸軍省で働く人材として採用されていた。一方で、一般兵からの叩き上げである少尉候補者やある程度学歴がある者から選抜された幹部候補生学校出身者などの存在については充分に検討することができなかった。この点については、今後の課題としたい。

注

序章

（1）　中野滋（五六期）「異なことを承るに及んで私からも一筆させて頂きます」『偕行』（1977. 8: 28）。

（2）　倉橋耕平（2018: 22）によれば、日本の「歴史修正主義」は、「戦後の歴史観を「自虐史観」だといってその相対化を試みたり、「東京裁判史観の克服」を主張したり、「慰安婦は売春婦で、反日勢力の陰謀」と言ったり〔中略〕過去の歴史を否定する勢力が、慣例的に「歴史修正主義」と呼ばれているという。また、「歴史修正主義」については、欧米の歴史修正主義について言及している武井彩佳（2021）が詳しい。

（3）　ここでいう「責任」は単に国策決定への関与や、作戦計画を立案した「責任」だけではなく、現地部隊などの大小様々な規模の部隊の指揮官（リーダー）として兵士たちの命を預かる立場にあった「責任」も意味する。そういった意味では、多くの陸軍将校には、兵士と異なる「責任」が存在したといえるだろう。主体的に参加したという意味では、志願兵、下士官も同じであるが、後述している「責任」の有無は大きく違った。

　また、戦争末期の総力戦には、職業選択の幅が狭まり、若者が軍人となることが求められていた。そうした中で、陸軍将校となることが果たして主体的な参加なのかは議論の余地がある。ただ、後で触れるように、こうした時期（世代）による違いこそが、本書の重要な論点の一つなのである。

（4）　野上元（2011）。

（5）　野上（2011: 239）。野上は、「戦争の記憶」研究のブーム以前は、一九二〇年代生まれの戦争体験者による「戦争体験」の理解を目指す研究があったことを指摘している。その次の世代の社会学者は、「体験」を意識しつつ、何らかの工夫でそれらを少しでも相対化しようとしたという。こうした状況が、一九九五年前後に、「戦争体験」に代わり「戦争の記憶」という表現が過去の戦争の経験に関する言及やその集合表象を表す概念として用いられるようになったことの背景にあった（野上 2011: 238-9）。

（6）　吉田（2005）は、戦後の世論調査や戦争に関する言説などを通時的に分析し、日本人の戦争観の変遷を明らかにした。

（7）　成田（2020）は、戦後の戦争に関する言説を分析し、「戦争経験」の記録が「体験」の時代（一九四五〜一九六五年）から「証言」の時代（一九六五〜一九九〇年）へ変化し、「記憶」の時代（一九九〇年〜）に移り変わっていく過程を明らかにしている。

（8）　福間（2009）は、学徒兵に対する評価を中心に、「戦争体験」の世代間継承／断絶をめぐる議論を概観し、「戦争体験の戦後史」が「戦争体験の断絶」の戦後史であったことを明らかにした。

(9) 小熊(2002)は、多くの戦後知識人を取り上げることを通じて、悲惨な戦争体験が戦後思想の根底にあったことや、その戦後思想の変遷を明らかにしている。

(10) 被爆地である広島・長崎の研究(米山 2005; 直野 2015; 根本 2018; 深谷 2018; 鈴木 2021 など)や、沖縄(北村 2009 など)の研究が活発に行われてきた。また、特攻隊の基地があった知覧の研究(福間・山口編 2015 など)や、硫黄島の研究(石原 2013, 2019)なども行われている。また、こうした地域間の位相差を比較検討しようとする試みも行われつつある(福間 2011, 2015; 渡壁 2021 など)。

(11) 映画やポピュラーカルチャーと戦争の関係(福間 2006, 2007, 2013; 一ノ瀬 2015, 2018; 中村 2017 など)や、戦記などのミリタリーカルチャー(高橋 1988; 吉田編／ミリタリー・カルチャー研究会 2020; 佐藤 2021)や、核エネルギー(山本 2012, 2015)との関係などがこれまで検討されてきた。

(12) この他に、戦争への認識を形成するメディアの作用について検討したものもある。例えば、佐藤卓己(2014)は、八月一五日＝終戦記念日という「神話」が戦後社会の中で、いかに定着してきたのかをメディア史的分析によって明らかにしている。

(13) 「戦争の記憶」研究の動向については以下が詳しい(木村 2019; 福間 2023)。

(14) 野上(2008: 64)。

(15) 吉田(2011: 289)。

(16) 清水(2022b: 33-4)。本書では、清水(2022b)のもととなった博士論文(清水 2020)も参照、参考にしている。

(17) 吉田(2011: 5)。

(18) 陸軍将校たちが、戦後の再軍備や政治に関わる過程については以下が詳しい(山縣 2020; 柴山 2010 など)。

(19) 「職業軍人」の戦後における職業について分析した渡邊勉(2020)の研究もある。渡邊は、「職業軍人」の退職後の職業経歴は、エリート層と非エリート層に分かれていたことを指摘している。ただし、「職業軍人」の中には、陸軍将校以外の軍人も含まれていることには注意が必要であろう。また、大江洋代(2021)は、陸士五八期という一つの期を取り上げ、質問紙調査から陸軍士官学校の教育がその後の人生においてどのような意味を持ったのか、陸軍士官学校の学校文化とはいかなるものであったのかについての検討を行っている。大江は、五八期生は、国家機関や軍事とは関係のない職業で、陸士で得た教育を生かして戦後を生きたと認識しているという。そして、日本近現代史を作ってきた〈栄光の帝国陸軍〉を支えた陸士の歴史を受け継ぐ者としてのアイデンティティを得たことを指摘している。

しかし、大江の研究では、そのアイデンティティが、戦後のどの段階で形成されたのか、アイデンティティ形成に彼ら元陸軍将校の団体である偕行社がどのように寄与したのかという視点が薄い。本書でこれから明らかにしていくように、陸士としての経験は戦後一貫して肯定的に捉えられるものではなかった。また、陸士としてのアイデンティティと元陸軍将校の戦争観の関係についても充分な考察がなされていない(大江もこの点を今後の課題としてあげている)。その他に中川玲奈(2021)は、陸士五六期生の聞き取りをもとに将校教育と戦場体験・戦後の生活の関係を扱っている。中川は、古い期の指揮のもと、自分より年長の兵を指揮する若い期の中間管理職としての苦悩を明らかにしている。また、戦後の同期生会のつながりの強さなどについても言及しており、本書と問題関心が近い側面がある。しかし、元陸軍将校全体(偕行社)の戦後史や戦争観の変容は扱っていない。そのため、若い期の戦争体験の意味づけが戦後いかに形成されたのかは充分検討されていない。

(20) 戦友会研究会以外の戦友会研究として以下のものがある(遠藤 2018, 2019abcde, 2021; 後藤 2022)。この他に、保阪正康(2018)なども戦友会について言及している。

また、本書の研究対象である偕行社については、木村卓滋(2004, 2006)の研究がある。木村は、一九九〇年代までの偕行社の動向について検討し、本書に多くの示唆を与えているが、一九九〇年代以降の偕行社の動向は充分に検討されていない。また、本書のように世代や偕行社の資産への着目が充分に行われていないため、偕行社で行われていた戦争の語りの背景にどのような力学が存在したのかが明らかになっていない。

(21) 高橋三郎ほか(2005)。戦友会研究会(2012)。

(22) 高橋由典(2005: 117)。

(23) 高橋由典(2005: 118-9)。高橋は、かつて上官であった者が会長などの役職につき、宴会の席順が軍隊内での序列を考慮して決められることを指摘している。

(24) 伊藤(2005)。

(25) 伊藤(2005: 154)。

(26) 野上(2022: 171)。また、野上(2022: 172)によれば、軍隊とは、人が平等であるべきという通念と相反する、強烈な「階級社会」である。ただ「階級」といってもそれは経済的な地位が政治的・社会的な地位として固定化したという階級 class ではなく、権限を明確に定められた職位 rank としての階級である。死の危険性を伴う命令、人を殺す命令を下す／下される関係において、その格差は絶対であるけれども、上官の下す命令は限りある職権(権限)として持たされており、それは広義の官僚制組織としての近代軍隊の性格と不可分ではないと指摘している。

(27) 予科二年卒業後士官候補生となり約八ヵ月の隊附勤務、ついで本科に入学し約一年八ヵ月の教育を受けて卒業、見習士官となりおよそ二ヵ月後陸軍少尉に任官する仕組みになっていた。

(28) この他一九二〇年新設の少尉候補者制度は部内現役下士官・准士官より、一九三三年新設の特別志願将校制度は一年志願兵・幹部候補生出身予備役将校より、ともに現役下級将校を補充しようとしたものである。予科を経ることなく前者は乙種、後者は丁種学生の名で直接本科において一年間の教育を行い現役少尉に任ずるコースであった。
(29) 山口宗之(2005: 11-2)。
(30) 広田(1997: 228)。ここでいう「天皇への距離の近さ」は丸山眞男からの援用であるという。丸山は戦前期の日本について「究極的実体(=天皇)への近接度ということこそが、個々の権力的支配だけではなく、全国家機構を運転せしめている精神的起動力にほかならない」と述べている。広田は、権力関係の秩序構造は、少なくとも心理的には、天皇を究極的な価値の源泉とする権威の構造によって正当化されていたという。
(31) 広田(1997: 228)。
(32) 広田(1997: 128-9)。
(33) 広田(1997: 222)。
(34) 広田(1997: 275)。
(35) 広田(1997: 393)。陸軍将校の教育課程について基本的に広田の議論を参照してきたが、広田以外の研究として以下のものがある(武石 2005, 2010, 2021 など)。
(36) 士官候補生制度以前には、士官生徒制度時代(旧一期~旧一一期)もあったが、彼らの多くは戦後には高齢化、もしくは物故しており、戦後の偕行社には、ほとんど影響を与えていないため、本書では言及していない。また、士官候補生制度以外に、少尉候補者制度(少候)、陸軍経理学校、満洲国軍士官学校などもあった。本書では、資料が充分に集まらなかったこともあり、少候や陸軍経理学校出身者、軍医などの戦後偕行社に参加した人々を充分に検討することができていない。
(37) 山崎正男(1969)をもとに筆者が作成した。ただし、終戦時の資料の散逸や、士官学校で病気等によって卒業を延期する人もいたので、正確な数はわからない部分もあり、資料によって卒業者数が多少食い違う部分もある。
(38) 大江(2021: 92)。
(39) 特別昇任、皇族を除いた生存者の少将を輩出できたのは三三期が最後だった(桑原 2000: 173-5)。
(40) 一九〇二年石川県生まれ。陸軍幼年学校、陸軍士官学校(三六期)を卒業後、一九三四年には、陸軍士官学校事件に関与、一九三九年にはノモンハン事件を作戦参謀として主導。終戦後潜伏し、その潜伏記である『潜行三千里』などを出版。一九五二年には衆議院議員に当選し、以降国会議員を務める。一九六一年に東南アジアへの視察中に消息を絶つ(前田 2021: 438-40)。
(41) 一九一一年富山県生まれ。陸軍幼年学校、陸軍士官学校(四四期)、陸軍大学校を卒業後、一九三九年大本営陸軍参謀となり、その後、関東軍参謀を歴任。敗戦後、ソ連に抑留される。一九五六年に帰国し、伊藤忠商事に入社、取締役、常務、専務、副社長、副会長、会長を歴任(瀬島 2000: 著者紹介)。
(42) 陸軍士官学校は、二~三ヵ月、同予科は四~一二ヵ月教育期間が短縮された。また、見習士官のときから実際の戦闘任務につくこともあり、見習士官時代から戦死者を出すようになっていた（山崎 1969: 68）。

（43） 三四期から五二期までは、河野仁（1990: 102）表2を参考にした（計算が間違っていると思われる部分は筆者が算出し直した）。五三期から五六期までは、前掲の桑原（2000）を参考にした。五七期生については、桑原（2000）にも記載がなかったので、陸士57期偕行文庫対策委員会戦没者記録作成班編集（1999: 856）を参考にした。なお、五三期から五六期までの戦没者数は、河野のデータと合わせるために、戦死者と戦病死者をカウントし、終戦時自決、法務死、殉職者については基本的にカウントしていない（ただし、桑原の記述には、上記死因別戦没者数を記載している場合と戦没者として区分なしに記載している場合がある。その場合は、戦没者として記載されている数字をそのまま記載した）。また、陸軍経理学校出身者、満洲国軍士官学校出身者の戦死者数も同様の理由でカウントしていない。

河野のデータと桑原の記載は食い違っている部分もある。例えば、五二期生の戦死者数を桑原は、戦死者一六七名、戦病死者一八名（他に終戦時自決四名、殉職者二九名、法務死二名）の計一八五名と記載しており、河野の一八九名とは四名の違いがある。これは、戦没者数をどのようにカウントするか、「同期生」をどの範囲で捉えるか（中には病気などで陸軍士官学校在校期間が延長され、入学と卒業で期が異なる人もいた）、戦後のどの時期に資料を参照するか等によって生まれる差であると考えられるが、基本的には本書のデータのもととなる河野のデータを尊重した。

なお、五三期生に関しては、河野のデータでは、四七三名と記載があったが、桑原の記述と一六〇人余りの差があった。五三期生の同期生会史を確認したところ、六三九名と記載があったので、同期生会史のデータを採用した（同期生史編集委員会編 1993: 261）。上述したようにデータの正確性には難があるので、あくまで戦死率の傾向として受け取って欲しい。

（44） 桑原（2000: 217）。

（45） 四五期生の卒業が、満洲事変が起きた一九三一年となっている（山崎 1969: 68）。

（46） 航空と地上で卒業時期がずれている（桑原 2000: 223）。

（47） 事故死、空襲による死亡等はあった。また、彼らと戦後同期生会を共に組織する満洲国軍の士官学校の同世代は、ソ連侵攻に対して戦場に出ることを余儀なくされ、多くの戦死者を出した。

（48） 伊藤（2005）。

（49） 正会員は基本的に、元陸軍将校であるが、その他に正会員の家族や、戦没した陸軍将校の遺族などが準会員として参加している。この他に、偕行社の理念に賛同し、理事会の許可を得た人物も会員となることが可能であり、大学教授や一兵士が会員となっていた（もしくは『偕行』を購読していた）。ただし、その人数は極めて少なかったと思われる。また、同期生会の推薦した評議員などを中心に偕行社が運営されていたため、そうした会員が運営に参加することは不可能であった。

(50)　清水(2020: 10)。
(51)　同期生会が「体験縁」で結ばれていたとはいえ、それは後方の軍学校で結ばれた結合の契機であり、戦場での「体験縁」をもとにした小部隊戦友会と全く同じわけではない。また、戦時体制の拡大による陸軍将校の採用人数の拡大により、同期生が数千人という数になると、お互いのことを認知していないという状況も起こった。そのため、若い期や最若年期は、同期生会より、より小規模な「体験縁」に基づいた陸軍士官学校の区隊などの集まりが活発で、同期生会も「所属縁」によるより弱い結合の契機をもとにした団体となることもあった。
(52)　しかし、そもそも編集人にどの程度の編集権限があったのか、そもそも誰がどのようなプロセスで編集人になったのかなどは資料から読み取れなかった。
(53)　野上(2022: 174-5)。参謀本部は、フランス革命・ナポレオン戦争の教訓からプロイセンで考案されたという。
(54)　前述したように陸軍士官学校以外にも陸軍将校になる経路があったが、そうした経路の人員も増加した。
(55)　『偕行』内では、「先輩期」と表現されることもあるが、本書では用語統一のため基本的に「古い期」という表現を用いている。
(56)　五八期が「若い期」なのか、「最若年期」なのかは曖昧な部分である。陸軍将校に任官直後に終戦を迎え、ほとんど戦死者を出さなかったとはいえ、後述するように公職追放を受けており、初期の偕行社の立ち上げに関与しているという点では、「若い期」に近い。
(57)　満洲事変(一九三一年〜)などで任官直後(四二期が一九三〇年に陸軍将校に任官)に戦場の最前線で戦没した人や戦争末期に佐官級として作戦計画に参与した人物がいるため、若い期の要素と古い期の要素を併せ持っている側面がある。そのため、戦後の時期によって立ち位置が徐々に変化している。
(58)　那波(2022: 69-70)。那波のこうした視点の背景には、体験を語る活動は聞き手の存在があってこそ成立し、語り手は聞き手に従属するという根本雅也(2018)の指摘や、「戦争体験」が社会関係の下で構成されていくといった野上(2006)による指摘があるという。そうした指摘を踏まえ、那波は、「戦争体験」が語られ、書かれている組織である日本戦没学生記念会(わだつみ会)に着目していく。
(59)　清水(2022b)。
(60)　小部隊戦友会を念頭に、戦友会の世話人による献身が強調される傾向にある(戦友会研究会 2012: 215-21)。
(61)　本書で扱う社会関係資本の意味について説明しておきたい。ナン・リンは社会関係資本を、「社会的ネットワークに埋め込まれた資源として定義できる概念である」と指摘している。また、リンは、社会関係資本は理論でもあるという。それは、すなわち、「社会関係への投資がそういった資源をより豊かにし、それが結果としてよりよい見返りを与えることがある、ということについての理論である」という。この定義で大事なのは、「社会関係資本とは社会的ネットワークの中から捕まえられた資本(資源)であ」り、「社会的ネットワークそれ自体は社会関係資本ではない。そうではなく、社会的ネットワークは社会関係資本の大事な外生的条件なのだ」ということである(Lin 2001=2008: v)。

また、ダニエル・P・アルドリッチは、社会関係資本を個人とコミュニティの両方が持つ資産として捉え、議論を展開している(ここでは、地域コミュニティを念頭に議論されている。Aldrich 2012=2015: 49)。

本書では、こうした議論を参照しながら偕行社における社会関係資本の変遷を議論している。つまり、偕行社における社会関係資本とは、個人(会員)、組織(偕行社)両方が持つ資産であり、会員間ネットワーク(社会的ネットワーク)を通じて何らかの資本、資源にアクセスできるものである。逆に会員間ネットワークが整備されていても、何らかの資本、資源にアクセスできない状況は、社会関係資本として機能している状態とはいえない。

(62) 河野(2022: 41)。また、清水亮(2022b: 218-21)は戦友会の議論が社会関係資本論に結びつく可能性を示唆している。

(63) 伊藤(2005: 182-3)。

(64) 戦友会、集団のいかなる行動が「政治的運動」であるのか/ないのかを規定するのは容易なことではない。そこで、本書では、会内部で「政治的中立」の理念が重んじられているのか/いないのかに焦点を当てる。詳しくは、本論で記述していくが、偕行社では設立以来、基本的に「政治的中立」が掲げられ、その理念が重要視されてきた。こうした「政治的中立」の理念が重要視されなくなり、「政治」に関わっていく状態を団体が「政治化」した状態と捉える。

(65) 佐藤卓己(2004)は、戦中に言論統制を行った張本人として悪名高い陸軍将校鈴木庫三の「悪名」が、どのようなプロセスで構築されてきたのかを明らかにしている。鈴木の「悪名」が戦後社会で構築されたのは、陸軍将校、陸軍に対する否定的な感情が強かったことの一例であるといえる。

第1章

(1) 五八期生は、陸軍士官学校を一九四五年六月に卒業したばかりで、実際に戦場に出ることはなかったが、GHQに対する「数稼ぎ」、公職追放者をより多く見せるためのアピールとして公職追放の対象者となった(吉田 2011: 43-4)。

(2) 吉田(2011: 10-1)。藤原彰([2001]2018: 157)は、戦没者の六一%、一四〇万人前後が広義の餓死者であったことを指摘している。一方、秦郁彦は、アジア・太平洋戦争期の餓死率を三七%、四八万人と推計している。ただし、秦もその餓死者の数について、「内外の戦史に類を見ない異常な高率であることに変りはないが、当時の軍幹部はどう認識していたのか」と疑問を投げかけている(秦 2006: 10)。

（3） 吉田(2011: 10–1)。
（4） 吉田(2017: 42)。
（5） 吉田(2017: 43–51)。
（6） 吉田(2017: 52)。
（7） 神風特別攻撃隊は、戦争末期の一九四四年一〇月のレイテ沖海戦で軍の正式戦術として初めて採用された海軍の航空特攻隊。「単独飛行がやっとという搭乗員が沢山いる」現状では、「体当たり以外に方法はない」という大西《おおにし》瀧治郎《たきじろう》中将(第一航空艦隊司令長官)の提唱によって始められたといわれている(木坂 1982: 293)。なお、特攻隊の「大西起源説」には諸説ある。
「しんぷう」が正式の名称で「かみかぜ」は俗称であった(吉田 2017: 52)。
（8） 木坂順一郎(1982: 293–4)。
（9） 吉田(2017: 52)。
（10） 木坂(1982: 294–5)によれば、三七二四名以上、栗原俊雄(2015: 150)によれば、諸説あるものの三八四八名としている。終戦後の資料の散逸などにより、正確な特攻戦死者数がわからないのが実情である。
（11） 吉田(2011: 13–4)。詳細については、吉田(2017: 58–74)を参照していただきたい。
（12） 吉田(2017: 80)。
（13） 「皇道派」と「統制派」の定義及び範囲はやや複雑である。永田鉄山、岡村寧次《おかむらやすじ》、小畑敏四郎《おばたとしろう》の陸士一六期三羽烏は、明治時代から山縣有朋を中心とする「長州閥」によって支配されていた陸軍人事の変革及び総力戦体制の確立を求めていた(バーデン・バーデン盟約：一九二一年)。彼らは二葉会、木曜会、最終的に両者が合流した一夕会といった研究会を開催し、非長州閥である荒木貞夫、真崎甚三郎、林銑十郎を盛り立て、陸軍人事の刷新、満蒙問題の解決を目指す。一九三一年には、荒木貞夫が陸軍大臣となるが、彼を支えたのが九州閥将官(荒木貞夫、真崎甚三郎)、一夕会系中堅幕僚(永田鉄山、小畑敏四郎、岡村寧次、東條英機など)、青年将校グループであり、この三者を初期皇道派という。しかし、荒木の失策により、永田ら中堅幕僚は荒木を離反し、荒木が排除した旧宇垣閥、南次郎系に接近する。こうして、永田ら中堅幕僚、旧宇垣閥、南次郎系の統制派と荒木、真崎ら九州閥系将官と青年将校の結合物としての皇道派が対立することになる(筒井 2016: 16–35)。二・二六事件によって皇道派は没落し、荒木、真崎ら皇道派将官は多くが現役を追われるか、閑職に左遷される。なお、首領格である永田を失い、対立派閥である皇道派を失った統制派もこの後は派閥としての一体性を失い、陸軍のマジョリティに溶解していったという(髙杉 2020: 98–9)。
（14） 正確に言えば、村中、磯部浅一《いそべあさいち》(三八期)といった青年将校は停職。その後「粛軍に関する意見書」を発表し、免官された(筒井 2016)。陸軍士官学校事件の詳細については同書を参照していただきたい。
（15） 近藤豊信(五四期)「嗚呼！白石大尉——忘れがたきは、

魂のふれあい」『偕行』(1960. 2. 17)では、近藤の陸軍士官学校予科時代の区隊長代理であり、宮城事件の際に義兄の近衛師団長森中将と歓談中、反乱将校に襲われ死去した白《しら》石通教《いしみちのり》(四四期)大尉について記述されており、白石は「反徒の将校のため森中将とともに非業の最期を遂げられた」と記載されている。

(16) 前出の二葉会は、永田、小畑、岡村など一五〜一八期生が中心となっているが、一九期生(日露戦争の影響で基本的に中学校出身者のみで構成されていた)が一人もいなかった。この理由を東條英機は「中学出身者は利巧《りこう》過ぎて信用が持てぬという返事であった」といい、幼年学校出身者中心の組織となっていた(一ノ瀬 2020: 59)。

陸軍幼年学校や幼年学校体制については、野邑理栄子(2006)が詳しい。なお、陸軍幼年学校＝エリートではないという主張もある(山口 2005)が、野邑(2006: 27-8)はその点を否定している。

(17) 北岡伸一(2012: 49)。

(18) 月曜会は、一八八一年に長岡外史《ながおかがいし》などを中心に結成された専門知識の習得を目指した団体である。中堅将校を中心に参加者がおり、北岡(2012: 50)によれば、「薩長の支配の中で老朽無能者が重用されることへの怒りと、専門性の面で少しも進歩がみられぬことへの焦り」があったという。

(19) 北岡(2012: 50-1)。小林道彦(2020: 123-4)。この間の過程については、『偕行 偕行社創立百周年記念号』(1977)に再録されている長岡外史の回想(「記事創刊当時の回顧」『偕行社記事』1930. 7: 3-9、『偕行 偕行社創立百周年記念号』八一―一一頁再録)や榊原昇造《さかきばらしょうぞう》「本誌創刊当時の事情」(『偕行社記事』1937. 7: 187-92、『偕行 偕行社創立百周年記念号』一二―一五頁再録)などが詳しい。

(20) 戦前の『偕行社記事』については、森松俊夫(1990)、木下秀明(1990)、『偕行 偕行社創立百周年記念号』(1977)などが詳しい。戦前期の陸軍将校について知る重要な資料となっている。

(21) 時には、歴史的に重要な会合の場所となることもあった。例えば、一九二〇年代後半に開かれていた若手陸軍将校によって組織されていた木曜会の会場は偕行社であった。参加者には、鈴木貞一《すずきていいち》(二二期)、石原莞爾《いしはらかんじ》(二一期)の他に岡村寧次(一六期)、永田鉄山(一六期)、東條英機(一七期)などがおり、軍装備や国防方針について研究がなされていた(川田 2011: 8-16)。

その他には、一九三三年陸軍内部の派閥対立が激化する中で、青年将校グループと中堅幕僚の会合が開かれたのも偕行社であった(筒井 2016: 27-32)。

(22) 「理事長より就任のご挨拶―ホームページをご訪問の皆様へ―」(https://kaikosha.or.jp/profile.html、二〇二三年六月五日閲覧)。

(23) 戦時体制で拡大した偕行社の事業や敗戦による偕行社解散の過程は以下の記事が詳しい(高田友助《たかだともすけ》(一三期)「終戦と偕行社解散の経緯――最後まで会員の福祉に努力してきたが」『偕行』1958. 1: 11-2)。

(24) ちなみにNHKの朝の連続テレビ小説「カムカムエヴリバディ」の重要なシーンで登場したのは岡山の偕行社である。現在でも国内で偕行社の建物が残るのは、旭川、弘前、金沢、善通寺、岡山である(台湾の台北、台南にもある)。しかし、先述したように偕行社は全ての資産を手放し解散したため、戦後の偕行社と各地の旧偕行社の建物との関係性は薄い(「台湾の偕行社関連施設」『偕行』2022. 11・12: 表紙裏)。

(25) 山崎(1969: 181)。

(26) 「花だより 六十期」『偕行』(1973. 3: 76-8)。六〇期の「わが四十代を語る」という企画での、助川静二《すけがわせいじ》(一九期、終戦時釧路地区司令官・陸軍少将)へのインタビューより。助川は、終戦後六二歳で番人になったという。

(27) 眞崎貞夫《まさきさだお》(五七期)「偕行会と友情」『偕行』(1956. 1: 3)。

(28) 山崎(1969: 185-6)。

(29) 山崎(1969: 182)。

(30) 山崎(1969: 182)。

(31) 山崎(1969: 182)。

(32) 井染具夫(五一期)「偕行随想」『偕行』(1962. 8: 6)。

(33) 池田宗三(四〇期)「春の教員異動――苦境に立つ偕行教職員」『偕行』(1956. 4: 1)。

(34) 木村(2004: 96)。特に旧正規将校や元憲兵の団体結成に関しては、その目的が親睦、相互互助のものであっても結成させないこと、発見次第解散させることが日本政府の方針であった(吉田 2011: 44)。

(35) この組織化の中心となったのは復員局におり、公職追放を免除されていた元陸軍将校たちだった(四〇期井上忠男、四三期白井《しらい》正辰《まさたつ》など)。彼らは、警察予備隊の勧誘問題などに元陸軍正規将校としての見解と立場を表明する可能性を感じて組織化を進めたようである。ただし、会合を重ねる中で、警察予備隊、復員局中心だった議論が徐々に離れ、同窓会組織の形成が議論の中心となったようである(「座談会 戦後偕行社の歩み」『偕行 偕行社創立百周年記念号』1977: 137-46)。

(36) 「座談会 戦後偕行社の歩み」『偕行 偕行社創立百周年記念号』(1977: 138)。

(37) しかも、佐藤は「思惑を顧慮せられて編纂には全くタッチしなかった」という。陸軍士官学校事件で「スパイ」となり、戦後も辻政信と深い関係にあった佐藤が編纂に関与することで一部の元陸軍将校から反発を招くことを恐れたと考えられる(井上忠男(四〇期)「本誌刊行の跡を顧みて」『月刊市ヶ谷』1952. 10: 2、「座談会 戦後偕行社の歩み」『偕行 偕行社創立百周年記念号』1977: 138)。

(38) 「偕行(市ヶ谷)誌、早創の功労者 佐藤勝朗氏の死を悼む」『偕行』(1956. 3: 13)。

(39) 「座談会 戦後偕行社の歩み」『偕行 偕行社創立百周年記念号』(1977: 139)。

(40) 「創刊の辞」『月刊市ヶ谷』(1952. 3: 1)。

(41) 「座談会 戦後偕行社の歩み」『偕行 偕行社創立百周年記念号』(1977: 140)。

(42)「座談会　戦後偕行社の歩み」『偕行　偕行社創立百周年記念号』(1977: 140)。実際に、『月刊市ヶ谷』発刊直後である一九五二年四月号では、この企画がどのような共通の広場を作っていくのかについて読者から投稿がなされている(石田雅己(五五期)「共通の廣場」『月刊市ヶ谷』1952. 4: 3)。

(43)「座談会　戦後偕行社の歩み」『偕行　偕行社創立百周年記念号』(1977: 140)。

(44)「座談会　戦後偕行社の歩み」『偕行　偕行社創立百周年記念号』(1977: 141)。

(45)「偕行(市ヶ谷)誌、早創の功労者　佐藤勝朗氏の死を悼む」『偕行』(1956. 3: 13)。

(46) ちなみに「花だより」という言葉の選定は、「消息を花のたよりとして洒落れたつもり」であったという。創刊の頃が三月であり、春四月頃の花を目指して、春だからまず花だよりとしたという(「座談会　戦後偕行社の歩み」『偕行　偕行社創立百周年記念号』1977: 139)。

(47) この時期は、お互いの消息が取れていない人々が多くいたようである。例えば、一九五三年の時点で一二期の江上新五郎は、同期生六〇〇名余りの中で「本年文通したるは唯二人、あとは住所さえも不明の人々が多い」という状況だったという(江上新五郎(一二期)「お互に消息を」『偕行』1953. 1: 8)。

(48)「花だより　四十九期「市ヶ谷」に就ての意見」『月刊市ヶ谷』(1952. 3: 2)。

(49) ノモハン事件や太平洋戦争の作戦立案に関与、東條英機の秘書官も務める。

(50) 柴山太(2008)。

(51) 実際に後年偕行社設立後には、その背後に一水会や辻政信がプロモーターとして存在することが中央公論で指摘されているが、偕行社はこれを強く否定している(「誤解なき為に」『偕行』1952. 11: 4)。

(52)「可能となつた元将校の団体結成」『月刊市ヶ谷』(1952. 3: 1)。

(53) 市ヶ谷同人「週刊朝日(九月七日号)〝軍人雑誌を切る〟に反論する」『月刊市ヶ谷』(1952. 9: 2)。この他に『人物往来』という雑誌でも、再軍備の中動く元陸軍将校の動向と偕行社が関連付けて論じられていた(井戸川渉「新国軍に踊る旧軍人——みはてぬ夢よもう一度」『人物往来』1952. 10: 33-7)。

(54)「偕行会の発足に就て」『月刊市ヶ谷』(1952. 9: 1)。一九五七年に財団法人化されるまで会の名称は「偕行会」であったが、本書では「偕行社」の名称で統一する。

ここで会員の属性が陸軍士官学校出身者に偏っていたことについて、簡単に説明を加えておきたい。先述したように陸軍将校には、陸軍士官学校出身者以外の少尉候補者、幹部候補生学校、陸軍経理学校出身者なども存在した。しかし、戦後の偕行社はその成り立ちから、陸軍士官学校出身者が主流になっていたことがわかる。

偕行社の再結成にあたって下村定《しもむらさだむ》(二〇期)は「老も若き

も元の兵科も各部も、気を合せ」やっていこうと呼びかけている(「一緒に飯をたきませう」『月刊市ヶ谷』1952. 10: 1)。これに対して、少尉候補者出身の会員から、「故意か、偶然か、月刊市ケ谷誌上に」「少候、特志又は召集将校の名を発見し得なかつたことを遺憾に存じます」という声があがる。そして、旧将校は、共に天皇のもと働いたものの「陸軍省人事の少候特志、召集各部将校に対する、著しい差別待遇は果して何であつたか」。「それに加えて、全部とはいわぬまでも、士官候補生出身将校の独善、優越感、横暴、加えて階級に伴う実力の不足は何であつたか」と激しい主張をする。更に、「私は、旧将校は、士官候補生出身がその根幹であつても、数の上において、将又各分野に活躍している範囲において戦後における社会的実力において、士官候補生出身旧将校よりも、少候、特志、召集各部の力の偉大なことを認めます」として、その方面への積極的な呼びかけを求めた(鈴木武(少候一九期)「偶感」『偕行』1952. 11: 4)。

ここから、陸軍将校の中でも正統でエリートコースを歩んでいた陸軍士官学校出身者とその他のルートから陸軍将校になった人々の対立関係が読み取れるだろう。

以降、少尉候補者や幹部候補生学校出身者などへ参加が呼びかけられ、少候や陸軍経理学校出身者が徐々に偕行社に参加してくるものの、その勢力は大きくなく、陸軍士官学校出身者が偕行社の中心となっていた。中でも幹部候補生学校出身者の同期生会などが「花だより」に掲載されることは少ない。

(55) 「偕行会 東京地区第一回総会 明治神宮で集う者七百余名」『偕行』(1952. 12: 1)。

(56) 「偕行会申合せ説明要旨」『月刊市ヶ谷』(1952. 9: 1)。

(57) 「終戦記念日特集座談会」『月刊市ヶ谷』(1952. 8: 2)。

(58) とはいえ、若い期の人々も大学に再入学する中で様々な困難があったようである。敗戦以降、陸海軍諸学校出身者は、高等学校、大学予科、専門学校、教員養成諸学校への転入学を行っていく。しかし、そうした中で、一般学生の中には旧軍出身者たちを、「ゾル」(ドイツ語で「兵士」を意味する「ゾルダート」(Soldat))と呼び、偏見の目で見る人々がいたという(白岩 2022: 182-3)。このことについては、白岩伸也(2022)の第4章「旧軍関係教育機関出身者をめぐる中等・高等教育機関の対応——元海軍飛行予科練習生と一般生徒・学生の関係」が詳しい。

(59) 例えば、一九三〇年に陸軍士官学校を卒業した四二期では、卒業と同時に同期生会を組織し、会報の発行等を行っていたようである。しかし、日中戦争(一九三七年〜)が始まるとそうした余裕も無くなったようである。ただ、一九四二年あたりまでは、中央に勤務していた同期生との情報交換など同期生の集まりがあったようである。そうした集まりも、一九四二年後半以降は困難になり、同期生会活動は中断を余儀なくされたという(「花だより 竹之会(42期)」『偕行』1970. 10: 27)。

(60) 具体的な作業内容や、世話人の数、交代の頻度などは各同期生会や時期によって異なる。

(61) 戦友会研究会(2012: 215)。

(62) 御手洗正巳(五五期)「若いものは決して無関心ではない多忙なのである」『偕行』(1955. 12: 10)。また、率直に「サボって申訳ありません」という世話人からの投稿もある。この投稿では、「同期生諸兄の消息をのせろという注文もあるのですが、とにかく仕事に追われて一切消息不明というわけ」と書かれている(「花だより 五十八期」『偕行』1959. 11: 29)。

(63) 龍山生(六〇期)「若い期層と偕行会」『月刊市ヶ谷』(1952. 10: 7)。そのため、陸軍士官学校の生活は懐かしく、当時の友とは大いに交わりたい、区隊、グループなどで集まりもしたいが、顔も知らない名前も知らない五〇〇〇の人間を「何も同期生ということで無理にまとめる必要はない」という立場の人が多かったという。中には、陸士同窓会賛成、ただし、あくまで純然たる同窓会たるべしという立場や、「女学生的な単なる同窓会には意味なし、一つの運動まで盛上げるべしという最も積極的な立場」の人もいたようだが、陸士同窓会賛成という立場は「右翼視され」、最も積極的な立場までいくと「気違い扱い」されたという。

(64) 「座談会 戦後偕行社の歩み」『偕行 偕行社創立百周年記念号』(1977: 140)。この時期に佐藤勝朗(四八期)は、偕行社の運営及び会誌の発行から離れている。佐藤は、大阪に移り、大学時代(佐藤は士官学校退校後、満洲国軍で負傷、その後東北帝大法科に入っていた)の友人と製袋事業を始めたという(前田 2021: 301-4)。

(65) 「座談会 戦後偕行社の歩み」『偕行 偕行社創立百周年記念号』(1977: 141)。これと同種の意見として、『偕行』の「編集がなっていない」、「若い期層の献身的な労力奉仕には無条件に感激するが、編集方針に筋金がない、単に同期生間の連絡に終始するのか、進んで飛躍の意図があるのか意図不明である、若し後者なりとせば、主義主張を樹て、堂々、論陣を張つて世に問うべしだ、論説、社説のない雑誌、新聞など、凡そ今の世の中に見たことがない」という意見がある(「微苦笑」『偕行』1953. 6: 4)。

(66) 例えば、井崎於菟彦(二六期)「政治活動を望む」『偕行』(1953. 6: 10)。この時期は、軍人恩給が復活していないこともあり、軍人恩給に絡めた政治運動を望む声が多い。そのため、軍人恩給をより多く受け取ることのできる古い期が政治運動への積極性を見せている。しかし、若い期の人々が全て政治的運動に消極的であったわけではない。また、古い期の中にも政治的運動へ消極的姿勢を示すものがいた。ただし、傾向としては、古い期に政治運動を望む人が多く、若い期では少なかったといえる。

(67) 渡邊渡(三〇期)「戦争責任と軍人」『月刊市ヶ谷』(1952. 10: 2)。

(68) 中村俊一(五六期)「若い期層」『偕行』(1953. 4: 5)。社会からの元軍人への感情を少しでも改善しようと実際に軍人恩給を受け取らないという選択をした古い期の人もいた(富樫亮(一八期)「井原氏に応う」『偕行』1953. 7: 8)。

(69)「座談会 戦後偕行社の歩み」『偕行 偕行社創立百周年記念号』(1977: 146)。
(70)「微苦笑」『偕行』(1954. 2: 4)。
(71) 終戦時の内閣総理大臣である鈴木貫太郎の弟。靖国神社の第四代宮司。
(72)「全国組織結成へ 会長に鈴木孝雄氏」『偕行』(1954. 5: 1)。
(73)「座談会 戦後偕行社の歩み」『偕行 偕行社創立百周年記念号』(1977: 143)。
(74) 丸山房安「偕行会の今後」『偕行』(1955. 12: 10)。
(75) 下村定(二〇期)「会の運営に関する私見」『偕行』(1955. 5: 2)。
(76) 海野鯱麿(五四期)「偕行会の政治団体化、右翼化を警戒せよ!」『偕行』(1953. 7: 8)。
(77) 龍山生(六〇期)「若い期層と偕行会」『月刊市ヶ谷』(1952. 10: 7)。
(78) 堀内永孚(五三期)「偕行ということについて」『偕行』(1954. 9: 3)。また、堀内は、偕行社で研究会や講演会を行うことを求め、そこでは「自画自讃《ママ》のそれであつてはならないために、当代有数の学者を呼べばよい。そして、現代の動きに対して「偕行」は特に敏感でありたいと私は願う。常に軍事的なことばかりを取上げるべきではない。それで始めて「偕行」が社会性を持ち得るのではないか」。また、「花だより」という名前についても不満を表明している。
(79) 村上尚武(三〇期)「堀内永孚君の意見に付いて」『偕行』(1954. 10: 11-2)。この他に、「同窓会的存在はノスタルジイを持ち寄つて集つて来た烏合の衆(卑怯未練の意に非ず)だと思つている」という意見もあった(皆藤喜代志(二六期)「同床異夢」『偕行』1954. 12: 6)。
(80) また、村上がいう「「戦闘に勝つて戦争を止めた」旧国軍の軍事専門家の所論の中で、新しい世界の情勢に立つた、新しい理念の上の、新しい日本の問題(軍備を中心とした)について、私のような新米を納得させるに足るものには、遺憾ながらお眼にかかりませんでした。世人の非難に答えて、旧軍を弁護することは誰にでも出来ますが、新しい理念をひつさげて、納得の行くように世人に示すところが偕行に欠けていることに私は失望してきました」という(堀内永孚「村上尚武先輩の御批判に答えて」『偕行』1954. 12: 7)。また、堀内は、村上が「色眼鏡」という表現を用いたことに対して、どのような意味があるのかはわからないが、「私は共産主義者でもなければ、その同調者でもありません」と主張している。
(81)「微苦笑」『偕行』(1953. 7: 4)。この会合では、敬老会批判や若い期が会の中心となること、青年部を作ること、実利を求めることなどが話し合われたようである(「若い期層有志大会行はる」『偕行』1953. 7: 5)。
(82)「微苦笑」『偕行』(1954. 2: 4)。
(83)「酔飲放言」『偕行』(1953. 7: 4)。
(84)「微苦笑」『偕行』(1953. 7: 4)。

(85)「偕行会の発展のために」『偕行』(1957. 3: 8-9)。他に、偕行社はあくまで「共通の広場」であって欲しく、「『偕行会員はかくかくすべし」と命令調に、決してならないように御配慮願いたい」という意見も出ていた(眞崎貞夫(五七期)「偕行会と友情」『偕行』1956. 1: 3)。

(86)「偕行告知板」『偕行』(1953. 4: 8)、「花だより 十九期」『偕行』(1956. 11: 12)。

(87) この時期の発行部数については、一万三〇〇〇部ほどあったという話もある(T生(三七期)「偕行会連絡所訪ねて」『偕行』1953. 6: 3)。ちなみに、『偕行』は一九五五年一二月号まではタブロイド版で、それ以降は冊子版で刊行されていた。そのため、タブロイド版の時期を指す場合は「機関紙」「紙代」などと表記し、冊子版の時期を指す場合は「機関誌」「誌代」などと表記することとする。また、とくに区別する必要がない際は、「機関誌」「誌代」で統一する。

(88)「座談会 戦後偕行社の歩み」『偕行 偕行社創立百周年記念号』(1977: 139)。

(89) 例えば、一九五六年七月号の「花だより」を見てみると、同期生会の会員三二八名のうち一四一名しか購読していない期(「花だより 三十期」一六頁)や、未購読者六〇数名に送る期(「花だより 三十三期」一七頁)、未購読者に送るも反応がない期(「花だより 四十期」一九頁)、『偕行』購読の必要がないという主張が出る期(「花だより 五十七期」二二頁)など、いずれも購読者の獲得に苦労していることや、『偕行』に対する反応の薄さが窺える。

(90) 実際に経済的理由によって誌代を納入できなかったという人や、戦後の偕行社のことを知らなかった人は一定数いたようである。例えば、読者の声欄に「気にかかってはおりながら、無い袖の振れぬ悲しさ、今日まで誌代納入を延引しまして、誠に申訳ありません」という投稿が見られる(宮崎等(五八期)「読者の声」『偕行』1961. 3: 31)。また、一九五九年になっても「最近に至るまで偕行なる機関紙の存在自体すら知らなかった」という人もいた(小野寺彰(五六期)「談話室」『偕行』1959. 1: 8)。

(91) ちなみに記事の中では、他の学校について「何処かの夜間ソロバン学校だろう」と書かれている。また、「彼がまた」我々の「前に現われる時には快くこれを受入れることはやぶさかでないことはみんなの心構えであろう」と寛容な姿勢を示している(「微苦笑」『偕行』1953. 9: 4)。

(92)「偕行会の資金事情」『偕行』(1953. 8: 10)。一九五三年一一月の時点で、発行一万二〇〇〇部のうち代金が切れていないものは僅かに二四〇〇人で、他の九五〇〇人は紙代切れ、そのうち二八七九人は一年間一切送金していないという状況で、この二八七九人への発送は一九五三年一一月で打ち切られた(「世話人総会議事録」『偕行』1953. 11: 1)。ちなみにこのときの紙代は、一年二〇〇円で、一ヵ月一五円でそれは豆腐代だと主張されている。また、どんな人が無銭購読しているかとその名前を調べてみたら、「お、この人がと思う様な人が」多くおり、中には、往年の某参謀長、部隊長、現在相当なところで大言壮語している者ありだったという（「微苦笑」『偕行』1953. 12: 4）。

(93)「事業部の発足 資金確保のために」『偕行』(1953. 8: 10)。

(94)「事業部報 会員各位に御願い＝偕行事業賛助について＝」『偕行』(1953. 9: 3)。

(95)「偕行会秋季大会」『偕行』(1953. 12: 1)。

(96)「世話人総会議事録」『偕行』(1954. 4: 1)。

(97)「評議員会議事録」『偕行』(1954. 6: 1)。

(98) 一九五四年六月の時点で、結婚二組、就職三件が成立したとある（「事業部報」『偕行』1954. 6: 4、「事業部報」『偕行』1954. 12: 1)。

(99)「座談会 戦後偕行社の歩み」『偕行 偕行社創立百周年記念号』(1977: 141)。正確には、生命保険手数料一万三三○八円、火災保険手数料三万四四四○円で合計四万七七四八円であった（若松理事「会計報告」『偕行』1955. 5: 3)。この時期の主な収入は紙代と寄付金で、偕行紙代が約一六二万円、寄付金が約九四万円だった。

(100) 遠藤武勝（主計一四期）・稲葉正夫（四二期）「偕行信用組合の設立を提唱する」『偕行』(1953. 9: 3)。伊藤政之助（一二期）「偕行会に金融事業を」『偕行』(1953. 9: 12)。

(101) 一九五八年開始、当初は援護事業の一環として相談室を開設する予定で、先行して誌上相談室を開設。その後、結果的に相談室は開設されず誌上相談室が続いた（「相談室」『偕行』1958. 5: 6)。

(102) 陸軍士官学校出身者をはじめ、軍学校出身者にとってその学歴をどのように扱うのか、例えば旧制中学校卒と扱うのか、旧制専門学校卒として扱うのかは、彼らの給与や資格に関わる問題であった。中でも教職員の資格問題、司法試験第一次試験免除に関する問題、上級学校への進学などが問題となっていた（原多喜三（五○期）「軍学歴の資格問題等に関する報告要旨」『偕行』1955. 5: 2、「司法試験問題請願書提出に到る」『偕行』1953. 12: 1、「司法試験資格問題すべて解決す」『偕行』1956. 3: 1、「評議員会議事録」『偕行』1955. 11: 1)。

特に会員の注目を集めたのは教職員資格問題だったようで、この問題に偕行社は積極的に関与し、当時の下村理事長が文部大臣を訪ねたり、当時国会議員であった辻政信に協力を要請したりしている。こうした努力が実り、一九五七年には国会審議を経て、教職員免許法施行法の改正が実現した（加藤三郎（四二期）「教職員免許法施行法の一部改正案、成立す」『偕行』1957. 6: 11)。

このように政治的な動きもしているが、軍学歴問題は、生活と結びついた問題として捉えられ、特に会内から異論が出ることもなかった（少なくとも筆者は確認できていない）。しかし、この問題は若い期の教職につく人や司法試験を目指す一部の人の問題という側面もあり、若い期や偕行社全体の関心を引いていたとは言い難い。

(103) 遺家族、留守家族、巣鴨入所者等の慰安を目的とした総会が一九五四年に開かれ、みやこ舞、歌謡曲などが披露された（「偕行会総会」『偕行』1954. 7: 1）。

(104)「保安隊幹部募集中！」『偕行』(1954. 4: 4)。

(105) この訪問者が訪れたときも、六〇期のY君が手伝いに来ていたと記載がある（T生（三七期）「偕行会連絡所訪ねて」『偕行』1953. 6: 3）。

(106)「偕行会の専用事務所設置のための醵金に関する趣意書」『偕行』(1954. 6: 1)。一九五六年に町野は一身上の都合で転職し、偕行社の仕事に多くの時間を割けなくなり、代わりの事務局長が就任している（「石橋氏が事務局長に――町野氏は新職場へ」『偕行』1956. 4: 20）。

(107) 原親宏「七十六億円の行方――正当に返還要求すべき旧偕行社資産」『偕行』(1959. 4: 3)。

(108)「座談会 戦後偕行社の歩み」『偕行 偕行社創立百周年記念号』(1977: 140, 142)。一九五三年一一月には、下村が近く社団法人としての体系を備えようとしていると語っている（下村定「偕行創刊一週《（ママ）》年を迎えて」『偕行』1953. 11: 1）。一九五四年五月に下村が厚生大臣と面談したことが記載されているので、この時期だと思われる。この時期の偕行社は、規約を規定、発表するなど社団法人化に動いていた（「世話人総会議事録」『偕行』1954. 5: 1、「偕行会規約」『偕行』1954. 5: 2）。

(109)「座談会 戦後偕行社の歩み」『偕行 偕行社創立百周年記念号』(1977: 143)。偕行社に加え、水交会、郷友連盟、全国戦争犠牲者援護団体の四団体が協力して国有地払い下げ運動を行い、旧陸軍士官学校跡の米軍ヘリポート場の払い下げの方針が決まっていたようである（他に日本ボーイスカウト連盟なども同土地の払い下げ運動を行っていた）。旧軍人団体は、遺児の学生寮、遺族の靖国参拝の際の宿泊施設を備えた会館を建設しようとし、偕行社が音頭を取っていたようである。しかし、社会党などからは、「政府はすでに戦争犠牲者や遺族のために九段会館（旧軍人会館）を無償で貸している。それなのに安保改定促進運動など政治活動を行なっている旧軍人団体に国有地を払い下げるのはけしからん」と強い反対があったという（「新旧軍人が会館計画」『読売新聞』1960. 6. 2. 夕刊: 6）。

(110)「座談会 戦後偕行社の歩み」『偕行 偕行社創立百周年記念号』(1977: 143)。

(111) また、「私たち働き盛りの者にとっては総会などに貴重な時間を割くことは故郷の実家の法事や盆正月の行事に臨んで父老に会うことにも当る」という。そして、聞き慣れた有名な先輩であっても、「ハハーあの方なのだが一度話でも聞かれないものか」と思っても、ただ遠くから見送ってショボショボ帰ってくるだけで実に淋しいという（N生（四一期）「読者の声 偕行会に温かい流れを」『偕行』1956. 4: 10）。

(112) 例えば、生命保険会社への就職支援が行われていたようである。朝日生命は、元陸海軍将校の境遇に深い同情と理解を持ち、多数の外務職員を特別採用していた。下村定、有末精三《ありすえせいぞう》などが顧問となり、多数の軍人将校夫人、未亡人が入社し、陸海軍将校だけで二三四名を数える状態になっていたという(乗兼《のりかね》悦郎(三三期)「元軍人の就職について」『偕行』1953. 4: 3)。

(113)「微苦笑」『偕行』(1953. 11: 4)。

(114)「お知らせ」『偕行』(1957. 2: 39)。

(115)「微苦笑」『偕行』(1953. 10: 7)。

(116) 三木一郎(五五期)「読者の声」『偕行』(1957. 1: 12)など。

(117) 月野木正雄(二二期)「読者の声」『偕行』(1957. 1: 8)、須知正武(二四期)「軍人色なければ無意味――『偕行』にアバンが望むもの」『偕行』(1956. 4: 8)など。特に須知は、「旧軍人特有の一貫した気風思潮の表現」を求め、「時勢に迎合してアプレゲールの斬新奇驕の名論卓説(?)を欲求する如きは主客顚倒の極み」だとし、「そんなものは市井に氾濫する新聞雑誌を一読すれば掃き捨てたいほど見られ」、『偕行』に求めるものではないという。こうした意見の背景には、『偕行』の記事について、「時代遅れの昔の将官級記事のみにて各雑誌発行による終戦記録などは、現代人にとり将来を思い何ら得るところなし」(今井敏郎「記事は新感覚で」『偕行』1956. 3: 14)や、「今後若い期の方々の意見、論評などをウンと満載して下さい。温故知新もホドホドで結構。齢も頭も共に古臭い連中は、なるべく遠慮されたく希望して止みません」(橋本映正(三〇期)「温古〔ママ〕知新もホドよく」『偕行』1956. 3: 14)という『偕行』の刷新や、将官級、古い期より若い期などの記事の掲載を求める読者の声が前月号に掲載されていたことがあった。

(118) 広田(1997: 393)。

(119) 笹路《ささじ》太郎《たろう》(三一期)「誹謗の矢面に立ちつくした旧軍を称える」『偕行』(1958. 1: 21-2)。

(120) 弱冠生(五三期)「眠れる獅子(宇垣一成氏)果して立上るや」『偕行』(1954. 3: 8)。この批判も「弱冠生」という匿名であったからこそできた投稿であったといえるだろう。

(121) 市谷老人「弱冠生氏へ」『偕行』(1954. 6: 10)、齋藤敏雄(三一期)「弱冠生氏の記事を読んで」『偕行』(1954. 6: 10)。

(122)『偕行』(1958. 11. 増刊号)。ちなみにこの号は、「敵は単に外から来るものだけにあらず、また戦火を交える場面だけが戦場ではありません。現在の日本では思想戦で行われる形の方にこそ万全の対策を考えねばならぬからで」あり、そのような見地から最近の時局を究明する一資料として特集的に編集したという(「最近の時局を直視して――憂うべき暴力思想と警戒すべき平和運動」『偕行』1958. 11. 増刊号: 1)。

(123)「花だより 二十三期」『偕行』(1958. 12: 19)。他にも勤評問題に表れている「革命運動前夜の如き現状に対し」て、傍観して良いのか。「教育の神聖化を叫び、かつ「教育勅語」にも比すべき日本人教育の大本を憲法に明示し、何人といえども、これを尊崇遵奉するよう、われわれが率先して世論を喚起する運動を起こしては如何」という意見が出ていた(北原一視(一七期)「読者の声」『偕行』1958. 10: 2)。この意見には、古い期から賛意の声が届いており、中には、「日教組、総評は正に革命のための反乱軍司令部です。偕行同人一致協力して邦国日本のため、これを殲滅するの方策を講ぜられんことを望む」という過激な意見もあった（人見順士（一五期）「読者の声」『偕行』1958. 11: 6、他に北原への賛意を示す投稿として、伊東正弼（一七期）「読者の声」『偕行』1958. 11: 6など）。

(124) 遠藤は中国を訪れた際に当時の毛主席及び周総理から元軍人に発展した中国を視察して欲しいと勧誘を受け、訪中元軍人団を組織した（多田伊勢雄（四九期）「元軍人に中共首脳が訪問を勧誘」『偕行』1956. 2: 11）。そして、遠藤（代理人多田）が、訪中する元軍人を偕行社に推薦してもらうための推薦依頼の申し入れが、一九五六年三月に行われた。当時の理事長今村均は、遠藤にあてられている中共側の交渉は「憲法擁護連盟員遠藤三郎氏」に対してであり、遠藤個人に対してあてられたものではないとしている。そして、「偕行会員の絶対大部は、日本弱体化の目的を以て、進駐軍から押しつけられた憲法を（中略）国家の伝統中の良いところに副い、日本人によって作られた憲法に改正することが、祖国の復興、再建上、不可欠の緊急事であり、祖国本土の防衛のためには、それに必要な国防軍を持つことは、当然なすべきであると信念いたしておりますときに、偕行会として、右二点に絶対反対している憲法擁護連盟員の申し入れに応ずることは、会員の多くに、また我が国民の多くに、不審の誤解を抱かしめることになり、憲法改正の気勢に不良の影響を及ぼすことをおそれ」、その推薦を拒否した。会長の鈴木も強く「偕行会としては、応ずべきではない」と主張したという（今村均「訪中元軍人推薦問題について」『偕行』1956. 4: 9-10）。この訪中団については以降も議論が続いていたようである。一九五六年五月の評議員会では、五三期が同期生会として、訪中団に偕行社としても若干の支援を要求した。この意見には、賛否両論あったが、最終的に今村理事長から反対の意見があり否決されたという（「評議員会議事録」『偕行』1956. 6: 3）。

　その後、偕行社から推薦を受けないまま、元陸海軍将校が一五名訪中団として中国を訪れている（「旧軍人訪中団、出発す――一行は遠藤三郎氏など陸海で十五名」K・H（二八期）「訪中元軍人団の一員から」『偕行』1956. 8: 5、K・H生（二八期）「中共から帰って来ました――〝ベタ褒めは結構〟といっていました」『偕行』1956. 10: 5、景山誠一「財政より観た新中国――逞ましい建設への行進譜」『偕行』1956. 11: 1-2）。本来であれば、一五名ではなく、三四名の予定であったが、政治的色彩が強すぎるとして外務、治安両当局にチェックされ、遠藤も団長から交代させられた（「中共視察の元軍人一行出発」『読売新聞』1956. 8. 10. 朝刊: 7）。

　遠藤に対しては、訪中団の一員から「世話役遠藤氏は、対内的にはどこまでも単なる世話役であることを標榜したが、対外的には団長として振舞い、独断でメッセージを発表したり、内地向け日本語放送をやったり東久邇メッセージなるものの伝達をしたりしている。明らかにこの一行が遠藤色一色の友好親善使節であることを印象づけようとしたものである」と批判されている(K・H生(二八期)「中共訪問団の一人として更に一言――とかく、なかなか難しいものです」『偕行』1956. 12: 1)。

(125) 遠藤への批判記事として、皆藤喜代志(二六期)「進歩的平和論者たちの忘れもの――遠藤三郎氏の〝私の悲願〟に寄せて」『偕行』(1957. 7: 1-2)など。

(126) 遠藤(1974: 412)。辻と遠藤の競合については、城山英巳(2013)が詳しい。

また、辻はのちに国会議員になるが、その際に戦友会のまとまりが取れておらず、政治力が欠けていることについて不満を述べている(辻政信「年頭に想う」『偕行』1955. 1: 2)。

遠藤は後に戦争の体験と戦後の反省から、戦争を否定し平和、日中友好を求める日中友好元軍人の会を発足し、引き続き、訪中団の派遣、会誌の発行などを行っている(「花だより 五十六期」『偕行』1961. 9: 31)。若い期の中には日中友好元軍人の会の趣旨に賛同し、参加する人もいたようであるが、その活動内容などが『偕行』で紹介されることは少なかった。

(127) 宇垣は、『月刊市ヶ谷』が『偕行』に変わる際に、「偕行創刊号に寄せて」という記事を寄せている(宇垣一成「偕行創刊号に寄せて」『偕行』1952. 11: 1)。しかし、宇垣と元陸軍将校の関係は複雑である。宇垣は陸軍大臣時代に軍縮を行い、内閣組閣時は、陸軍の反対により組閣が流れていた(宇垣と陸軍の関係については、髙杉(2015)が詳しい)。そうした事情があったが、宇垣に期待を寄せ、宇垣を訪ねる人も少なからず存在したようである(Y生「ねむれる獅子を訪ねて」『偕行』1953. 4: 8)。実際に一九五四年の選挙においては、宇垣を当選させるために会員が交代で宣伝カーに乗って、連日都内を駆け巡ったという(「選挙戦を顧みて」『偕行』1953. 5: 1)。

(128) 「偕行社総会――参議院議員立候補に推薦の議、起る」『偕行』(1958. 11: 1-2)。下村は、軍恩連の名誉会長及び郷友連の相談役をしており、両団体及び部外有力団体の強力な推薦により翌年五月の参議院選挙に全国区からの出馬を決意したという。一方服部は、郷友連など「同憂の士に推され」、全国区での立候補を模索し、下村との地盤協定などについて熟議が行われたが、「複雑多岐なる選挙戦の性質上、確信を得られるような成案が容易に求められなかった」ため、先輩に対する情誼上、「断乎出馬を翻意して下村大兄一本への協力を表明」したという。こうした報告に対して、全員の拍手があった上で、馬渕逸雄(三〇期)から「事はわれわれの面目に関することであるから、圧倒的多数の支持が得られるよう、全員一致、団結の威力を示すべきである。このため各期生に呼びかけ真に効果的な協力が発現されるよう努力しなければならぬ」という意見が出され、「全員賛同の感激的な拍手があった」。また、松平誠(八期)から「第三者の行い得る各種運動の委細を全会員に周知させる方法を採ってもらいたい」という意見が出た。

(129) 松下芳男《まつしたよしお》(二五期)「偕行社の政治的中立――下村氏の立候補について」『偕行』(1958. 12: 13)。

(130) 「選挙の手引」『偕行』(1959. 3: 9)。このとき、併せて下村が自民党に公認されたことも伝えられていた(「下村氏が自民党公認」『偕行』1959. 3: 9)。以降も第三者ができる選挙運動の方法について記事が掲載され(「第三者のできる選挙運動」『偕行』1959. 4: 13など)、下村の論説及び下村を評価する記事が掲載された(下村定「時局と旧軍人」『偕行』1959. 1: 33、下村定「わが国防の現況に対する雑感(上)」『偕行』1959. 4: 7、下村定「わが国防の現況に対する雑感(下)」『偕行』1959. 5: 3、松村秀逸《まつむらしゅういつ》(三二期)「〝下村定〟という人」『偕行』1959. 5: 4)。

(131) 今村均「現世態と偕行会の性格――祖国愛の気持を、どう発現するか」『偕行』(1957. 1: 20)、「偕行会の発展のために」『偕行』(1957. 3: 8-9)。

(132) 吉田(2011: 75-7)。

(133) 木村(2004: 103)。

(134) 横山生(二一期)「大東亜戦争記事の掲載に反対する」『偕行』(1953. 6: 10)。

(135) 山口金吾(一七期)「大東亜戦争全史の掲載を続けよ」『偕行』(1953. 7: 8)。

(136) 木村(2004: 104)。

(137) 「花だより 四十九期「市ヶ谷」に就ての意見」『月刊市ヶ谷』(1952. 3: 2)。

(138) 井内春二《いうちはるじ》(四九期)「敗戦の原因究明と吾人の覚悟」『月刊市ヶ谷』(1952. 5・6合併号: 8)。

(139) 吉田(2011: 111)。吉田は、保坂(2018)の議論を参考にしながら、戦友会の証言統制機能について論じている。

(140) 村上兵衛「地獄からの使者辻政信」『中央公論』(1956. 5: 233-47)。この本文中には、『偕行』に掲載された辻の年頭の所感(辻政信「年頭に想う」『偕行』1955. 1: 2)が引用されており、村上が何らかの形で『偕行』を購読していた可能性が高い。しかし、種村は、「陸士57期生らしい偕行名簿には[村上と]同名の人が見当らない」と述べており、この時期偕行社とどのような関係にあったのかは不明である(この時期の偕行名簿はかなり不備が多く、若い期の名簿は卒業名簿をそのまま転載したものだったようである。種村佐孝「史的基礎に立て――中央公論五月号『地獄からの使者―辻政信』を読んで」『偕行』1956. 5: 1-2)。

(141) 種村佐孝「史的基礎に立て――中央公論五月号『地獄からの使者―辻政信』を読んで」『偕行』(1956. 5: 1-2)。

(142) 石井秋穂「村上兵衛氏のために」『偕行』(1956. 6: 12)。

(143) 川口は、サントス銃殺の責任を問われモンテルパで六年の刑に服役することになるが、川口は当時の軍政部長林義秀《はやしよしひで》中将が辻の「使嗾《しそう》」によって殺害を命じたと主張している。一方の辻は、自身の関与を否定し、「みにくい軍の責任のなすり合いでしかない」と主張している(「〝私は辻元参謀のために無実の罪〟近く出所して対決」『読売新聞』1953. 3. 4. 夕刊: 3)。

(144) 「もめる〝ガ島の真相〟きょう 川口元少将、辻氏に

〝対決状〟」『毎日新聞』(1954. 12. 3. 朝刊: 7)。

なお、辻、川口の論争については、以下のサイトを参照した(『神は中隊の数の多い方に居る』「川口・辻論争 ―川口支隊史―」、https://kkosl.blog.fc2.com/blog-entry-24.html?sp、二〇二一年八月二四日閲覧)。

(145) 前田啓介(2021: 358-9)。公開討論会は、一九五五年一月一八日に辻の地元である金沢で行われ、二時間半余りの議論が行われたが結論を得なかった(「非難の応酬」『読売新聞』1955. 1. 19. 朝刊: 7)。

(146) 無名子(二八期)「何故公開論争の前に話合はないのか」『偕行』(1955. 2: 6)。

(147) HU生(五三期)「本誌上において対決」『偕行』(1955. 2: 6)。

(148) 池田純久《いけだすみひさ》(二八期)「近頃の痛恨事」『偕行』(1955. 2: 6)、山本春一(四五期)「ほくそ笑むものは誰か」『偕行』(1955. 2: 6-7)。

(149) 記述内容から東京裁判で検事側の証人になり、被告側に不利な証言をした田中隆吉《たなかりゅうきち》(二六期)を指していると思われる。

(150)「川口清健氏と辻政信氏の論争について」『偕行』(1955. 2: 6)。

(151) 池田純久(二八期)「近頃の痛恨事」『偕行』(1955. 2: 6)。

(152) 丸山政彦「ガ島攻略戦の論争に」『読売新聞』(1954. 12. 13. 朝刊: 2)。

(153) 今村均「戦争と思想謀略(上)――突如、南方作戦に転じた謎」『偕行』(1956. 8: 1-2)。

(154) 種村佐孝「どうして正反対の作戦に切り替えたのか?――今村さんの〝謎〟に応えて」『偕行』(1956. 9: 1-2)。

第2章

(1) 吉田(2011: 112)。

(2) 清水(2020: 11)。

(3) 清水(2020: 89)。

(4) 伊藤(2005)。

(5) 例えば、吉田裕(2011: 147)は、一九六九年に開かれた靖国神社国家護持貫徹国民大会の参加団体として、郷友連や軍恩連、水交会などとともに偕行社の名前をあげている。

(6) 加えて、本章は、靖国神社国家護持運動と戦友会の関係に関する事例分析にもなっている。戦友会や、靖国神社国家護持運動についての先行研究(赤澤 2017; 福間 2020; 福家 2022 など)では、全国戦友会連合会をはじめ、運動を推進する一つのアクターとして戦友会を描いてきた。そして、全国戦友会連合会や国家護持運動に参加しない戦友会が存在することも指摘されてきた。
しかし、靖国神社国家護持を推進する戦友会の中で、どのような議論と合意形成によって運動が行われていたのかは充分に検討されているとはいえない。こうした先行研究の状況に対して、本章は靖国神社国家護持運動に参加した偕行社の事例分析をもとに、戦友会がどのような論理で国家護持運動に参加していったのかを明らかにしている。

(7) 例えば、初期の偕行社をリードしてきた初代会長の鈴木孝雄(二期)が一九六四年、その次の会長である畑俊六《はたしゅんろく》(一二期)が一九六二年に、下村定(二〇期)と今村均(一九期)は一九六八年に亡くなっている。

(8) 「偕行社の発展のために」『偕行』(1965. 2: 11-2)。

(9) 事務局「靖国奉仕会から不動産の寄付」『偕行』(1959. 4: 5)。ちなみに靖国奉仕会は、英霊の奉賛や遺族援護などを行っていたようであるが、目的の事業をほぼ達成したというのが具体的に何を指しているのかはわからない。

(10) 「座談会 戦後偕行社の歩み」『偕行 偕行社創立百周年記念号』(1977: 143)。座談会では、二二期の中村元兵務局長が取り仕切ったと記載されている。また、靖国奉仕会の理事長、古田くに子は、古田喜久哉少将の妻で、旧国防婦人会の資産を受け継ぎ、財団法人靖国奉仕会(武藤元元帥夫人、荒木大将夫人、大野中将夫人らとともに昭和一七年、愛国婦人会、国防婦人会、女子青年団の三団体を解消し、大日本婦人会成立後、奉仕会を別に創設した)を設立した。ちなみに解散の際に靖国神社へは、五四〇万円の奉納をしていた(中村明人(二二期)「偕行会館の大恩人 古田くに子女史を訪ねて」『偕行』1966. 7: 3)。

(11) 「新事務所に芳志」『偕行』(1959. 8: 6)。この際に、建物の改修、什器備品の修繕更生を会員に依頼し、奉仕的に作業をしてもらったという。この貸室料は、一九六〇年には、一室一〇〇円、二室で二〇〇円、集合人員一人ごとに一〇円になっている。

(12) 「お知らせ」『偕行』(1960. 2: 3)。ちなみに一泊一〇〇円であったという。

(13) 「座談会 戦後偕行社の歩み」『偕行 偕行社創立百周年記念号』(1977: 143)。山脇正隆《やまわきまさたか》(一六期)「年頭の辞」『偕行』(1966. 1: 3)。

(14) 「座談会 戦後偕行社の歩み」『偕行 偕行社創立百周年記念号』(1977: 145)。

(15) 国会議事堂近くにあった陸海軍将校集会所は、終戦時、靖国神社へ寄贈されていた。その後、所有権は靖国神社が持ちながら、米軍のチャペルセンターになっていた。地籍整理のために国が靖国神社からこの土地を買い取った際に、靖国神社はチャペルセンターの由緒も配慮して、陸軍の偕行社、海軍の水交会それぞれに一〇〇〇万円ずつ寄贈した(「座談会 戦後偕行社の歩み」『偕行 偕行社創立百周年記念号』1977: 142)。なお、それ以前は、チャペルセンターを偕行社や水交会の事務所として使用できるようにするための運動が起こっていた(「偕行・水交・戦友連事務所にチャペルセンターの返還運動」『偕行』1956. 3: 8)。

(16) 厚生年金事業団の理事長は偕行社を財団法人にする際の厚生省の次官であり、偕行社のことをよく知っていた。その上、その理事長の父と当時の偕行社の山脇会長(一六期)の父は「同じ土佐で親友」であった。そのため、偕行社になんとかしようという気持ちがあり、八〇〇万円を偕行社に貸すことになったという(「座談会 戦後偕行社の歩み」『偕行 偕行社創立百周年記念号』1977: 145)。

(17) 「座談会 戦後偕行社の歩み」『偕行 偕行社創立百周年記念号』(1977: 145)。「吾らの偕行会館・いよいよ着工――さらに一層の御協力を」『偕行』(1966. 4: 13)。
(18) 「偕行会館、完成――落成式と、披露」『偕行』(1966. 10: 3)。
(19) 「偕行社の新発展のため、体質を改善」『偕行』(1968. 2: 3)。
(20) 偕行会館の名称は、後に「偕行社」として改められている。だが、本書においては組織としての「偕行社」と区別するために「偕行会館」の名称を使用する。
(21) 「評議員会議事録」『偕行』(1959. 3: 3-4)。
(22) 「評議員会議事録」『偕行』(1963. 3: 5-6)。
(23) 「昭和42年度事業報告」『偕行』(1968. 3: 5)。
(24) 「昭和45年度事業報告」『偕行』(1971. 4: 3)。
(25) 前述した陸海軍将校集会所以外に旧九段偕行社社屋の取り戻しに関する訴訟を行っていた。当時、旧九段偕行社社屋の土地建物の法律的所有権者である全国市長会館と折衝の末、一九六七年に一〇〇〇万円を受領することになった(「全国市長会館より一千万円を受領」『偕行』1967. 3: 7)。
なお、増築においても五四期の会員が奉仕的値段で増築工事を請け負ったという(「増築月報 全ての工事を終り活発な利用へ」『偕行』1967. 10: 9)。
(26) 総会における山脇会長の発言。柳幸男(五六期)「総会に参加して――幹事期の一員として」『偕行』(1966. 12: 5)。
(27) 林茂清「年頭の辞」『偕行』(1963. 1: 3)。
(28) 『偕行』(1962. 2: 10-2)。
(29) 「花だより 五十四期」『偕行』(1963. 8: 25)。
(30) 吉田(2011: 118)。
(31) 平松信武(五〇期)「硝子繊維工業とともに十五年――つちかわれたファイトで新事業を開発」『偕行』(1961. 11: 9-10)。
(32) 長谷川雅也(五七期)「工業デザイナーの眼」『偕行』(1961. 7: 7)。
(33) 新庄絢夫(四二期)「ある遺児の記録――逆境の遺児が敢闘して東大に合格」『偕行』(1962. 5: 3)。「花だより 四十三期」『偕行』(1962. 6: 28)では、東大に進学した同期生子弟が報告されていた。
(34) 国枝治平《くにえだじへい》(三八期)「会員の女房・子女に与うる訓辞――誇りと自信を、そして勇気を」『偕行』(1960. 1: 16)。
(35) 「偕行社の発展のために」『偕行』(1965. 3: 13)。
(36) 「偕行社の発展のために」『偕行』(1965. 2: 11-2)。
(37) 広田(1997: 326-31)。
(38) とはいえ、軍人恩給の支給額は最終階級をもとに算出されるので、特に古い期にとっては、最終階級は重要だった。
(39) 「戦後体験」については清水亮の議論を参考にしている。清水は、先行研究から示唆を受けつつ、戦後の文脈において「戦友会という場」が結合の核となる、いわば戦後体験を生み出したという。そして、その戦後体験の共有が大規模戦友会において重要だったことを指摘している(清水 2020)。

(40)「花だより 五十五期」『偕行』(1961. 5: 31)。

(41)「花だより 五十二期」『偕行』(1960. 9: 33)。

(42)「花だより 五十二期」『偕行』(1960. 11: 30)。

(43)「花だより 五十七期」『偕行』(1964. 7: 46)。

(44) 他に日比谷公会堂などでも開催されていたようであるが、第七回(一九六七年)に至っては、日比谷公会堂には収まりきらず、日本武道館で開催され、観衆は一万人に達したという(小林友一(四七期)「寮歌祭の記――感動と共感を呼んだ日本武道館の六分間」『偕行』1967. 12: 3-4)。また、テレビ中継は第四回から第一〇回まで毎年NHKが特別番組として放映し、第一一回からはフジテレビに引き継がれたという(渡辺 2009)。

(45) 下山田行雄(五五期)「日本寮歌祭に参加しよう」『偕行』(1963. 3: 9)。

(46) 桂鎮雄(四六期)「日本寮歌祭に参加して」『偕行』(1966. 12: 7-8)、「寮歌祭のお知らせ」『偕行』(1964. 11: 15)、「寮歌祭に初参加――11月14日・於日比谷」『偕行』(1965. 1: 19)。ちなみに海軍兵学校出身者たちも一九六六年から参加するようになっている。

(47) 八巻明彦(六一期)「寮歌祭 今年も偕行の心を――集団と、その統制美で」『偕行』(1972. 11: 3-4)。

(48) 戸塚新(2000: 205)。

(49) 管見の限り旧制高校の側と軍学校出身者の衝突等は見られない。むしろ、寮歌祭後の懇親会での交流の様子が報告されている。ただし、寮歌祭自体が、毎年決まって「事件」が起きる行事であり、ケンカや口論は日常茶飯事であったようである(「五線譜 寮歌と共に 薄れゆく我が戦中」『朝日新聞』2010. 11. 9. 朝刊: 38)。

(50) 渡辺(2009: 63)。

(51) 戸塚(2000: 205)。

(52) 実際に、曲の選定は難しかったようで、寮歌祭だから陸士にとっての「寮歌」である「雄叫編」を歌おうという声もあったが、これは「古い時期の生徒」の作で、旧制高校の寮歌から拝借しており、それを旧制高校の前で披露するのは「ちと恥ずかし」いため行われなかった。また、生徒自ら作曲した名曲を披露した年もあったが、比較的新しいため、「先輩方が「わしゃ知らん」と言われ」たという(戸塚 2000: 205)。こうしたエピソードは、幅広い世代が参加する寮歌祭における曲の選曲と運営の難しさを物語っているといえる。

(53) 最初の当番期は四四期と五六期であった(「偕行社総会――会場に溢れた〝偕行同心〟」『偕行』1960. 11: 4)。

(54) 六十期生会 期史編纂特別委員会編(1978: 487)。

(55) 番場征(五五期)「記念総会に参加して――幹事期の一員として、報道担当を命ぜられ」『偕行』(1965. 5: 7-8)。

(56)「花だより 四十五期」『偕行』(1965. 5: 41)。

(57)「特別総会 余録」『偕行』(1965. 6: 8)。

(58) 番場征「記念総会に参加して――幹事期の一員として、報道担当を命ぜられ」『偕行』(1965. 5: 7)。

(59)「花だより 五十八期」『偕行』(1965. 5: 55)。

(60) 戦友会において、会報や機関誌が、行事を追体験する場になっていたことは清水(2022)も指摘している。

(61) 紙上交歓とされている時期もある。一九六一年一二月から始まったこの投稿は、約三年経った一九六五年七月の時点で、五二期の生存四二〇名のうち二〇〇名には担当者が直接会い、一五〇名からは担当者が手紙をもらったという。七〇名の紹介漏れのうち、どうしても連絡が取れない行方不明が二〇名ほどいたという(「花だより 五十二期」『偕行』1965. 7: 37)。

(62) 「花だより 五十二期」『偕行』(1964. 3: 32-3)。

(63) 「花だより 五十二期」『偕行』(1970. 6: 38-9)。

(64) 後に「花だよりハイライト」と改題されている。

(65) 「花だより」『偕行』(1964. 1: 20)。

(66) 「今月の話題」『偕行』(1964. 1: 20)。

(67) 「花だより 五十二期」『偕行』(1962. 4: 28-9)。

(68) 「花だより 五十四期」『偕行』(1969. 3: 48)。

(69) 実際に前述した五四期の「花だより」では、杉山元《すぎやまげん》(一二期)(明記はされていないが、盧溝橋事件において、天皇に対して、「『一ヵ月以内に解決してご覧に入れます』と、大見得を切」り、後に元帥になったとあるので、明らかに杉山を指している)への批判が行われていた。この投稿では、杉山が天皇との約束を守れずに盧溝橋事件が拡大し、日中戦争になってしまったことを指摘し、「彼が、純粋なる国体観念の持主で、しかも、士としての恥を知る人物であったならば、愧死するのが当然であ」ると激しく非難している(「花だより 五十四期」『偕行』1969. 3: 48)。

(70) 「花だより 五十二期」『偕行』(1967. 5: 49)。

(71) 「花だより 四十八期」『偕行』(1967. 4: 44)。他にも東京中心の同期生会のあり方への異議が唱えられていた。

(72) 「花だより 四十九期」『偕行』(1967. 5: 46-7)。

(73) 「花だより 五十二期」『偕行』(1968. 11: 42)。

(74) 「花だより 五十六期」『偕行』(1967. 9: 54)。

(75) 先述した、同期生間の誌上交歓などからも同期生間の事業展開や、職業斡旋の様子がわかる(「花だより 五十二期」『偕行』1964. 3: 32-3)。この他にも、同期生の計らいにより、同期生が副校長として経営に当たっている学校に就職する事例などもある(「花だより 四十三期」『偕行』1960. 2: 26-7)。

(76) 『偕行』(1967. 3: 8)。

(77) 一九七一年に名簿の販売について告知された文には、「親睦互助に仕事上の連絡に好評を博しています」とある(『偕行』1971. 10: 15)。

(78) 「花だより 五十二期」『偕行』(1962. 2: 29)。

(79) 「花だより 五十二期」『偕行』(1968. 11: 42)。

(80) これまで、こうした同期生間における格差は、若い期を中心に論じてきたが、古い期にもあったのかもしれない。『偕行』の広告には、「勲章 高価買入」といった広告が掲載され、一部に厳しい批判があった一方で、「おかげさまで、娘の結婚の費に補うことが出来ました」と感謝する未亡人もいたという(「編集後記」『偕行』1973. 11: 101)。ここから、どこまで同期生間における格差が垣間見えるかは、慎重になる必要があるが、少なくとも全ての元陸軍将校が戦後もエリートコースを歩んだわけではないのは間違いない。

(81) 龍山生(六〇期)「若い期層と偕行会」『月刊市ヶ谷』(1952. 10: 7)。

(82) 三無事件については、福家崇洋(2016)が詳しい。

(83) 「花だより 五十九期」『偕行』(1962. 7: 33)。

(84) 鎌田通雄「三無事件初公判を傍聴して」『偕行』(1962. 8: 7)。

(85) 「花だより 五十九期」『偕行』(1969. 1: 97)。

(86) 「花だより 五十九期」『偕行』(1969. 1: 97)。

(87) 他方、「同期生会を白眼視したり、同期生たることを迷惑がる人が、極めて少数ながら、いないわけではない」という。そうした人は、理由もあるだろうが、「狭い殻に閉じこもったり、あるいは目先の栄達や、利害に心を奪われて、自己の社会を狭くし、かえって、大成の道を塞いでいるように見受ける」という(「花だより 五十九期」『偕行』1969. 10: 58)。

(88) 六十期生会 期史編纂特別委員会編(1978: 487)。

(89) 「花だより 六十期」『偕行』(1968. 9: 61)

(90) 山崎(1969: 227-8)。

(91) 「花だより 六十一期」『偕行』(1971. 12: 86)。

(92) 「花だより 六十一期」『偕行』(1973. 7: 91-2)。

(93) 「花だより 六十一期」『偕行』(1971. 10: 86)。

(94) 「全国・偕行会々長会同」『偕行』(1972. 4: 7)。

(95) 「会長挨拶」『偕行』(1963. 11: 4)。

(96) 「昭和41年度 偕行社総会――晩秋の椿山荘で――偕行同心の盛会」『偕行』(1966. 12: 3)、「昭和45年度事業報告」『偕行』(1971. 4: 3)。

(97) 「座談会 戦後偕行社の歩み」『偕行 偕行社創立百周年記念号』(1977: 146)。

(98) 『偕行』(1972. 10: 15)。ちなみに「その他」の内訳は、主計三五九人、軍医二三七人、獣医七人、法務六人、技術一二人、少尉候補者が一三九二人などとなっている。いずれも購読者数なので、家族会員などが含まれている可能性がある。吉田裕(2011: 117)は、一九六七年の偕行社の会務報告で、終戦時正規将校が三万人、各種軍学校在籍者が一万五〇〇〇人、文官教官が五〇〇人いたことをもとに、この時期の偕行社の(死亡者を無視した)組織率は単純計算で二六・四%になると指摘している。

しかし、やや後年のデータになってしまうが、一九七七年の三九期同期生は現会員一五二人で、そのうち二四人の未亡人会員、二八人の未加入者(入会価値がない等で参加していない)が存在するという。つまり、同期生における組織率は八二%になる。また、前後の期も大体似ているという(39期「若い期の活力に期待する」『偕行 偕行社創立百周年記念号』1977: 151)。おそらく最若年期など、数が多い同期生会では、事情が異なったであろうが、陸軍士官学校出身者の組織率はある程度高かったことが想定される。

他方、前述した人員数を見てもわかるように、陸軍士官学校出身以外の将校、特に幹部候補生学校出身者などの参加者が極端に少なかったことが読み取れる。
(99) 記載されていた各期の人員を足した数は、一万四六三九人であった。記載ミス、もしくは期に割り振れない存在がいた可能性がある。
(100) 五九期は除いてある。
(101) 『偕行』(1972. 10: 15)。
(102) 菰田康一《こもだこういち》(二一期、偕行社会長)、榊原主計《さかきばらかずえ》(三五期)、助川静二(一九期)、中沢三夫《なかざわみつお》(二四期)、遠藤三郎(二六期)、山田鉄二郎(二〇期)、東久邇宮稔彦(二〇期)、馬奈木敬信《まなきたかのぶ》(二八期)、篠田融(予科士官学校指導教官首座)、加藤道夫(三三期、予科士官学校生徒隊長)にインタビューを行っている。
(103) 「花だより 61期」『偕行』(1973. 7: 81)。
(104) 「花だより 61期」『偕行』(1973. 7: 80–4)。東久邇宮は、このインタビューの縁で六〇期の総会にも出席している。このインタビューを行った六〇期生の村山素夫《むらやまもとお》は、東久邇宮の告別式に出席しているが、間違えて親族の列に記帳してしまったというエピソードもある(「花だより 六十期」『偕行』1990. 3: 120–1)。
(105) 「花だより 六〇期」『偕行』(1973. 7: 84)。
(106) 「わが四十代を語る」の中で、東久邇宮のインタビューが「記事として、読者より最も傑作なりとのお賞めをいただいた」という(「花だより 六〇期」『偕行』1973. 12: 86)。
(107) インタビューに訪れた中沢三夫(二四期)からも「60期の花だよりは、よく読んでますよ、おもしろいネ」と言われていた(「花だより 六〇期」『偕行』1973. 4: 70)。
(108) とはいえ、決められた文量以上に書いてくる期も存在し、「花だより」をどう収めるかは、編集者にとって大きな問題であった。時期によって変動するが、「花だより」の超過料金を課していた時期もあり、そうした超過料金への批判もあった。
(109) もちろん、「花だより」が古い期や先輩期からの圧力や批判を全く受けていなかったわけではない。例えば、六〇期では陸軍士官学校の中隊長、区隊長を中助、区助と表記していたが、一老先輩からそうした表記に対して注意を受けたという(「花だより 六十期」『偕行』1976. 1: 88)。
(110) 「偕行誌「花だより担当者会同」―その一― 〝偕行誌の性格〟」『偕行』(1971. 12: 17)。
(111) 「偕行誌「花だより担当者会同」―その一― 〝偕行誌の性格〟」『偕行』(1971. 12: 17)。
(112) 「つどい」『偕行』(1971. 7: 13–21)。
(113) 偕行社としては、基本的に政治運動を行っていなかったが、一九五〇年代から引き続き政治家を輩出し、その論説が載ることや、同期生会を通じた候補者への支援などは行われていた。
(114) 「昭和46年 偕行社総会」『偕行』(1971. 5: 3)。
(115) 板垣正《いたがきただし》(五八期)「『靖国神社国家護持推進特別委員会』

発足す」『偕行』(1971. 4: 10)。
(116) 『偕行』(1971. 3: 1)。
(117) 「靖国神社法について――その後と経過報告と今後の展望」『偕行』(1971. 6: 6)。
(118) 「花だより 六十期」『偕行』(1971. 6: 63-5)。
(119) 「花だより 六十一期」『偕行』(1971. 7: 79-81)。
(120) 広田(1997: 275)。
(121) 広田(1997: 60)。
(122) 「花だより 六十一期」『偕行』(1973. 6: 85)。
(123) 戦局が悪化する中、国のため陸軍士官を志した自分たちは純粋な存在であるという最若年期の主張は、陸軍士官学校卒業生の世代間対立では有効な主張となる。しかし、同世代には彼らよりも教育期間が短く、より戦場や「死」に近い予科練や陸軍少年飛行兵、一般兵がおり、そうした選択肢もある中で陸軍士官学校を選択したのが本当に純粋なのかという批判が存在した。陸軍士官学校在校中にある六一期生は「一日も早く米英を撃滅する必要があります。そのためには、いつ、死んでも悔いはありません」と区隊長に言ったところ、「それなら、予科練や少年航空兵になればよい。早く前線へ出られるぞ。一体、なんのために陸士へ来たのかッ」と言われたという(「花だより 六十一期」『偕行』1973. 8: 109)。また、戦後に予科練出身の大学の級友に、「お前、なんで陸士なんかに行ったんだ。どうして予科練とか、少年航空兵へ行かなかった」。「純粋じゃないじゃないか。幼年学校から行ったというんなら認めるが……」と言われたという(「花だより 六十一期」『偕行』1989. 10: 119)。ここで、「幼年学校から行ったというんなら認めるが」というのは、戦局が悪化する以前に陸軍幼年学校に入校していたのであれば純粋に陸軍将校になりたかったということである一方、戦局が悪化し、「危急存亡のときに陸士や海兵を志望するのは卑怯であ」るということを意味していた(「花だより 六十一期」『偕行』1985. 1: 102)。実際、最若年期には、「どうせ兵隊に行くんなら、士官学校の方がいい」という者や(「花だより 六十一期」『偕行』1973. 6: 85)、不純な動機ではなかったという人、陸士に行ったのは長生きできるという計算からではなかったが、「軍人になるなら俺は下士官じゃなくて将校になる人間だ、と頭から思い込んでいたというのが本音のところだ」という人もいた(「花だより 六十一期」『偕行』1989. 10: 120–1)。

つまり、最若年期の「純粋さ」は確固たるものというより、陸軍士官学校内(その中でも特に古い期相手)でしか主張できない「純粋さ」であったといえる。また、この「純粋さ」は、陸軍士官学校在校中に終戦を迎え、戦場に出ることも兵士を指揮することもなく終戦を迎えたがゆえに陸軍将校としての責任を負わなくてもよかった、後述する「加害責任」と一定の距離をとれたということも結果的に意味していたといえる。
(124) 「花だより 六十一期」『偕行』(1973. 7: 91)。
(125) 「花だより 六十期」『偕行』(1971. 9: 88)。

(126)「靖国神社法について」『偕行』(1971. 9: 5)。

(127) 経済界などの実力者を招き、講演などを行っていた。一九七五年前後まで活動をしていたようだが、後述する同台経済懇話会の設立以降、活動が行われている形跡は見られない。ただし、偕行経済グループと同台経済懇話会の明確な連続関係等の言及は見られない。

(128)「あらためて明らかにしたい財団法人偕行社の性格について」『偕行』(1973. 7: 6-7)。

(129)「花だより 四十三期」『偕行』(1973. 11: 44)。また、この意見の中では、戦後に再結成した偕行社が政治的中立を掲げたことについて、時勢の推移を見ていたのであり、偕行社の目的を定めた偕行社寄付行為は偽装であり、世の中の風よけであったと主張されている。これは、1章で見てきたように実態とは異なるが、一九七〇年代になるとこのような認識に変化していたと見ることができる。

(130)「あらためて明らかにしたい財団法人偕行社の性格について」『偕行』(1973. 7: 7)。

(131) 松下参世(四一期)「靖国神社、英霊のために」『偕行』(1976. 7: 32-3)。

(132) 松下参世(四一期)「私の提言(４)」『偕行』(1976. 10: 31)。

(133) もちろん、1節で見たように全くなかったわけではない。だが、この後見ていく3章のように指揮官の責任が激しく問われることや、「陸軍の反省」を行うことが強く求められたわけではなかった。また、慰霊などの催しからその人物の評価について議論が行われることもあった。例えば、統制派の主要人物として、相沢三郎に殺害された永田鉄山の伝記が一九七〇年代に刊行された。この刊行を主導した有末精三はこの本の紹介に際して、永田を高く評価し、永田がいれば「大東亜戦争は起こらなかった」と主張している(有末精三(二九期)「永田鉄山先生の生涯——永田鉄山の死が現代に意味するもの」『偕行』1972. 1: 12)。これに対して、永田と対立していた皇道派を高く評価する会員から、永田がいれば戦争が起こらなかっただろうかと疑問が呈されている。更にその会員は、永田ではなく、皇道派の主要メンバーが陸軍の中央にいれば大戦は起きなかったと主張している。また、永田を殺害した相沢の行為は、「不惜身命であり」、「純真誠忠であった」と高く評価している(谷田勇(二七期)「相沢中佐事件の真相——永田鉄山の死が現代に意味するもの」『偕行』1972. 3: 14)。

(134) 一九六〇年代には未だ日露戦争(一九〇四〜〇五年)に従軍した元陸軍将校も健在であり、日露戦争の体験談が投稿されることもあった。

(135) 一九四五年八月一〇日に福岡市南部の油山で行われたB29搭乗員の米兵の処刑を指揮したといわれている。この処刑は、長崎の原爆投下への報復として行われたといわれるもので、弓矢や柔術の殺傷能力を試すことが行われたが、これを発案したのは射手園であるという。当時は本土決戦に向けて、弓矢や柔術の殺傷能力が検討されていたことが背景にあった。結局弓矢、柔術では殺害に至らず、日本刀によって処刑を行っている(横浜弁護士会BC級戦犯横浜裁判調査研究特別委員会 2004)。

(136) 「花だより 五十二期」『偕行』(1962. 8: 26-7)。

(137) 「花だより 五十二期」『偕行』(1988. 6: 65-6)。ちなみに射手園の上司で、共に捕虜処刑の現場におり、戦犯となった友森清晴(三四期)が死去したときも「花だより」では、「戦後は戦勝国による報復非道の裁判によりB級戦犯として十年近く服役せるも不撓不屈よく今日まで天寿を全うせり」と記載されており、こうした認識に至ったのは射手園や五二期生の同期生だけではないことが窺える(「花だより三十四期」『偕行』1989. 4: 76)。

(138) この捕虜殺害における大きな問題は、軍律会議等の裁判手続きが行われずに処刑した点である。また、この捕虜殺害過程では、軍司令に許可を得ずに処刑を行うなど軍隊内の無秩序があったといわれている(横浜弁護士会BC級戦犯横浜裁判調査研究特別委員会 2004: 106-37)。実際に射手園も上官の命令によって処刑の現場指揮官を任されていた。仮に彼が、自分が処刑に関わった経緯やその責任の所在を追及した場合、軍隊内部の無秩序を問うことにつながるだろうが、上官やその同期生から反発を受けることが容易に想像できる。そのため、そうした責任追及を行うことは難しかったであろう。また、仮にそうした人物がいなかったとしても、自分の加害行為に目を向け、それを同期生に対して語る、更にそれを当時の陸軍の組織病理とともに語ることは容易でなかったことが考えられる。

また、戦犯の裁判においては、罪に問われた行為が誰の責任に帰属するかが重要であるが、法廷において、自分が不利にならないように、あるいは自分の部下を守るために虚偽の証言や証言内容を変更する陸軍将校もいた。こうした法廷での問題も彼らの口を重くした一因であると考えられる。

第3章

(1) 高橋(1984)。高橋は、旧軍人の経済的要求を主張するために軍恩連盟全国連合会(軍恩連)や日本傷痍軍人会が結成されていたことも、戦友会の非政治性の客観的な条件になっていることを指摘している。

(2) 吉田(2011: 289)。吉田は、一般的に敗戦国の元兵士はそうした温床になりがちであるが、日本の場合「帝国」意識の根深い残存や被害者意識の強固さという問題をはらみながらも、むしろ多くの元兵士が、戦争の侵略性や加害性への認識を次第に深めていく方向に向かったという。

(3) 遠藤(2018, 2019abcde, 2021)。

(4) 歴史修正主義に関する研究としては、倉橋耕平(2018)や伊《い》藤《とう》昌亮《まさあき》(2019)の研究などがある。保守運動、排他主義的な運動について扱った研究として、樋口直人(2014)や鈴木彩加(2019)の研究などがある。

倉橋は、小林よしのりなどの、一九九〇年代の保守言説がどのようなメディア文化、市場の中で勃興してきたのかを分析している。

「ネット右派」の研究を行った伊藤昌亮は、一九九〇年代の「歴史修正主義」というアジェンダが復古主義的な思いに支えられながら保守派のネットワークの中に幅広く形作られていった「バックラッシュ保守クラスタ」を基盤としつつ、藤岡信勝たちの「自由主義史観研究会」からの流れと、小林よしのりの「サブカル保守クラスタ」との流れをその中に取り込みながらその版図を押し広げていったことを指摘している。伊藤は、日本会議をはじめとする「バックラッシュ保守クラスタ」は、東京裁判によって否定された戦前の日本の輝かしい権威、そのオーソドクシーとオーセンティシティを取り戻そうとする精神があったという。そして、「明治憲法下でエスタブリッシュメントだった人の子孫」から旧日本軍の軍人・軍属に至るまで、その思想は強烈な「権威主義的パーソナリティ」の持ち主に支えられていたという。こうした「バックラッシュ保守クラスタ」は、反権威主義的な精神を持つ「サブカル保守クラスタ」とは相違点も多かったが、結果的に「サブカル保守クラスタ」は、「バックラッシュ保守クラスタ」の老獪な権威主義の精神に取り込まれてしまったことを指摘している(伊藤 2019: 129-72)。

(5) 小熊・上野(2003)。

(6) 小熊・上野(2003: 120-30)。上野のフィールドワークで登場する「戦中派」は、二〇〇一年当時七六歳で人間魚雷回天搭載の潜水艦に乗船していたという。

(7) 偕行社では、総会の際と事業報告書で会員数が報告されているが、事業報告書の会員数を参考に記載している。また、一九八四年は、任期中の理事長が死去したこともあり、事業報告書が『偕行』に掲載されていない。そのため、一九八四年報告分(一九八三年)の会員数は、一九八五年の会員数報告で、昨年比で三二人減と記載があったので、その数字をもとに筆者が算出している。

また、図3-1、図3-2、図3-3、図3-4、図4-1、図4-2、図4-3、図4-4、図4-5、図4-6、図4-7は、各年度の事業報告書をもとに筆者が作成しているが、出典を一括して以下に記載する。

「評議員会議事録」『偕行』(1959. 3: 3)、「評議員会議事録」『偕行』(1960. 3: 5)、「評議員会議事録」『偕行』(1961. 3: 9)、「評議員会議事録」『偕行』(1962. 4: 4-5)、「評議員会議事録」『偕行』(1963. 3: 5)、「評議員会議事録」『偕行』(1964. 3: 7-8)、「評議員会議事録」『偕行』(1964. 5: 2)、「評議員会・理事会報告」『偕行』(1965. 3: 14-5)、「評議員会議事録」『偕行』(1966. 3: 9)、「昭和41年度事業報告」『偕行』(1967. 3: 5)、「昭和42年度事業報告」『偕行』(1968. 3: 5)、「偕行社の現況」『偕行』(1969. 3: 4)、「昭和四十四年度事業報告」『偕行』(1970. 3: 17)、「偕行社 昭和44年度収支計算書」『偕行』(1970. 4: 18)、「昭和45年度事業報告」『偕行』(1971. 4: 3)、「昭和46年度終了に伴う報告」『偕行』(1972. 5: 12)、「偕行社の現況」『偕行』(1973. 3: 14-5)、「偕行社の現況」『偕行』(1974. 3: 21-2)、「偕行社の現況」『偕行』(1975. 4: 32-3)、「事務局からの報告」『偕行』(1975.

4: 33)、「偕行社事務局だより」『偕行』(1976. 4: 42-3)、「事務局からの報告」『偕行』(1977. 4: 28-9)、「事務局からの報告」『偕行』(1978. 4: 27-9)、「事務局だより」『偕行』(1979. 4: 59-60)、「事務局だより」『偕行』(1980. 4: 69-70)、「理事会・評議員会開催」『偕行』(1981. 4: 43-4)、「事務局だより」『偕行』(1982. 4: 12-3)、「理事会・評議員会開催さる」『偕行』(1983. 4: 40-1)、「原理事長会務報告」『偕行』(1984. 11: 3-4)、「理事会評議員会報告」『偕行』(1985. 4: 48-9)、「理事会・評議員会報告」『偕行』(1986. 4: 37-8)、「理事会・評議員会報告」『偕行』(1987. 4: 50-1)、「運営委員会・評議員会報告」『偕行』(1988. 4: 44-5)、「運営委員会・評議員会報告」『偕行』(1989. 4: 58-60)、「運営委員会・評議員会報告」『偕行』(1990. 4: 52-4)、「運営委員会・評議員会報告」『偕行』(1991. 4: 52-4)、「運営委員会・評議員会報告」『偕行』(1992. 4: 2-5)、「評議員会報告」『偕行』(1993. 4: 4-7)、「評議員会報告」『偕行』(1994. 4: 4-7)、「評議員会報告」『偕行』(1995. 5: 5-8)、「評議員会報告」『偕行』(1996. 5: 6-9)、「評議員会報告」『偕行』(1997. 5: 5-7)、「評議員会報告」『偕行』(1998. 5: 5-7)、「評議員会報告」『偕行』(1999. 5: 5-7)、「評議員会報告」『偕行』(2000. 5: 5-7)、「評議員会報告」『偕行』(2001. 5: 5-7)、「評議員会報告」『偕行』(2002. 5: 5-7)、「評議員会報告」『偕行』(2003. 5: 7-9)、「評議員会報告」『偕行』(2004. 5: 6-9)、「評議員会報告」『偕行』(2005. 5: 10-3)、「評議員会報告」『偕行』(2006. 5: 5-9)、「平成18年度事業報告書」『偕行』(2007. 5: 14-7)、「平成19年度事業報告書」『偕行』(2008. 5: 9-13)、「平成20年度事業報告書」『偕行』(2009. 5: 6-9)、「平成21年度事業報告書」『偕行』(2010. 8: 20-3)、「平成22年度事業報告書」『偕行』(2011. 4: 16-9)、「評議員会報告」『偕行』(2012. 8: 35-9)、「定時評議員会 報告」『偕行』(2013. 8: 32-8)、「定時評議員会 報告」『偕行』(2014. 7・8: 44-50)、「平成26年度公益財団法人偕行社事業報告書」『偕行』(2015. 7: 39-45)、「平成27年度公益財団法人偕行社事業報告書」『偕行』(2016. 7: 36-41)、「平成28年度公益財団法人偕行社事業報告書」『偕行』(2017. 7: 36-41)、「平成29年度公益財団法人偕行社事業報告書」『偕行』(2018. 7: 40-5)、「平成30年度公益財団法人偕行社事業報告書」『偕行』(2019. 8: 34-9)、「平成31年・令和元年度公益財団法人偕行社事業報告書」『偕行』(2020. 10: 40-5)、「令和2年度公益財団法人偕行社事業報告書」『偕行』(2021. 9: 24-9)。

(8) 福田は戦前の大蔵省主計官時代に陸軍予算を八年にわたって担当し、陸軍将校とつながりがあった。今後も定期的に出席したいと表明している。

(9) 「つどい 同台経済懇話会」『偕行』(1975. 3: 20-1)。

(10) 「創立の趣旨」同台経済懇話会ホームページより(https://www.decaa.org/about/about_02.html、二〇二三年九月一三日閲覧)。

(11) 「同台経済懇話会 六月会報」『偕行』(1975. 8: 26)。

(12) 「同台経済懇話会 九月会報」『偕行』(1975. 10: 30)。

(13) また、関西や東北でも同様の動きがあり、関西同台経済懇話会や東北同台経済懇話会が後に設立されている(戦友会研究会 2012: 209)。

(14) 同台経済懇話会の歴代幹事には、旭化成会長の山口信夫、キューピー社長の藤田近男、オリンパス光学工業(現：オリンパス)社長の下山敏郎、富士通会長の山本卓眞といった錚々たる経済人が名を連ねたという(前田 2022: 226)。

(15) 前田(2022: 224-5)。陸軍士官学校には、「大日本帝国」圏内から少なくない入学者がいた。戦後には、そうした人物を介した国際的なネットワークになったのである。

(16) 加登川幸太郎(四二期)「聯隊物語待望の弁――私の母隊は歩25」『偕行』(1975. 5: 9)。

(17) この座談会は後に半藤一利編・解説で文春新書から出版されている(半藤編・解説 2019)。

(18) 「大東亜戦争開戦の経緯」の座談会では、会内からもっと関係者を網羅するようにという声があがっていた。しかし、三〇期代六人、四〇期代八人、五〇期代四人の出席者を除くとそれ以外の人はほとんど物故している状況であった(座談会出席者以外の関係者は石井秋穂(三四期)だけであったという)。また、この座談会の中心となったのは原四郎(四四期)であったが、原は石井や様々な人物の資料を持っていることを述べ、「私の発言は、一〝44期〟の末輩が発言しているのじゃなくして、石井さんの意見を代弁していると考えていただきたいと思うんです」という。また、石井の背後には、東條英機、武藤章《むとうあきら》がいたことも示し、ある程度自身の発言に根拠付けないしは、権威を伴わせなければならなかったのである。また、この座談会には、歴史学者として藤原彰(五五期)も参加していた(「大東亜戦争の開戦の経緯(5)」『偕行』1977. 5: 3-4)。

(19) 高橋登志郎(五五期)「将軍は語る――新らしい連載企画のご案内」『偕行』(1979. 12: 3-4)。

(20) 「将軍は語る(下) 片倉衷《かたくらただし》氏――若き日のその蛮勇ぶり」『偕行』(1983. 9: 13)。ちなみにこのインタビューで片倉は、派閥としての「統制派」や「満洲閥」の存在を否定している。

(21) 逆に、自身の体験や責任を語れないという側面もあった。陸軍の特攻作戦の指揮官の一人である菅原道大《すがわらみちおお》(二一期)は、特攻隊員に自分も後に続くと言いながら自決しなかったことを非難されていた。その菅原が「将軍を語る」でインタビューされた際には、特攻隊指揮官以前の経歴については、「よく思い出して語って」いたものの、特攻隊を指揮した時期については、「貝になったように、何一つ」語らなかったという(「将軍は語る 菅原道大氏訪問記――語らざる将軍」『偕行』1980. 1: 28)。

ちなみに再軍備に反対し、同期生会を追われていた遠藤三郎は、自身から「私の話を聞いてくれ」と編集委員会に連絡したようである。「将軍は語る」の人選は、一部は常任理事会で決めた経緯があり、遠藤のことを話すと、賛否両論があり、遠藤の話を聞かなくても他に大勢いるじゃないかという意見もあったという。しかし、当時の編集責任者、高橋登志郎が高橋に一任するという了承をとり、遠藤に話を聞きに行ったようである。しかし、この遠藤三郎の「将軍は語る」は結局『偕行』には掲載されず、遠藤死後、生前彼と親交のあった人々に配られた追悼集に掲載された（『将軍は語る』を印刷・配布する会 1985: 1）。

(22) 例えば、「将軍は語る」で卑怯者呼ばわりされた将校が反論の記事を投稿することもあった。また、宮城事件の慰霊について異論が出ることもあった。

(23) 一八九二年生まれ。

(24) 一九二二年生まれ。司令部偵察機操縦者として南東方面作戦に従事、終戦時航空士官学校区隊長。当時、防衛庁・防衛研修所戦史部・所員。戦史叢書『満洲方面陸軍航空作戦』『陸軍航空特別攻撃隊史』等を執筆。特攻隊の慰霊顕彰団体である特攻隊戦没者慰霊顕彰会とも深く関わっていた。

(25) この台湾撤退が誰の責任かについては様々な議論があるが、本書では踏み込まない。冨永を扱った論文としては、松井勇起・中尾優奈(2020)がある。

(26) 生田惇（五五期）「比島での陸軍特攻　陸軍航空特攻隊史話⑤」『偕行』(1977. 4: 13-4)。

(27) 「花だより 二十五期」『偕行』(1977. 6: 44)。

(28) 中野滋（五六期）「異なことを承るに及んで私からも一筆させて頂きます」『偕行』(1977. 8: 28)。

(29) 松本健二（少候二三期）「真実の追及を」『偕行』(1977. 8: 28)。

(30) 教科書問題についても、山内俊夫《やまうちとしお》（経理学校）「教科書検定問題を憂う」『偕行』(1982. 10: 3-5)など高い関心が向けられている。

(31) 坂元昵《むつみ》（三二期）「所謂、南京大虐殺に就いて」『偕行』(1982. 12: 3-4)、大西一（三六期）「南京大虐殺の真相」『偕行』(1983. 2: 3-4)、土屋《つちや》正治《まさはる》（四八期）「黙過してよいのか南京大虐殺の報道」『偕行』(1983. 3: 3)、野村敏則（少候二三期）「私の南京戦」『偕行』(1983. 5: 4-5)など。

(32) 畝本正巳（四六期）「「南京大虐殺」の真相は――戦場の体験談を求む」『偕行』(1983. 5: 5)。

(33) 「南京問題について緊急お願い」『偕行』(1983. 10: 43)。

(34) 『偕行』編集部「いわゆる「南京事件」に関する情報提供のお願い」『偕行』(1983. 11: 35-7)。

(35) 土屋正治（四六期）「再び、南京大虐殺について」『偕行』(1983. 4: 49)。

(36) 畝本正巳（四六期）「証言による『南京戦史』」『偕行』(1984. 4: 27-31)。

(37) 他にも実行されなかったものの、捕虜を直ちに銃殺せよという命令を受けたという証言もあった（畝本正巳（四六期）「証言による『南京戦史』(5)」『偕行』1984. 8: 7）。

(38) 畝本正巳（四六期）「証言による『南京戦史』(7)」『偕行』(1984. 10: 5-14)。

(39) 加登川幸太郎（四二期）「「証言による南京戦史」（最終回）――〈その総括的考察〉」『偕行』(1985. 3: 9-18)。

(40) 加登川幸太郎(四二期)「「証言による南京戦史」(最終回)——〈その総括的考察〉」『偕行』(1985. 3: 18)。

(41) 日本軍の行った過剰な処分の影に根本的なものがあったと書き、それについて畝本君はこう総括すると前段にあるので、この部分については、畝本が書いたものと思われる。加登川幸太郎(四二期)「「証言による南京戦史」(最終回)——〈その総括的考察〉」『偕行』(1985. 3: 13)。

(42) 二四期の小史では更に、「忌憚なくいえば、事変当初において」、「敵に抗戦基地を残さないために、一部都市の焼却命令を出した軍司令部」にも責任がある。「だが、本来こんなことが許されてよい筈はない」という。そして、それに気がついた「軍司令官や師団長などの高級指揮官は勿論、心ある下級部隊長も一齊にこれら悪業の徹底的追放を叫び、軍紀風紀の粛正に大いに努力はしたものの、所詮犯罪の根は深く、これが根絶は愚か、その減少さえも容易ではなかった」という。そして、この執筆者自身も出征中、「悪業の絶滅に応分の努力をした一人だが」、実際に民家を焼く兵士に遭遇したという。そして、その兵士たちが「《戦争に来て家位焼かないで、何の面白いことがあるものか》と語り合っている」のを聞き、「唖然として口の塞がらなかった体験があ」り、「これが当時における所謂《皇軍》の一般兵士達の偽らざる普遍的な心情であり、その根底は、容易に抜き難かった」という。この悪業は、常習的なものとなっており、「第二次世界大戦に突入、こんどは中国以外の所謂大東亜共栄圏と呼ばれた新占領諸国における軍にまで引き継がれ」たという。そして、「これでは新附の民を悦服せしめるなどは思いもよらず、徒らにその対日反感を嗾るだけ。《八紘一宇》とか、《聖戦》乃至は《皇軍》などと、勿体振ったお題目が泣く」という(陸士第二十四期生会 1972: 86-8)。

(43) 秦(2007)。秦は先述した『陸士第二十四期生小史』などを引用しながら日本軍が行った蛮行の構造的問題を指摘している。

(44) 「総括的考察」でも、捕虜の待遇を考慮していなかった軍上層部の問題について触れている。また、「総括的考察」への可否で偕行社が揺れる中で六〇期生は、「敢えてコメントは付けない。大先輩24期の方が書かれたことを銘肝して読まれることをお薦めする」として先述した『陸士第二十四期生小史』の一部を引用し、「花だより」に掲載している(「花だより 六十期」『偕行』1985. 6: 89)。

(45) 丹保三郎(五八期)「これこそ陸士精神」『偕行』(1985. 5: 21)。この他にも、幾つか称賛の声があがっていた(辻奐《つじかん》児《じ》(六〇期)「偕行の良心」『偕行』1985. 5: 21、木村元岳(五二期)「「南京戦史」読後感」『偕行』1985. 5: 61)。

(46) 高橋登志郎(五五期)「南京戦史の総括的考察に反対された方へのお答え」『偕行』(1985. 5: 9-11)。

(47) 秦郁彦によれば、松井《まつい》石根《いわね》(九期、南京攻略戦の指揮官、「南京事件」の責任を問われ刑死)の日記改竄事件を契機に偕行社編集陣から遠ざけられていた田中正明が、「老将軍や地方偕行社幹部に「皇軍の名誉を傷つける本を偕行社が出してもよいのか」という主旨の手紙をばらまき」、連載を単行本化する作業が一時期頓挫したという(秦 2007: 277-8)。

(48) 南京戦史編集委員会編纂(1989: 366)、笠原(2018: 162)。

(49) 「証言による『南京戦史』」については、朝日新聞が報じている(「論壇 南京虐殺わびた旧軍人雑誌」『朝日新聞』1985. 3. 20. 朝刊: 5、「風車 戦術的撤退」『朝日新聞』1985. 4. 1. 夕刊: 5)。『南京戦史』については、朝日、読売、毎日などが報道している(「「南京虐殺は約3万人」旧陸軍将校団体が戦史 蛮行あったと認める」『読売新聞』1989. 11. 21. 朝刊: 30、「南京事件「殺害中国人は1万6千人」旧陸軍軍人の親ぼく団体偕行社が戦史刊行」『毎日新聞』1989. 11. 21. 朝刊: 26、「「南京戦史」を刊行」『朝日新聞』1989. 11. 21. 朝刊: 30)。

(50) 高橋登志郎(五五期)「南京戦史の総括的考察に反対された方へのお答え」『偕行』(1985. 5: 11)。

(51) 笠原(2018: 161)。

(52) 洞富《ほらとみ》雄《お》ほか編(1992. 5)。

(53) 吉田(2011: 216)。

(54) 「先の戦争「侵略戦争」と明言」『朝日新聞』(1993. 8. 11. 朝刊: 1)。後に細川首相が「侵略戦争」と明確に表現していたものが、「侵略行為」に置き換わるなど、その表現は変わっている(吉田 2011: 216)。また、細川首相は八月一五日の「全国戦没者追悼式」の式辞で、「「国際紛争解決の手段としての戦争を永久に放棄することを宣言した」と憲法九条を引用し、日本国民の総意として「アジア近隣諸国をはじめ、全世界すべての戦争犠牲者とその遺族に対し、国境を越えて謹んで哀悼の意を表する」と述べた」(「「加害」責任、初めて言及 中国・韓国が関心」『朝日新聞』1993. 8. 16. 夕刊: 1)。これは、「全国戦没者追悼式」の首相の式辞としては初めて日本人以外のアジアや世界の戦争犠牲者に対しても追悼を行ったものである(山田 2014: 116)。そして、以後毎年の「全国戦没者追悼式」では内外の戦争犠牲者に対して、追悼の意を表することが恒例になる(吉田 2011: 216)。

(55) 「戦後50年国会決議(全文)」『朝日新聞』(1995. 6. 10. 朝刊: 1)。

(56) 「戦後50年「侵略、心からおわび」」『朝日新聞』(1995. 8. 15. 夕刊: 1)。

(57) 安部喜久雄(五三期)「偕行社で今為すべき事――陸軍の反省」『偕行』(1992. 11: 50)。

(58) 浅野恒(五五期)「遺稿 風樹の歎き喞《かこ》つことなく」『偕行』(1992. 9: 17-23)。

(59) 吉田優香「陸士二世としての期待――永野発言に関連して」『偕行』(1994. 8: 13-4)。

更に「今回の件〔永野法相の発言〕で、もし「旧陸士」内部で充分な論議および永野氏に対する批判がされないのであれば、それはインパール作戦における失敗の体質となんら変わっておらず、次の世代に対して有意義な反省を自分達では伝えられないということである。世間のステレオタイプの「旧軍人」全体に対してのイメージを払拭するような、積極的に過去の「事実」を示し、経験と反省を伝えて欲しいと思う」と述べている。

(60)「「南京大虐殺 でっち上げ」永野法相 太平洋戦争、侵略目的ではない」『毎日新聞』(1994. 5. 4. 朝刊:1)。

(61) この発言が、社会で大きく取り上げられる中で、永野と同期生であり、『南京戦史』の編纂にも関与した高橋登志郎副理事長は毎日新聞の取材を受けている。そこで高橋は、「永野氏の「でっち上げ」という言葉が犠牲者数についての発言なら、我々も同じ気持ちだ。逆に永野氏が発言を撤回したのは犠牲者数についての事実を否定したことになり、真意が分からない」と話した。また「南京事件は政治上の問題になってしまい、犠牲者数も政治家が決めてしまった。永野氏も閣僚の立場で発言する際には、この事件が政治問題であることを考慮して慎重に発言すべきだった」と指摘している(「中国「歴史事実認識を」南京大虐殺犠牲者数、今なお論争」『毎日新聞』1994. 5. 8. 朝刊:22)。

(62) 冨永亀太郎《とみながかめたろう》(三八期)「この頃思うこと」『偕行』(1994. 10: 6)。

(63) 冨永への反論としては、以下の論稿がある(桑原嶽《くわはらたけし》(五二期)「冨永〔ママ〕氏に反論する」『偕行』1994. 12: 10)。ここで桑原は、冨永の意見は「今流行の自虐史観そのものである」という。更に冨永の三八期は「大正デモクラシー花盛りの社会風潮の下、陸士80年の歴史においても最も自由な環境で育った人であるから、ご本人は反省のつもりかも知れないが、反省と自虐とは全く異質なものである」と主張している。冨永への賛意を示す意見として、以下のものがある(岩本吉輝(五五期)「侵略戦争を考える」『偕行』1994. 12: 11-2)。岩本は、「私もあの戦争で部下を死地に投じた者の一人として『あの戦争が侵略戦争であったとは思いたくない』という方々の気持はよく解る。/しかし冷静に考えれば、侵略戦争であったと思いたくないという事と、侵略戦争であったかなかったかと言う事は全く別次元の問題である。前者は心情の問題であり、後者は史実の問題である。何人といえども心情によって史実を捩ぢ曲げることは許されない」と主張している。

注(59)で引用した吉田への批判として、以下のものがある(長南文博(五三期)「「陸士二世としての期待」について所見」『偕行』1994. 10: 6-7、永井滋《ながいしげる》(五四期)「二世代の論を読んで」『偕行』1994. 12: 10-1)。

(64) 陸大卒業後、戦車学校教官、北支那方面軍参謀、陸軍省軍務局軍事課資材班、予算班長、第二方面軍(豪北)参謀、第三五軍(レイテ)参謀、第三八軍(仏印)参謀を経て、敗戦を上海の第一三軍参謀(中佐)で迎える。帰国後GHQの戦史課勤務、その後日本テレビの創業に参画。一九六七年編成局長を最後に退職、その後は戦史の翻訳と戦史研究に専念し、西欧、ソ連戦史にも通ずる。偕行社では、「在外武官座談会」「各兵科物語」「教育総監物語」「将軍は語る」などの企画、司会、インタビュアーなどを行う。主な著書に、『陸軍の反省(上下)』『三八式歩兵銃』など(前原

1997)。
(65) 一ノ瀬(2021: 741)。
(66) 加登川幸太郎「わが人世に悔《くい》あり――陸軍追想」『偕行』(1995. 8: 9)。
(67) 加登川幸太郎「わが人世に悔《くい》あり――陸軍追想」『偕行』(1995. 8: 15–6)。
(68) 加登川幸太郎「わが人世に悔《くい》あり――陸軍追想」『偕行』(1995. 8: 16–7)。ただ、加登川自身の考え方も戦後五〇年となり、過去の考え方と変化したのかもしれない。一九七九年の加登川の言葉に耳を傾けてみよう。加登川は、「将軍は語る」の連載開始の際に、「諸先輩のお話を伺いたいの弁」と題した文章を投稿している。そこでは、「敗戦後三十余年、日本陸軍はボロクソに言われてきた。敗戦の責は一に日本陸軍にありとする策動のもとに、文章、言論界はあげてこのラインに沿うて筆を曲げ、少年の教育はその線に従って行なわれて、今日に至っては不当な見解が定説化している。／このように定着した謬説を打破することは一朝一夕には出来ないにしても、言い分として主張すべき」であるという。そして、「軍人には、言い分が沢山あるはずである。こうしたことは、その歴史を作った生き証人である先輩会員の方々が、今にして反論しておいていただかねば、論議を起こすすべがないのである」という(「諸先輩のお話を伺いたいの弁」『偕行』1979. 12: 3)。
　また、座談会で「インパールで兵を殺しても、本人は責任を感じていない」と糾弾した牟田口にも言及している。加登川は、「牟田口将軍の統帥のどこが悪いのか」(『偕行』1977. 9: 15)と題した文章を『偕行』に投稿し、「軍人の目からの、あの作戦や抗命事件批判がやっていただけないものだろうか」と主張していた。加登川は、「ジャーナリストの筆は、牟田口将軍をボロクソにけなしていても、私は偕行会員の諸先輩からは、〝牟田口復権論〟のような種類のご意見を投稿して下さる方があるものと期待して書いたのである。／ところが、ただの一通も、そうした内容のものはもとより、なんの意見もなかった。全く無反響である。皆さんが、皆〝ダメ将軍〟と思っているのかと疑いたくなる。ただ、お一人、インパール作戦当時の聯隊長という方から、私の自宅に電話があって、「牟田口は飯を喰わずに戦えと言うたんだ。それが、判らんかね」と、大変な見幕で叱られただけ」だったという(「諸先輩のお話を伺いたいの弁」『偕行』1979. 12: 4)。

　つまり、加登川は、一九七〇年代後半においては、陸軍の評価は不当であり、言い分を主張すべきだと考えていた。また、牟田口の復権論も期待していたのである。しかし、「将軍は語る」で多くの将官の話を聞き、様々な研究を重ねる中で、「陸軍の反省」に行き着いたのである。
(69) 高橋登志郎(五五期)によれば、この約一五年前に反省の座談会を行う話は持ち上がり、理事長と話していたという。しかし、加登川のように中心となる人物の不在、理事長の死去なども重なり、実現しなかったという(「加登川幸太郎「わが人生〔ママ〕に悔あり――陸軍追想」『偕行』1995. 8:

9)。
(70) 大沼保昭／江川紹子聞き手(2015: 96-7)。
(71) 「花だより 竹之会(42期)」『偕行』(1995. 10: 74)。加登川は、「原君を使嗾した者が誰かは判っているが、今はこの言論封殺の共犯者達は伏せておく」とも語っているが、事の真相は明らかではない。
(72) そして、「聞くところによると、偕行社は旧陸軍の伝統を忠実に継承すべき立場にあり、極端に言えば、「死者に苔打つような言論や見解は望ましくない」とするような空気が支配的だという」。そして、「その場に居合わせた者でない以上断定的な言い方はしたくないが、会員の一人として率直に要望したい。戦後50年を経た現在、少なくとも第二次大戦については、偕行会のメンバーの意見について、旧陸軍の方針に反する意見でも事実に反しない限りは率直にとり上げて欲しい」。「加登川氏の論文も、この際、開かれた立場で、寛容な編集方針で対処し連載を望みたい」という(「花だより 六十一期」『偕行』1995. 12: 111)。
1章で見てきたように、他人への誹謗中傷記事は掲載しないというのが『偕行』の編集方針だった(とはいえ実際にはかなり厳しい論評が載ることもある)。加登川の牟田口に対する厳しい評価が掲載中止につながった可能性はあるが、資料からはこれ以上わからず、真相は不明である。
(73) 「過ちを改むるに憚ること勿れだ。連載の再開を望む」(「花だより 三六会」『偕行』1995. 12: 67)。
他に、五三期の中央委員会では、この休載問題について意見交換したところ、この記事は会員の親睦を損なう恐れがあると掲載中止に賛成の声と、陸軍の真相を知りたいので掲載を望むという声の両方が聞かれたが、後者の声が多かったという(「花だより 五十三期」『偕行』1995. 12: 80)。

六〇期では、一〇月号の加登川の寄稿文を読んで「またまたビックリ。これじゃまるで中央口論だ。老いの一徹か何かは知らないが、内輪の意地の張り合いを外に持ち出すのだけは止めて欲しい」という(「花だより 六十期」『偕行』1995. 12: 108)。

加登川自身は、座談会の内容と同趣旨の本が刊行されるので、「争論の種がなくなり、偕行会員に訴えたいと思ったことが、広く国民の皆様にご覧願うことになったのは望外の成果と存じ、私の偕行社への抗議は鉾を収めたいと思います」という(「花だより 竹之会(42期)」『偕行』1995. 12: 68)。
(74) 加登川(1996ab)。
(75) 加登川(1996a: iv-v)。
(76) 吉田(2011: 217)。
(77) 細川への批判として、郡泰一《こおりひろかず》(六〇期)「48年目の夏に思う」『偕行』(1993. 10: 12-3)、大坪善一(少候二四期)「拝啓細川総理大臣殿」『偕行』(1993. 11: 12)など。
(78) 植田弘(五七期)「「戦争史」で陸軍と軍人の名誉回復を」『偕行』(1994. 5: 13)など。
(79) 武田知己《たけだともき》(2017: 24-6)。
(80) 一九八三年から『諸君!』誌上で東京裁判の問題につ

いて積極的に論じられるようになった(吉田 2005: 233)。

(81) 荒井信一(1994)。

(82) 松吉基順(五八期)「靖国の英霊に眞の安らぎを」『偕行』(1995. 11: 12)。

(83) 「アンケートについてお願い」『偕行』(1996. 11: 53-4)。一一月号で配布されたアンケートの回収期限が一一月末日なので時間的に充分な期間があったとはいえないだろう。

(84) 「『偕行』誌のあり方について アンケート集計報告」『偕行』(1997. 3: 12-3)。

(85) 吉田(2011: 240)。ただし、他に列挙された二一テーマの中で、「歴史認識を糾す記事を載せる」こと以上に支持されたのは、「偕行会員でなければ書けない、語れない、しかも軍事史的に遺し伝える意義と価値のあるもの」の①かかる軍人ありき(可二三八(八九・一%)不可九(三・四%))、②今だから話そう式の軍事秘話、陸軍外史・偕行外史的なもの(可二三五(八八・〇%)不可一一(四・一%))しかない。

(86) 1章で登場した、再軍備に反対し、中国共産党と深い関係性を築いていた遠藤三郎(二六期)の息子。

(87) 遠藤十三郎(五八期)「偕行記事に思うこと」『偕行』(1998. 10: 10-1)。

(88) 一位は菅原道大の日記を公開した「菅原日記」が二八票、三位は「将軍は語る」の二三票であった。

(89) 「仲良しクラブの会員近況誌に留まるなら、偕行社経費の主な部分を占める機関紙発行の価値が少ないのでは」と指摘している(戸塚新(六一期)「『偕行』に望む」『偕行』1996. 7: 12)。なお、この執筆者である戸塚については、4章で詳しく触れているが、こうした認識が徐々に変化していくことになる。

(90) 浅田孝彦(五八期)「温故知新」『偕行』(1995. 12: 11)。

(91) 河野暢夫(六一期)「歴史教育への提言」『偕行』(1994. 2: 14)。清松哲(五四期)「占領軍が行ったマインドコントロール――その実態と、現時点における対応 上」『偕行』(1996. 8: 27-30)、「占領軍が行ったマインドコントロール――その実態と、現時点における対応 下」『偕行』(1996. 9: 24-5)。なお、この時期に教育が問題視される背景には、オウム真理教による地下鉄サリン事件(一九九五年)、神戸連続児童殺傷事件(一九九七年)といった事件が社会的に注目を集めていたことも関係していた(渡辺砂夫(五三期)「土師淳君の殺害事件に思う」『偕行』1997. 9: 13)。

(92) 桑《くわ》田《た》悦《えつ》(五八期)「自虐史観打破の方法論」『偕行』(1996. 9: 13-4)、奈良保男(広幼四七期)「御用学者とは――自由主義史観研究会について」『偕行』(1996. 9: 14)。

(93) 山本自身の言葉によれば、山本は「つくる会」への入会後、更に呼びかけ人の一人にとの要請もあり、これを受諾し、一九九七年一月一八日から呼びかけ人に名を連ねているという(山本卓眞(五八期)「「新しい歴史教科書をつくる会」のご紹介」『偕行』1997. 6: 20-1)。加太功(六一期)「歴史教科書について」『偕行』(1997. 6: 21)。

(94) 原多喜三(五〇期)「年頭の御挨拶」『偕行』(1998. 1: 4)。

(95)「常務会だより」『偕行』(1999. 4: 4)。
(96) 原多喜三(五〇期)「原会長の挨拶 要旨」『偕行』(1996. 12: 7)。ここで原は「偕行社と政治との接点」を、原が整理し、原の裁断の基準として示した。その基準では、①特定の政党・議員(候補者)を支援または排除せず、政治的中立を堅持する、②統一的・集団的・示威的な政治行動などをしないとなっている。
(97)「常務会だより」『偕行』(2000. 5: 8)。
(98)「評議員会(現)報告」『偕行』(2001. 2: 7-8)。
(99) 木野茂(五六期)「教科書改善連絡協議会報告」『偕行』(2000. 11: 4-5)。ただし、同期生会として協力の役員を選出するが、それはあくまで個人として偕行社会員としての参加であり、同期生会の関与ではないと同期生会に政治運動を持ち込むことを否定している期も存在する(「花だより 六十一期」『偕行』2001. 5: 76)。「教科書改善運動」への偕行社の参加と同期生会の関係については更に分析をするべきだが、現状充分に踏み込めておらず今後の課題としたい。
(100)「花だより 若松会(主計団)」『偕行』(2001. 7: 42)。
(101) 佐藤晃《さとうあきら》(六一期)「陸軍悪玉論に対する「偕行」の使命」『偕行』(1996. 3: 14)。
(102) 立石恒(五九期)「西尾幹二著『国民の歴史』を読んで」『偕行』(2000. 2: 20)。ちなみに偕行社は、つくる会の一員である西尾幹二の『国民の歴史』に期待を寄せており、偕行社としてまとめて注文する話が持ち上がったり、感想を『偕行』に寄せるように呼びかけが行われたりしていた(「花だより 六十一期」『偕行』1999. 11: 79)。
(103) 戸塚新(六一期)「小林よしのり著『戦争論』を推す」『偕行』(1999. 1: 35)。
(104) この他に、濤川栄太・藤岡信勝の『歴史の本音』(1997)では、ノモンハン事件等に関する誤った記事があるという指摘が会員からなされていた(菅原道熙(六一期)「武士道が泣く」『偕行』1998. 10: 37)。この指摘に対して、藤岡信勝は、「菅原氏のご指摘に感謝いたします」という投稿を『偕行』に行っている。そこで、藤岡は、「戦後のいわゆる「平和教育」のもとで育」った「私たちの世代は軍事に関して知識が乏しいと思います」という。そして、「「自由主義史観研究会」のメンバーのために、歴史を学び教える上で最低限必要な軍事知識の講座を開いていただけませんでしょうか」とお願いをしている(藤岡信勝「菅原氏のご指摘に感謝いたします」『偕行』1999. 2: 34)。
(105) 吉田(2011: 232-4)。
(106) 竹田恒徳《たけだつねよし》(四二期)「年頭の挨拶」『偕行』(1983. 1: 3)。
(107) 高橋登志郎(五五期)「偕行社新会館完成す」『偕行』(1988. 4: 3-5)。
(108)「理事会及び評議員会報告」『偕行』(1986. 2: 19)。
(109) 正確には、二七億八七〇〇万円で「ゼニタカ不動産」と売却契約を結んだが、その後、土地の一部が国有共用地に繰り入れられることになったこと、隣地所有者から境界承認印を徴収することができなかったことにより、二七五九万円を値引きすることになった(役山明(五四期)「偕行社資産(運用基金)の経緯」『偕行』1994. 8: 5-6)。

(110) 役山明(五四期)「偕行社資産(運用基金)の経緯」『偕行』(1994. 8: 5-6)。ちなみにこのビルのオーナーは、歯科医師で、先代より陸軍に好意を持ち、実兄は六一期、親戚に六〇期もおり、建築も偕行社の希望通りの設計に変更してもらえたという。

(111) 高橋登志郎(五五期)「偕行社新会館完成す」『偕行』(1988. 4: 3-5)。後に賃貸料は複数回にわたって改定されている。

(112) 高橋登志郎(五五期)「偕行社新会館完成す」『偕行』(1988. 4: 3-5)。

(113) 住友信託銀行に一五億円、中央信託銀行に一〇億円、計二五億円を五年間預託することになった(役山明(五四期)「偕行社資産(運用基金)の経緯」『偕行』1994. 8: 5-6)。

(114) 原多喜三(五〇期)「会務報告」『偕行』(1988. 12: 2)。

(115) 会館売却益については、除いている。

(116) 藤澤信雄「会務報告」『偕行』(1992. 1: 6)。

(117) 「花だより 六十一期」『偕行』(1991. 6: 138)。「信州偕行会(長野県)結成さる」『偕行』(1992. 1: 66)。長野では、各地方ごとに地方偕行社があったが県規模でなければ地方偕行社交付金の対象とならないため、合併を行い信州偕行会を発足させた。

(118) 「御長寿祝贈呈」『偕行』(1990. 6: 4)。

(119) 「各委員会等の報告」『偕行』(1989. 4: 58-66)。他にフィリピン日系母子家庭訪日援護費などへの協力を行っている。

(120) 吉田(2011: 222)。

(121) 偕行社は陸軍の事績を後世に遺すために、一九六〇年に資料収集委員会を発足させ、陸軍関連の資料を収集していた(今村均(一九期)「資料収集委員会の発足について」『偕行』1960. 5: 5)。そして、偕行社が解散を議論している際に、「偕行」の名を図書館として残そうと考えた。そこで靖国神社の協力を得て、靖国神社の境内に靖国偕行文庫の建物及び資料収集委員会等が集めた資料を奉納することを決めた(偕行文庫特別委員会「「偕行文庫」奉納とその将来の運営」『偕行』1994. 9: 4-6)。ちなみに靖国偕行文庫の完成以前から偕行社の資料は部外者でも閲覧することが可能で、研究者等が偕行社の地下室で資料を閲覧していたという。

(122) 藤澤信雄(五三期)「偕行社の将来問題についての各期の意見概要」『偕行』(1994. 8: 4-5)。

(123) 「財団法人創立50周年記念特集 偕行社抄史」『偕行』(2007. 12: 88-105)。

(124) 「常務会だより」『偕行』(1999. 4: 4)。

(125) 「平成10年度偕行社総会」『偕行』(1999. 1: 11-2)。

(126) 「常務会だより」『偕行』(2001. 5: 8)。

(127) 「常務会だより」『偕行』(2001. 8: 9)。

(128) 「常務会だより」『偕行』(2001. 9: 7)。

(129) 加藤治「偕行会の後継者問題に想う」『偕行』(2001.

12: 84)。

(130) 「常務会だより」『偕行』(2005. 2: 6)。

(131) 「靖国神社奉賛の募金のお願い」『偕行』(2002. 10: 7)。

(132) 役山明(五四期)「靖国神社ご奉賛の御礼」『偕行』(2003. 6: 7)。

(133) 「花だより 四十九期」『偕行』(2002. 1: 47)。更に「偕行社の基本精神に基づいて終末を処理せんとしている」原多喜三(五〇期)会長を「辞めさせようと、若い期の一部の者が評議員会を牛耳って事々に画策しているらしい」という話も書かれている。

(134) 「常務会だより」『偕行』(2001. 5: 8)。

(135) 深山明敏(防大一期)「入会のご挨拶」『偕行』(2002. 2: 7-8)。

(136) 編集委員会「「靖国神社奉賛の募金の件」に関する意見」『偕行』(2003. 1: 12)

(137) 戸塚新(六一期)「偕行社将来問題についての意見」『偕行』(2003. 1: 14)。

(138) 榮藤聖(五三期)「偕行社将来問題について意見」『偕行』(2003. 5: 17)。同様の意見として、「実戦体験のない方々には先の大戦が如何に苛烈極まるものであったかは本を読んだり想像するだけでは解らないと思う」。そして、「靖国の神と祀られた先輩英霊は後に続く者あるを信じ、「靖国神社で会おう」を合言葉に一命を抛っての激戦で死力を尽くして戦い、戦死の他、餓死、凍死、疫病死、溺死したのである」との批判もあった(新庄鷹義(四九期)「靖国神社奉賛の募金」に関する意見」『偕行』2003. 2: 12)。

(139) 「偕行会員数」『偕行』(2004. 12: 10)。

(140) 「評議員会(新)報告」『偕行』(2003. 2: 6)。

(141) 「花だより 六十期」『偕行』(2004. 1: 76-7)。

(142) 「平成15年度 偕行社総会報告記」『偕行』(2003. 12: 10-1)。

(143) 例えば、六一期が高知で開催した同期生総会では、来賓一三名、本官(同期生会員を意味していると思われる)四五一名、副官(婦人など家族を意味していると思われる)一六六名の計六三〇名だった(「花だより 六十一期」『偕行』2004. 1: 84)。

(144) 「花だより 五十九期」『偕行』(2003. 12: 72-3)。これは五九期に限った話ではなく、六〇期もグループに分かれて旅行を楽しんでいるし、六一期はそもそも同期生総会を東京近辺ではなく、高知という地方で開催している。

(145) 六一期生は、同期生の大半が傘寿に達する二〇〇八年(平成20年)までの同期生会の継続を決定した。同期生会の運営が、偕行社の存続と不可分の関係にあることに鑑み、「我々は偕行社が存続して社会的使命を果たすことを期待し、我々の戦力の有る限りその運営に前向きに協力する」ことを掲げている(「花だより 六十一期」『偕行』2002. 2: 77-8)。この時期でも多くの会員を抱える最若年期であれば、偕行社がなくても一定の同期生会運営は可能なはずである。その中でも偕行社の存続を求めたのは、偕行社に長年在籍する中で愛着が湧いたことや、陸軍将校になっていない最若年期にとって偕行社の持つ意味が大きかったことが考えられる。最若年期は、先述したように自分たちは陸軍将校になれなかった存在であると考えており、そこに後ろめたさを感じていた。偕行社に所属することによって、そうした後ろめたさを緩和することが可能になっていたといえる。

(146) 齋須重一(五七期)「偕行社の将来問題について」『偕行』(2004. 6: 6-7)。

(147) 「評議員会速報」『偕行』(2004. 10: 6-8)。

(148) 「常務会だより」『偕行』(2004. 2: 6)。

(149) 「花だより 四十九期」『偕行』(2004. 7: 36)。

(150) 「花だより 二十会(50期)」『偕行』(2004. 8: 60)。

(151) 「花だより 二十会(50期)」『偕行』(2004. 9: 50)、「編集後記」『偕行』(2004. 9: 84)。

(152) 「花だより 四十七期」『偕行』(2005. 1: 49-50)。

(153) 「各地の元幹部自衛官にお願い」『偕行』(2006. 8: 4)。

(154) 山本卓眞(五八期)「年頭のご挨拶」『偕行』(2005. 1: 4-5)。

(155) 「山本卓眞会長ご逝去」『偕行』(2012. 3: 4)。

(156) 橋本二郎(五六期)「山本卓眞新会長の年頭挨拶に拍手」『偕行』(2005. 4: 22)。

(157) 「先輩期懇談会報告」『偕行』(2005. 8: 8-9)。この先輩期懇談会には、四五~五一期が参加している。その結果、退会騒動を起こすなど将来問題で強硬な姿勢を示していた四七期の同期生会は、同期生会の資産処分にあたって「山本会長以下の役員方に対する謝意をこめて偕行社に応分の寄付」をすることになるなど、偕行社内の融和が一定成果をあげていたことが見られる(「花だより 四十七期」『偕行』2006. 6: 35)。

(158) 遠藤(2021: 158)。

第4章

(1) 例えば、蘭信三、石原俊、一ノ瀬俊也、佐藤文香、西村明、野上元、福間良明が編者となった岩波書店の「シリーズ戦争と社会」(全五巻)が二〇二一~二〇二二年に出版された。また、田中雅一編(2015)も刊行されている。

(2) 佐道明広(2014, 2015)、千々和泰明(2019)、辻田真佐憲(2021)など。

(3) 自衛隊基地などの立地自治体、地域との関係を扱った研究として以下のものがある。松田ヒロ子(2021)、佐々木知行(2022)、清水(2022a)、アーロン・スキャブランド(2015)など。

(4) 佐藤文香(2004, 2022)、福浦厚子(2017)、サビーネ・フリューシュトゥック(2015)など。

(5) 佐道(2014)など。吉田裕(2011)は、偕行社の事例や、海軍士官、海自退職者の団体である水交会の事例を取り上げ、海軍・海自の連続性の強さを指摘している。この他に戦後自衛隊で高級幹部になった元陸軍将校の思想と行動を追った一ノ瀬(2022b)の研究などがある。

(6) 津田(2013, 2020, 2021ab)。

(7)「山本卓眞会長ご逝去」『偕行』(2012. 3: 4)。

(8) 必ずしも陸上自衛隊に限定されなかったようである。

(9) 例えば、一九六〇年一月号には、陸幕勤務の会員と空幕・防衛課長の会員からの投稿が掲載されている(和田盛哉(四一期)「陸上自衛隊の使命――平和の維持と、国内有事の備えに」『偕行』1960. 1: 6-7、高木作之(四五期)「航空自衛隊の作戦態勢――乏しきながらも一機当千を誇る」『偕行』1960. 1: 8)。

(10) 戦後、日本近海に大量に投下された機雷の処理が必要であったが、この掃海業務には、一九四五年末の時点で一万九一〇〇人の旧海軍軍人が従事していた。この海上要員は、その後海上保安庁(一九四八年設置)、保安庁・警備隊(一九五二年)を経て、一九五四年に創設された海上自衛隊に引き継がれる。その結果、旧海軍と海上自衛隊の間には、人的にも精神的にも強い連続性が保持されることになったという(吉田 2011: 46)。

(11)「座談会 戦後偕行社の歩み」『偕行 偕行社創立百周年記念号』(1977: 144)。

(12)「花だより 六十期」『偕行』(1976. 7: 86-7)。なお、このような援助は六〇期に限らず広く見られたようである。

(13) 例えば、一九七四年の偕行社総会には、陸上自衛隊中央音楽隊が参加している(「大鳥居のもと雄叫とよむ偕行社総会」『偕行』1974. 10: 3-5)。ちなみに偕行社と自衛隊の関係についていえば、一九八〇年にソ連に情報を流したことで罪に問われた元自衛官、宮永幸久は五四期で偕行社の会員であった。そのため、『偕行』内でも宮永の除名を求める声や(中村弥太男(五〇期)「不規弾」『偕行』1980. 3: 3)、宮永の自決を促す声があがっていた(「花だより 五十四期」『偕行』1980. 3: 60)。一方こうした声に対して、温情を望む声もあがっていた。例えば、「このたびのような四面楚歌の窮地に立たされたときこそ、同窓は」励まし、見守ってもらいたいという。そして、五四期の同期生がいった「出てきたら、友情の鉄拳を一発見舞ってそして、みんなで引張ってゆく。つぐないもさせる」ということこそが正しく、「これが同期生の心意気というものではないか」という。そして、「氏を除名してみても、その経歴を抹消することはできないし、母校を同じくする絆を断てるものでもあるまい。宮永さんと一緒に、潔く、われわれも司直の裁きをきき、世の指弾を受けたらいいと思う」という(丹保三郎《たんやすさぶろう》(五八期)「温情を望む」『偕行』1980. 6: 6)。

(14)「偕行社の厚生労働・防衛両省共管法人発足祝賀会開催」『偕行』(2007. 8: 4-5)。

(15) 自民党の中でも自衛隊、防衛に関心の強い議員や「歴史認識問題」に関心のある議員と関係を強めていくことになる。

(16) 山本卓眞(五八期)「陸自幹部候補生学校卒業式における山本会長の祝辞」『偕行』(2008. 3: 4-5)。

(17)「偕行会員数」『偕行』(2005. 12: 6)より。家族会員も各期の人員に加算されている。

(18) 二〇一四年と二〇一五年については、会員数を確認できなかった。

(19)「花だより 四十九期」『偕行』(2007. 3: 36)。一方、二八期は二世による運営が続いていた。

(20)「花だより 四十九期」『偕行』(2007. 5: 42)。

(21)「常務会だより」『偕行』(2008. 3: 11)。

(22) 佐伯義則《さえきよしのり》「偕行社が期待されること」『偕行』(2007. 1: 12-3)。

(23)「常務会だより」『偕行』(2009. 10: 6)。

(24)「常務会だより」『偕行』(2006. 9: 7)

(25)「常務会だより」『偕行』(2009. 7: 5)。

(26)「解説 新公益法人への移行」『偕行』(2011. 3: 6)。

(27)「評議員会 報告」『偕行』(2010. 5: 19)。

(28) 志摩篤「志摩コラム9」『偕行』(2012. 2: 6)。

(29)「『偕行』の編集について会員にお知らせ」『偕行』(2010. 4: 6)。

(30)「編集後記」『偕行』(2010. 7: 50)。

(31)「解説 新公益法人への移行」『偕行』(2011. 3: 6)。

(32) 山本卓眞(五八期)「偕行社緊急政策提言 自衛官の増員・強化を」『偕行』(2011. 7: 4)。

(33) 志摩篤「偕行社の将来について」『偕行』(2011. 8: 40)。

(34) 六一期の八巻明彦《やまきあきひこ》による連載記事である「雄叫考」は、一九六九年に六一期の「花だより」に掲載されたのを皮切りに、三〇〇回三七年もの長期にわたって連載が継続された(二〇〇六年連載終了)。八巻明彦(六一期)「雄叫考」『偕行』(2006. 6: 21)。連載終了後も、「補遺雄叫考」として時折、『偕行』に掲載されていた。

(35) 寮歌祭の参加は、二〇〇〇年の四〇回で打ち切られた。偕行社としては、「我々が舞台で表現しようとする統制美、ひいては将校生徒教育の規律・威容・精神というものを現出することが、年齢の関係で」「限界に達したという判断」であった。その際には、寮歌祭自体の存続が議論され、四〇回以降は学校単位の参加、入場無料であった運営をやめ、飲食付き会費制の個人参加で続けられた。しかし、二〇一〇年にはその寮歌祭も最後を迎えた。二〇一〇年の寮歌祭には、有志を中心に三五名ほどが参加した。この最後の寮歌祭では、静岡高校出身の中曽根元首相も参加していたが、偕行社の席では、「彼が靖国神社参拝を止めなければ今の苦労は無いのだ」と「ソッポを向いている向きもあった」という。旧制高校出身の同世代から受け入れられたという喜びを示していた当初と比べると彼らの考えの変化が見てとれるだろう(戸塚新(六一期)「最後の日本寮歌祭に出場」『偕行』2010. 12: 38-9)。

(36) 山形克己《やまがたかつみ》「偕行社のあり方について」『偕行』(2011. 8: 48)。

(37)「常務会だより」『偕行』(2010. 5: 4)。

(38) 二〇一四年以降は、記載がなかった。元は広告収入とあったが、一九八七年より、偕行誌上協賛費となっている。

(39)「入会促進について」『偕行』(2010. 11: 15-7)。

(40)「近現代史研究会」『偕行』(2006. 8: 5)。

(41)「「南京事件ない」河村市長が発言 南京市の表敬受

け」『朝日新聞』(2012. 2. 21. 朝刊 : 37)。

(42) 「いわゆる「南京事件」について」『偕行』(2012. 8: 19)。

(43) 「いわゆる「南京事件」について」『偕行』(2012. 8: 34)。「新しい歴史教科書をつくる会」ホームページより(https://tsukurukai.com/aboutus/yakuin.html、二〇二二年八月一七日閲覧)。つくる会のホームページによれば、茂木は一九四一年生まれで、「史実を世界に発信する会」会長代行。著書に、『小学校に英語は必要ない。』(二〇〇一年、講談社)、『戦争を仕掛けた中国になぜ謝らなければならないのだ!――「日中戦争」は中国が起こした』(二〇一五年、自由社)などがある。

(44) 「いわゆる「南京事件」について」『偕行』(2012. 8: 19-34)。

(45) 「編集後記」『偕行』(2012. 8: 58)。

(46) 例えば、「毎日新聞・平成2年12月14日夕刊記事《「南京虐殺」の供述書入手「15万体処理」克明に》批判」(『偕行』1991. 4: 2-7)では、毎日新聞に抗議をしている。一九九一年には、南京戦史シンポジウムも行っている(「南京戦史シンポジウム」『偕行』1991. 5: 5-6)。この他に、アイリス・チャン『ザ・レイプ・オブ・南京――第二次世界大戦の忘れられたホロコースト』(1997=2007)に反論する資料を作成し、関係各所に配布したこともあるようである(原多喜二(五〇期)「年頭の御挨拶」『偕行』1999. 1: 6)。また、ヤングジャンプの本宮《もとみや》ひろ志《し》「国が燃える」が「南京事件を著しく誇張粉飾して扱って」いるとして抗議を行っている(「教科書問題特別委員会報告」『偕行』2005. 1: 12)。

(47) 戸塚新(六一期)「趣味〝陸士〟」『偕行』(1985. 1: 14)。

(48) 最若年期は一九九〇年代になっても自身たちの体験を、戦争に参加できなかった「不戦の無念さ」と位置付けるか、戦場という悲惨な場に参加ぜすに済んだ幸運と捉えるかをめぐって論争を行っていた。この論争のきっかけは、一九九〇年一一月号の六一期「花だより」に記載された「陸上自衛隊総合火力演習をみて」で「ついに戦列に加わることのなかった61期の無念さ」と記載されていたことにあった(『偕行』1990. 11: 120-1)。この言葉に対して、六〇期生から、「人を傷つけ、人を殺すことの恐ろしさを思うべきであり、地獄を経験しなかった幸せを思うべきである」という意見が出されていた(中嶋広志(六〇期)「花だより 六十期 自分の考えは違う「不戦の無念さ」」『偕行』1991. 1: 136-7)。これをきっかけに六〇期、六一期では「不戦の無念さ」について議論が行われたのである。ちなみに、戸塚もこの論争に参加しており、戸塚自身も「不戦の無念さ」を感じる側であるという。戸塚は本来高等学校進学希望だったが、戦局の悪化により、「これは大変だ、国難だ、俺も征かなきゃと」陸軍士官になったという。そして、「地獄を経験しなかった」ことこそが無念の源であるという。召集で家族を残して戦地にいった兵士が地獄を経験したのに、志望して軍人になった自分たちが間に合わず、役に立てなかった。それが、「偕行社に出入りしつつ諸先輩に対して感じる後ろめたさであり、無念さ」であるという(戸塚新(六一期)「花だより 六十一期「不戦の無念さ」について」『偕行』1991. 2: 135-6)。

(49) 冨澤暉「戦中を(少しだけ)知る最後の寅」『偕行』(2010. 1: 13)。

(50) 冨澤暉「戸塚前編集委員長のメモについて――議論のすすめ」『偕行』(2016. 4: 13)。

(51) 松田純清「第23回近現代史研究会報告 満ソ国境紛争と日本の対応(下)――ノモンハン事件を中心として」『偕行』(2009. 8: 42-6)。自衛官の戦史教育については、一ノ瀬(2022a)などが詳しい。

(52) 柴田幹雄「偕行社は過去と未来を継なぐ」『偕行』(2022. 11・12: 16-9)。

(53) 中川義章《なかがわよしあき》「吉田 裕著『日本軍兵士――アジア・太平洋戦争の現実』を読んで」『偕行』(2019. 7: 20-2)。

(54) 「編集後記」『偕行』(2013. 6: 50)。

(55) 「編集後記」『偕行』(2013. 2: 50)。

(56) 「入会促進について」『偕行』(2010. 11: 15)。

(57) 「令和3年度公益財団法人偕行社事業報告書」『偕行』(2022. 9・10. 付録:24)。

(58) 二〇〇九年は記載がなかったので、データが存在しない。

(59) 限定購読会員は名称が普通会員Bに変わっているが、混乱をきたすので本書では基本的に限定購読会員と記載する。

(60) 「元幹部自衛官会員」『偕行』(2018. 8. 付録:24)。

(61) 福田一彌(財務委員長)「年会費改定のお知らせ」『偕行』(2002. 9: 8)。

(62) 「普通会員の年会費改定について」『偕行』(2021. 11: 28)。この廃止による会員の減少等はまだ確認できていない。

(63) 志摩篤「志摩コラム13」『偕行』(2012. 7: 5)。

(64) 隊友会については前掲の津田壮章の研究(2013, 2020, 2021ab)を参照いただきたい。

(65) 「常務会だより」『偕行』(2006. 6: 5)。

(66) 「陸軍予科士官学校、最後の同窓会「陸士の誇り」胸に戦後復興に尽力」『産経新聞』(2015. 10. 30、https://www.sankei.com/article/20151030-556LSLBWIBNPBGXVGZK6U32ORI/、二〇二三年一二月二日閲覧)。ただし、以降も「花だより」は掲載され、東京近辺在住者で同期生会は開かれている。

(67) 「ろくいち抄 花だより 六十一期」『偕行』(2015. 4. 付録:15)。

(68) 森勉《もりつとむ》「新たな偕行社の在るべき方向について」『偕行』(2022. 1: 7-9)。

(69) 二〇〇八年から表示形式が変わったので、期末正味財産額を参考に記載している。

(70) 「臨時評議員会だより」『偕行』(2021. 4: 15)。

(71) 「第1回偕行社慰霊祭について」『偕行』(2022. 7・8: 52)。

(72) 一九八四年に、『偕行』に宮城事件の首謀者である椎《しい》崎《ざき》二郎《じろう》(四五期)、畑中健二(四六期)の慰霊碑建立の趣意書が、竹下正彦(四二期)によって投稿された(竹下正彦(四二期)「椎崎、畑中両志士慰霊碑建設趣意書」『偕行』1984. 6: 57)。

この投稿に対して、宮城事件を「稀有の義挙として、慰霊碑建立につき偕行会員に応分の協力」を求めることに疑問を感じるという投稿がされた。その投稿では、「終戦の詔書が出されてから師団長に強要して近衛師団を動かし、宮城を占領して一体何をしようとしたのでしょうか。しかも自分の意図が容れられないと知るや、師団長殺害の挙に出ている。国体を護持すると標榜しながら、当の天皇の宮城を占領して蟷螂の斧を振りかざし、何が国体の護持なのでしょうか。その真意はすこぶる疑問であ」ると宮城事件を激しく批判している。そして、椎崎、畑中と「行動を共にしたらしいと言われている人物」である竹下が健在であることに疑問の目を向ける。「私は当時の関係者が、事成らずと知って自決してその責任をとっていることが、せめてもの救いであると思っているのに、どのような経緯かは知らぬが今もって生きている。その神経の異状〔ママ〕さに大きい疑問を禁じ得ない」という(高橋静雄(四八期)「花だより 六幼四十八期 疑問」『偕行』1984. 9: 94)。この後、竹下は、この疑問に対する答えを『偕行』に投稿している(竹下正彦(四二期)「「疑問」に対する答」『偕行』1984. 11: 44-7)。

(73) 奇数期と偶数期に分かれ、各期の代表等が隔月参列することによって偕行社としては毎月参列していた。

(74) この状況は、筆者が特攻隊の慰霊顕彰団体の戦後史を検討し、明らかにした固有性の喪失と似た現象だといえる(角田 2020, 2021)。

拙稿では、特攻隊の慰霊顕彰団体である特攻隊戦没者慰霊顕彰会を事例に、慰霊顕彰事業に戦後派世代がどのように関わっているのか、そこで慰霊顕彰の意味づけはどのように変化しているのかを検討した。

特攻隊戦没者慰霊顕彰会には、必ず死ぬ「特攻」戦没者と一般戦没者は違うという共通認識＝固有性を持っていた。しかし、歴史認識論争や後継者の獲得を模索する中で、その固有性は喪失されてしまう。その結果、他の慰霊顕彰団体との合併案や、特攻戦没者の定義の拡大(慰霊顕彰対象の拡大)という事態が起きる。

そうした中で、二〇〇〇年代に会の運営は、戦争体験世代から、元自衛官に引き継がれる。会には元自衛官や、日本会議、遺族といった様々な人が集まっている。しかし、会員の多くは戦没者との距離の遠さ(遺族でも戦友でもない)に悩み、また会のまとまりはなかった。

その中で、慰霊顕彰の動機の確保として行われているのが、「自己啓発的な特攻受容」である。「自己啓発的な特攻受容」とは、特攻隊員の物語に触れることで、自分の生き方を見つめ直し、前向きな意識状態にするもので、スポーツ合宿、社員研修で行われているといわれている。そこでは、「歴史認識が脱文脈化」され、特攻隊員の心情だけを取り出して、そこに感情移入して自己の啓発に使われているという(井上 2019)。遺族でも戦友でもない様々な人々が集う中で、慰霊顕彰の動機の確保として、このような「自己啓発的な特攻受容」が特攻隊戦没者慰霊顕彰会でも推し進められているのである。

　史的事実から離れ、戦没者の精神性を核に元自衛官が慰霊顕彰を行うという図式は、特攻隊戦没者慰霊顕彰会と偕行社に共通する部分である。今後は、両者の共通性と差異、相互にいかなる影響を与えているのかを検討することを通じ、元自衛官による戦没者慰霊顕彰事業の展開を明らかにする必要がある。

(75)　森勉「森コラム46「陸修会」の設立について」『偕行』(2022. 7・8: 2)。
(76)　「「陸上自衛隊幹部退官者の会(陸自ＲＯ会)」設立趣意書」(https://kaikosha.or.jp/rikushukai/、二〇二三年六月三日閲覧)。
(77)　「編集後記」『偕行』(2022. 1: 46)。
(78)　ちなみに寄付は一口一〇〇〇円、毎年五口を基準とした寄付ができるという(「正会員の受付」、https://kaikosha.or.jp/rikushukai/、二〇二三年六月三日閲覧)。
(79)　柴田幹雄「陸修会設立と偕行社」『偕行』(2022. 9・10: 60-2)。
(80)　火箱芳文《ひばこよしふみ》「大きな歴史的一歩を踏み出した偕行社――「偕行社」から「陸修偕行社」へ」『偕行』(2023. 3・4: 28-31)。

あとがき

「これ誰の写真？」「それは君のおじいちゃんでしょう！　わかんないの？」。明らかに普通の兵士と異なる軍装に身を包む祖父の写真を見つけ、自分の祖父が元陸軍将校であったという事実を知ったのは、博士論文の提出を三ヵ月後に控えた二〇二二年の夏のことであった。

　研究対象としながらも、どこか雲の上の存在だと思っていた元陸軍将校がこんなに身近にいたことに複雑な心境を抱いた。祖父はなぜ陸軍将校になったのか、戦時中何をしていたのか。幼少時に死別し、祖父の記憶も祖父の顔も朧げにしか覚えていない自分（だからこそ写真を見ても誰だかわからない）には、そのことを知るのはほとんど不可能であった。家族にしても、祖父が砲兵だったこと、「満洲は寒い」と言っていた

ことくらいしか記憶しておらず、祖父が元陸軍将校だったことは、私が祖父の写真を見るまで家族の誰も気がつかなかった。戦争との八〇年余りの時間的隔たりは、自分の身近な人間の体験へアクセスすることさえも難しくしている。そう実感させられた瞬間であった(ちなみに自分の祖父は陸軍将校とはいえ、陸軍士官学校ではなく幹部養成学校という傍流を歩んでおり、偕行社に参加していた形跡もない)。

そんな中自分が陸軍将校たちの戦後史に向き合うためにできるのは、真摯に資料と格闘することでしかなかった。時に軽快に、時には怒りとともに書かれる元陸軍将校たちの文章や「花だより」は私を引き込んで離さなかった。元陸軍将校が面白おかしく書く近況報告を時には食い入るように読み、彼らの読者共同体の一員になったかのような錯覚を抱きながら彼らの読書体験を追体験していたように思う。だからか、自分が面白いと思っていた執筆者の訃報にぶつかると会ったこともないのに少し沈んだ気持ちになる。そんな体験を何度もした。

彼らは決して、戦争体験にのみ拘束され、戦後を送ってきたわけではない。しかし、戦争体験や自身たちの責任をどう考えるのかは、彼らの人生にとって大きなウェイトを占めていたといえる。私が知りたかったのは、彼らがなぜ自身たちの責任と向き合い反省しようとしたのか、それはなぜ棄却されていってしまったのかということであった。こうしたことを、彼らの組織の変容や戦後社会の変容から見ることによって、彼らが何を語り、何を語らなくなったのかが少しでも明らかになったのなら幸いである。

◇　◇　◇

本書の初出は、以下となっている。

角田燎、二〇二二、「戦後偕行社の大規模化と政治的中立のメカニズム」『立命館大学人文科学研究所紀要』(一三〇)：二一三―二四四。⇒1章及び2章の一部

角田燎、二〇二三、「旧軍関係者団体における「歴史修正主義」の台頭と「政治化」による戦後派世代の参加――1980年代~2000年代までの偕行社の動向を事例に」『フォーラム現代社会学』二一：三〇―四四。⇒3章及び4章の一部

また、上記論文に大幅に加筆修正を行い二〇二三年度に立命館大学に提出した博士論文「陸軍将校戦友会の戦後史――元エリート軍人の世代間闘争と「責任意識」の変容」が本書の原形となっている。また、本書及び、本研究を遂行する上で、公益財団法人日本科学協会笹川科学研究助成及び科研費(23K18853)を活用している。そして、本書の刊行にあたっては、立命館大学大学院博士課程後期課程博士論文出版助成制度の助成を受けている。

◇　◇　◇

本書を書き上げる上で、本当に多くの方にお力添えいただきました。指導教員である福間良明先生がいなければ、私がこうした研究を行い、博士号を取得し、書籍を出版することもなかったと思います。学務に追われながらも何冊もの本を出す先生の姿を間近で見たからこそ、自分も研究者という道を志すようになりました。また、自分は資料を読みながら、この資料を福間先生ならどう読み解くのか、それを超えるにはどうすれば良いのかを常に考えていました。時に資料に入り込みがちな自分に先生は、それが「学問領域でどのような意味を持つのか」「メタレベルで何が言えるのか」を問い、資料の読み解き方を伝授し

て下さいました。正直常に自分の想定を上回る資料の読み解きを披露する先生に悔しさを感じたのも事実です。いつかは先生の想定を超える資料の読み解きを披露することで、この学恩を少しでも返せればと思います。

修士課程の頃から副指導教官を引き受けてくださった加藤雅俊先生も研究者という道を選ぶ上で、重要な役割を果たして下さいました。先生は自分が発表する度に「面白い」と言って下さり、私に博士課程への進学を勧めて下さいました。その場で他の先生に、研究者は食べていけるかわからないのだからそんなことを勧めてはだめと言われていたのも、良き思い出ですし、自分が腹を括る機会になったと思います。先生には、研究を適切に図式化し、その研究の「面白さ」と課題を析出するための基礎を教えていただきました。正直先生のように綺麗に図式化することはまだまだ自分にはできませんが、いつか先生のように図式化できるようになりたいと思います。また、博士論文の副指導教官を引き受けていただいた住家正芳先生にも大変お世話になりました。先生はご自身で「福間先生、加藤先生が優しいから私は厳しくコメントします」と仰っていましたが、自分が期待したのは正にその厳しさでした。先生には丁寧に自分の博士論文を読んでいただき、資料の扱い方や、社会学として研究する際の注意点などについてコメントいただきました。書籍化にあたっては、資料を見直し、先生のコメントに少しでも応える形にというのが一つの課題でした。また、博士論文の公聴会などでは、厳しいご指摘を受けることも多く、他の研究科の人からは、「社会学研究科はこんなに公聴会が厳しいのか」と驚かれるほどでしたが、自分が尊敬する三人の研究者に論文を読んでいただき、丁寧にコメントされる時間は、とても幸せな時間だと感じました。本当にありがとうございました。

この他にも、申請書の作成や博論の執筆にあたって相談にのっていただいた金澤悠介先生、学部時代の指導教官である木村秀雄先生、学会、研究会などを通じ研究にコメントいただいた伊藤公雄先生、前田至剛先生、谷本奈穂先生、高井昌吏先生、山本昭宏先生といった先生方のご協力にも感謝しております。

現職の立命館アジア・日本研究所では、所長である小杉泰先生をはじめ多くの方のお力添えにより、博士論文を書籍化する作業に集中する環境を得ることがありました。本当にありがとうございます。

また、本書を書き上げる上で、同世代の研究者の方々から多くの刺激を受けました。まず、ゼミの先輩である佐藤彰宣さん、水出幸輝さん、小川実紗さんには大変お世話になりました。佐藤さんと水出さんは、研究者としてどうすればいいのか右も左もわからない自分に多くを教えてくれました。一年早く博士論文、本を出版した小川さんには、間近でどうやれば博論を書けるのか、本を出版できるのか背中で見せていただきました。

そして、同世代の研究者として共に戦友会を研究している清水亮さんの存在も大きかったです。清水さんと成果を交換し合い、共に研究会を行うことは自分の大きなモチベーションになりました。

この他にも、博士論文や本書の草稿に目を通しコメントいただいた渡壁晃さん、塚原真梨佳さん、白岩伸也さん、博士論文についての助言をいただいた坂井晃介さんをはじめとする歴史社会学互助研究会の面々にも感謝しております。

立命館大学の社会学研究科で修士課程を共に過ごしてくれた鈴木大蔵さん、荻野弘由希さん、奥野智帆さんや、博士課程まで共に過ごした三谷舜さん、下村晃平さんの皆さんにも感謝しています。特に三谷氏には、公開されたほぼ全ての原稿や申請書を見ていただいたり、夜遅くまで飲み明かしたり、共に国会図書館関西館に行ったりと思い出が尽きません。皆さんのおかげで孤独になりがちな大学院生活、京都生活を充実したものにすることができました。

そして、新曜社の編集者伊藤健太さんのお力添えがなければ本書の刊行には漕ぎ着けなかったと思います。伊藤さんは本書の重要な矛盾点を指摘するだけではなく、共に膨大な資料をチェックして下さいました。『偕行』のこの記事が面白いと盛り上がれる編集者と共に本書を作れたのは、本当に嬉しかったです。同世代の伊藤さんという編集者との出会いに本当に感謝しております。

この他にも、本当に多くの方のお力添えによって、本書の刊行に漕ぎ着ける事ができました。全ての方の名前を挙げることはできませんが、今まで私の人生に関わっていただいた全ての人に感謝しております。最後に常に自分を応援してくれた家族に感謝します。年間数千キロを走る兄の然くんには、そのストイックさから多くの刺激をもらいました。高校の教員を務めながら、朝早くから自分の好きなことを研究する父の背中を見ることで、自分の恵まれた環境と父に負けないように頑張りたいという気概を持つ事ができました。また、母は、自分が大学院進学や、博士進学を決める際に何も言わずに常に味方でいてくれ、美味しいご飯を作ってくれました。本当に感謝しています。ありがとうございました。

二〇二三年九月

角田　燎

———，2020，「1960, 70年代における自衛隊退職者団体隊友会の動向――月刊紙『隊友』から」『立命館平和研究』(21): 43-68.
———，2021a，「月刊紙『隊友』から見る1980年代の自衛隊退職者団体隊友会と自衛隊史」『立命館平和研究』(22): 27-49.
———，2021b，「戦後日本の政軍関係と自衛隊出身政治家の消長――隊友会機関紙『隊友』の言説分析を中心に」戦争社会学研究会編『戦争社会学研究 5 計量歴史社会学からみる戦争』みずき書林，147-69.
辻田真佐憲，2021，『防衛省の研究――歴代幹部でたどる戦後日本の国防史』朝日新聞出版.
角田燎，2020，「特攻隊慰霊顕彰会の歴史――慰霊顕彰の「継承」と固有性の喪失」戦争社会学研究会編『戦争社会学研究 4 軍事研究と大学とわたしたち』みずき書林，172-92.
———，2021，「戦後派世代による「特攻」の慰霊顕彰事業――歴史認識の脱文脈化と「精神」の称揚」『立命館大学人文科学研究所紀要』(127): 165-94.
筒井清忠，2016，『陸軍士官学校事件――二・二六事件の原点』中央公論新社.
渡壁晃，2021，「広島・長崎平和宣言からみた平和意識の変容」『社会学評論』72(2): 118-34.
渡辺裕，2009，「寮歌の「戦後史」――日本寮歌祭と北大恵迪寮におけるその伝承の文化資源学的考察」『美学藝術学研究』27: 57-94.
渡邊勉，2020，『戦争と社会的不平等――アジア・太平洋戦争の計量歴史社会学』ミネルヴァ書房.
山田昭次，2014，『全国戦没者追悼式批判――軍事大国化への布石と遺族の苦悩』影書房.
山縣大樹，2020，『帝国陸海軍の戦後史――その解体・再編と旧軍エリート』九州大学出版会.
山口宗之，2005，『［増補版］陸軍と海軍――陸海軍将校史の研究』清文堂出版.
山本昭宏，2012，『核エネルギー言説の戦後史1945-1960――「被爆の記憶」と「原子力の夢」』人文書院.
———，2015，『核と日本人――ヒロシマ・ゴジラ・フクシマ』中公新書.
山崎正男編集責任／偕行社協力，1969，『陸軍士官学校』秋元書房.
横浜弁護士会 BC 級戦犯横浜裁判調査研究特別委員会，2004，『法廷の星条旗――BC 級戦犯横浜裁判の記録』日本評論社.
米山リサ／小沢弘明・小田島勝浩・小澤祥子訳，2005，『広島――記憶のポリティクス』岩波書店.
吉田純編／ミリタリー・カルチャー研究会，2020，『ミリタリー・カルチャー研究――データで読む現代日本の戦争観』青弓社.
吉田裕，2005，『日本人の戦争観――戦後史のなかの変容』岩波現代文庫.
———，2011，『兵士たちの戦後史』岩波書店.
———，2017，『日本軍兵士――アジア・太平洋戦争の現実』中公新書.

白岩伸也，2022，『海軍飛行予科練習生の研究――軍関係教育機関としての制度的位置とその戦後的問題』風間書房.
城山英巳，2013，「「元軍人訪中団」と毛沢東外交の戦略性――中国外交档案から見る軍国主義の清算」『ソシオサイエンス』19: 76-92.
『将軍は語る』を印刷・配布する会，1985，『将軍は語る――遠藤三郎対談記』非売品.
スキャブランド，アーロン／田中雅一・康陽球訳，2015，「「愛される自衛隊」になるために――戦後日本社会への受容に向けて」田中雅一編『軍隊の文化人類学』風響社，213-46.
鈴木彩加，2019，『女性たちの保守運動――右傾化する日本社会のジェンダー』人文書院.
鈴木裕貴，2021，「「市民」が描いた原爆の絵――1970年代の広島における体験と運動の継承」『立命館大学人文科学研究所紀要』(127): 129-64.
高橋三郎，1984，「戦友会研究の中から」『世界』(459): 310-6.
――――，1988，『「戦記もの」を読む――戦争体験と戦後日本社会』アカデミア出版会.
高橋三郎・溝部明男・高橋由典・伊藤公雄・新田光子・橋本満，2005，『共同研究・戦友会［新装版］』インパクト出版会.
高橋由典，2005，「戦友会をつくる人びと」高橋三郎・溝部明男・高橋由典・伊藤公雄・新田光子・橋本満『共同研究・戦友会［新装版］』インパクト出版会，109-42.
髙杉洋平，2015，『宇垣一成と戦間期の日本政治――デモクラシーと戦争の時代』吉田書店.
――――，2020，『歴史文化ライブラリー 513 昭和陸軍と政治――「統帥権」というジレンマ』吉川弘文館.
武田知己，2017，「吉田茂の時代――「歴史認識問題」の自主的総括をめぐって」五百旗頭薫・小宮一夫・細谷雄一・宮城大蔵・東京財団政治外交検証研究会編『戦後日本の歴史認識』東京大学出版会，21-66.
武井彩佳，2021，『歴史修正主義――ヒトラー賛美，ホロコースト否定論から法規制まで』中公新書.
武石典史，2005，「進学先としての陸軍士官学校――明治・大正・昭和期の入学難易度と志向地域差」『史学雑誌』114(12): 55-79.
――――，2010，「陸軍将校の選抜・昇進構造――陸幼組と中学組という二つの集団」『教育社会学研究』87: 25-45.
――――，2021，「後発国日本における陸軍将校の心性――二つの近代性を帯びた選抜・養成過程」『軍事史学』57(2): 50-73.
田中雅一編，2015，『軍隊の文化人類学』風響社.
戸塚新，2000，「多年のご声援を謝す」日本寮歌振興会編『日本寮歌祭四十年史』国書刊行会，205-6.
津田壮章，2013，「自衛隊退職者団体の発足と発展――1960年代の隊友会を中心に」『立命館法政論集』(11): 274-315.

野邑理栄子，2006，『陸軍幼年学校体制の研究――エリート養成と軍事・教育・政治』吉川弘文館．

小熊英二，2002，『〈民主〉と〈愛国〉――戦後日本のナショナリズムと公共性』新曜社．

小熊英二・上野陽子，2003，『〈癒し〉のナショナリズム――草の根保守運動の実証研究』慶應義塾大学出版会．

大沼保昭／江川紹子聞き手，2015，『「歴史認識」とは何か――対立の構図を超えて』中公新書．

大江洋代，2021，「陸軍士官学校の学校文化――最後の任官者五十八期の戦後から問う」『軍事史学』57(2): 74-97.

陸士第二十四期生会，1972，『陸士第二十四期生小史』陸士第二十四期生会．

陸士57期偕行文庫対策委員会戦没者記録作成班編集，1999，『散る櫻――陸士第57期戦没者記録』陸士第57期同期生会．

六十期生会 期史編纂特別委員会編，1978，『陸軍士官学校第六十期生史――帝国陸軍最後の士官候補生の記』六十期生会．

佐道明広，2014，『自衛隊史論――政・官・軍・民の六〇年』吉川弘文館．

――――，2015，『自衛隊史――防衛政策の七〇年』筑摩書房．

佐々木知行，2022，「自衛隊と市民社会――戦後社会史のなかの自衛隊」蘭信三・石原俊・一ノ瀬俊也・佐藤文香・西村明・野上元・福間良明編『シリーズ戦争と社会 2 社会のなかの軍隊／軍隊という社会』岩波書店，127-48.

佐藤彰宣，2021，『〈趣味〉としての戦争――戦記雑誌『丸』の文化史』創元社．

佐藤文香，2004，『軍事組織とジェンダー――自衛隊の女性たち』慶應義塾大学出版会．

――――，2022，「「自衛官になること／であること」――男性自衛官の語りから」蘭信三・石原俊・一ノ瀬俊也・佐藤文香・西村明・野上元・福間良明編『シリーズ戦争と社会 2 社会のなかの軍隊／軍隊という社会』岩波書店，217-40.

佐藤卓己，2004，『言論統制――情報官・鈴木庫三と教育の国防国家』中公新書．

――――，2014，『[増補] 八月十五日の神話――終戦記念日のメディア学』ちくま学芸文庫．

瀬島龍三，2000，『大東亜戦争の実相』PHP 文庫．

戦友会研究会，2012，『戦友会研究ノート』青弓社．

柴山太，2008，「戦後における自主国防路線と服部グループ――一九四七―五二年」『国際政治』(154): 46-61.

――――，2010，『日本再軍備への道――1945 ～ 1954年』ミネルヴァ書房．

清水亮，2020，「戦争をめぐる記憶の「場」の社会学的研究――戦後日本社会における「予科練」に焦点を当てて」東京大学大学院人文社会系研究科博士論文．

――――，2022a，「自衛隊基地と地域社会――誘致における旧軍の記憶から」蘭信三・石原俊・一ノ瀬俊也・佐藤文香・西村明・野上元・福間良明編『シリーズ戦争と社会 2 社会のなかの軍隊／軍隊という社会』岩波書店，149-70.

――――，2022b，『「予科練」戦友会の社会学――戦争の記憶のかたち』新曜社．

年代保守言説のメディア文化』青弓社.
栗原俊雄, 2015,『特攻——戦争と日本人』中公新書.
桑原嶽, 2000,『市ヶ谷台に学んだ人々』文京出版.
Lin, Nan, 2001, *Social Capital: A Theory of Social Structure and Action*, Cambridge: Cambridge University Press.(ナン・リン, 2008,「日本語版への序文——社会関係資本論の展開における重要な課題」筒井淳也・石田光規・桜井政成・三輪哲・土岐智賀子訳『ソーシャル・キャピタル——社会構造と行為の理論』ミネルヴァ書房, v-x.)
前田啓介, 2021,『辻政信の真実——失踪60年——伝説の作戦参謀の謎を追う』小学館.
————, 2022,『昭和の参謀』講談社現代新書.
前原透, 1997,「『加登川先生を偲んで』」『陸戦研究』45(526): 71-3.
松田ヒロ子, 2021,「高度経済成長期日本の軍事化と地域社会」『社会学評論』72(3): 258-75.
松井勇起・中尾優奈, 2020,「「空気」, そして「空気」の操作主体に対する社会科学的考察——富永恭次陸軍中将・東條英機陸軍大将間の組織内コミュニケーション行為分析より」『戦略研究』(27): 25-48.
森松俊夫, 1990,「「偕行社記事」の意義」吉田裕監修『「偕行社記事」目次総覧 別巻1』大空社, 5-9.
那波泰輔, 2022,「わだつみ会における加害者性の主題化の過程——1988年の規約改正に着目して」『大原社会問題研究所雑誌』(764): 69-88.
中川玲奈, 2021,『陸軍将校教育と戦場経験——陸軍士官学校56期生の戦時と戦後』私家版.
中村秀之, 2017,『シリーズ戦争の経験を問う 特攻隊映画の系譜学——敗戦日本の哀悼劇』岩波書店.
濤川栄太・藤岡信勝, 1997,『歴史の本音』扶桑社.
南京戦史編集委員会編纂, 1989,『南京戦史』偕行社.
直野章子, 2015,『原爆体験と戦後日本——記憶の形成と継承』岩波書店.
成田龍一, 2020,『[増補]「戦争経験」の戦後史——語られた体験/証言/記憶』岩波書店.
根本雅也, 2018,『ヒロシマ・パラドクス——戦後日本の反核と人道意識』勉誠出版.
野上元, 2006,『戦争体験の社会学——「兵士」という文体』弘文堂.
————, 2008,「地域社会と「戦争の記憶」——「戦争体験記」と「オーラル・ヒストリー」」『フォーラム現代社会学』7: 62-71.
————, 2011,「テーマ別研究動向(戦争・記憶・メディア)」『社会学評論』62(2): 236-46.
————, 2022,「防衛大学校の社会学——市民の「鏡」に映る現代の士官」蘭信三・石原俊・一ノ瀬俊也・佐藤文香・西村明・野上元・福間良明編『シリーズ戦争と社会 2 社会のなかの軍隊/軍隊という社会』岩波書店, 171-93.

ぐって」蘭信三・石原俊・一ノ瀬俊也・佐藤文香・西村明・野上元・福間良明編『シリーズ戦争と社会 2 社会のなかの軍隊／軍隊という社会』岩波書店，195-215.
―――，2022b，「ある幹部自衛官の思想と行動」『思想』(1177): 61-73.
井上義和，2019，『未来の戦死に向き合うためのノート』創元社.
石原俊，2013，『現代社会学ライブラリー 12〈群島〉の歴史社会学――小笠原諸島・硫黄島，日本・アメリカ，そして太平洋世界』弘文堂.
―――，2019，『硫黄島――国策に翻弄された130年』中公新書.
伊藤公雄，2005，「戦中派世代と戦友会」高橋三郎・溝部明男・高橋由典・伊藤公雄・新田光子・橋本満『共同研究・戦友会［新装版］』インパクト出版会，143-211.
伊藤昌亮，2019，『ネット右派の歴史社会学――アンダーグラウンド平成史1990-2000年代』青弓社.
笠原十九司，2018，『南京事件論争史［増補］――日本人は史実をどう認識してきたか』平凡社.
加登川幸太郎，1996a，『陸軍の反省 上』文京出版.
―――，1996b，『陸軍の反省 下』文京出版.
川田稔，2011，『昭和陸軍の軌跡――永田鉄山の構想とその分岐』中公新書.
河野仁，1990，「大正・昭和軍事エリートの形成過程」筒井清忠編『「近代日本」の歴史社会学――心性と構造』木鐸社，95-140.
―――，2022，「軍事エリートと戦前社会――陸海軍将校の「学歴主義的」選抜と教育を中心に」蘭信三・石原俊・一ノ瀬俊也・佐藤文香・西村明・野上元・福間良明編『シリーズ戦争と社会 2 社会のなかの軍隊／軍隊という社会』岩波書店，23-46.
木村卓滋，2004，「復員――軍人の戦後社会への包摂」吉田裕編『日本の時代史 26 戦後改革と逆コース』吉川弘文館，86-107.
―――，2006，「軍人たちの戦後」倉沢愛子・杉原達・成田龍一・モーリス-スズキ，テッサ・油井大三郎・吉田裕編集『岩波講座 アジア・太平洋戦争 5 戦場の諸相』岩波書店，357-82.
木村豊，2019，「戦後七〇年と「戦争の記憶」研究――集合的記憶論の使われ方の再検討」戦争社会学研究会編『戦争社会学研究 3 宗教からみる戦争』みずき書林，251-67.
木下秀明，1990，「解題」吉田裕監修『「偕行社記事」目次総覧 別巻 1』大空社，10-4.
木坂順一郎，1982，『昭和の歴史 7 太平洋戦争』小学館.
北村毅，2009，『死者たちの戦後誌――沖縄戦跡をめぐる人びとの記憶』御茶の水書房.
北岡伸一，2012，『官僚制としての日本陸軍』筑摩書房.
小林道彦，2020，『近代日本と軍部――1868-1945』講談社.
倉橋耕平，2018，『青弓社ライブラリー 92 歴史修正主義とサブカルチャー――90

福家崇洋，2016，「三無事件序説」『社会科学』46(3): 1-26.
―――――，2022，「日本遺族会と靖国神社国家護持運動」蘭信三・石原俊・一ノ瀬俊也・佐藤文香・西村明・野上元・福間良明編『シリーズ戦争と社会 4 言説・表象の磁場』岩波書店，75-102.
福間良明，2006，『「反戦」のメディア史――戦後日本における世論と輿論の拮抗』世界思想社.
―――――，2007，『越境する近代 3 殉国と反逆――「特攻」の語りの戦後史』青弓社.
―――――，2009，『「戦争体験」の戦後史――世代・教養・イデオロギー』中公新書.
―――――，2011，『焦土の記憶――沖縄・広島・長崎に映る戦後』新曜社.
―――――，2013，『二・二六事件の幻影――戦後大衆文化とファシズムへの欲望』筑摩書房.
―――――，2015，『「戦跡」の戦後史――せめぎあう遺構とモニュメント』岩波書店.
―――――，2020，『戦後日本，記憶の力学――「継承という断絶」と無難さの政治学』作品社.
―――――，2023，「「戦争の記憶」の戦後史を読み解く視座――世代・教養・メディア」北田暁大・筒井淳也編『岩波講座 社会学 第1巻 理論・方法』岩波書店，99-123.
福間良明・山口誠編，2015，『「知覧」の誕生――特攻の記憶はいかに創られてきたのか』柏書房.
福浦厚子，2017，「自衛隊研究の諸相――民軍関係と婚活」『フォーラム現代社会学』16: 116-30.
後藤杏，2022，「戦後日本社会における全国憲友会連合会の意識動向」埼玉大学大学院人文社会科学研究科修士論文.
半藤一利編・解説，2019，『なぜ必敗の戦争を始めたのか――陸軍エリート将校反省会議』文藝春秋.
秦郁彦，2006，「第二次世界大戦の日本人戦没者像――餓死・海没死をめぐって」『軍事史学』42(2): 4-27.
―――――，2007，『[増補版] 南京事件――「虐殺」の構造』中公新書.
樋口直人，2014，『日本型排外主義――在特会・外国人参政権・東アジア地政学』名古屋大学出版会.
広田照幸，1997，『陸軍将校の教育社会史――立身出世と天皇制』世織書房.
洞富雄・藤原彰・本多勝一編，1992，『南京大虐殺の研究』晩聲社.
保阪正康，2018，『昭和陸軍の研究 下』朝日選書.
一ノ瀬俊也，2015，『戦艦大和講義』人文書院.
―――――，2018，『昭和戦争史講義』人文書院.
―――――，2020，『東條英機――「独裁者」を演じた男』文藝春秋.
―――――，2021，「文庫版解説 兵たちへの鎮魂の賦」加登川幸太郎『三八式歩兵銃――日本陸軍の七十五年』筑摩書房，741-50.
―――――，2022a，「自衛隊と組織アイデンティティの形成――沖縄戦の教訓化をめ

文献一覧

赤澤史朗, 2017,『靖国神社──「殉国」と「平和」をめぐる戦後史』岩波書店.

Aldrich, Daniel P., 2012, *Building Resilience: Social Capital in Post-Disaster Recovery*, Chicago: The University of Chicago Press.（石田祐・藤澤由和訳, 2015,『災害復興におけるソーシャル・キャピタルの役割とは何か──地域再建とレジリエンスの構築』ミネルヴァ書房.）

荒井信一, 1994,「東京裁判史観とは何か」『歴史地理教育』(522): 84-9.

Chang, Iris, 1997, *The Rape of Nanking: The Forgotten Holocaust of World War II*, New York: Basic Books.（巫召鴻訳, 2007,『ザ・レイプ・オブ・南京──第二次世界大戦の忘れられたホロコースト』同時代社.）

千々和泰明, 2019,「新冷戦期における基盤的防衛力構想批判のゆくえ──1980年代の日本の防衛論争」『防衛研究所紀要』21(2): 79-97.

同期生史編集委員会編, 1993,『楨幹譜──同期生史』陸軍士官学校第五十三期生.

遠藤美幸, 2018,「「戦友会」の変容と世代交代──戦場体験の継承をめぐる葛藤と可能性」『日本オーラル・ヒストリー研究』(14): 9-21.

───, 2019a,「戦友会狂騒曲(ラプソディ)──おじいさんと若者たちの日々(第1回)変調をきたす「戦友会」」『世界』(923): 54-61.

───, 2019b,「戦友会狂騒曲(ラプソディ)──おじいさんと若者たちの日々(第2回)若者たちの「来襲」」『世界』(924): 235-43.

───, 2019c,「戦友会狂騒曲(ラプソディ)──おじいさんと若者たちの日々(第3回)老兵, 戦争のホンネを語る」『世界』(925): 252-9.

───, 2019d,「戦友会狂騒曲(ラプソディ)──おじいさんと若者たちの日々(第4回)「武勇伝」の裏側」『世界』(926): 234-41.

───, 2019e,「戦友会狂騒曲(ラプソディ)──おじいさんと若者たちの日々(第5回・最終回)戦友なきあとに」『世界』(927): 244-53.

───, 2021,「戦友会の質的変容と世代交代──戦場体験の継承をめぐる葛藤と可能性」蘭信三・小倉康嗣・今野日出晴編『なぜ戦争体験を継承するのか──ポスト体験時代の歴史実践』みずき書林, 135-62.

遠藤三郎, 1974,『日中十五年戦争と私──国賊・赤の将軍と人はいう』日中書林.

フリューシュトゥック, サビーネ／萩原卓也訳, 2015,「モダン・ガール(モガ)としての女性兵士たち──自衛隊のうちとそと」田中雅一編『軍隊の文化人類学』風響社, 39-65.

藤原彰, [2001] 2018,『餓死した英霊たち』筑摩書房.

深谷直弘, 2018,『原爆の記憶を継承する実践──長崎の被爆遺構保存と平和活動の社会学的考察』新曜社.

■な行

■は行

■た行

■さ行

事項索引

■ま行

■や行

■ら行

■わ行

人名索引

著者略歴

角田　燎（つのだ　りょう）

1993年、東京都東久留米市出身。立命館大学大学院社会学研究科博士後期課程修了、博士（社会学）。立命館大学立命館アジア・日本研究所専門研究員。

主な論文に、「旧軍関係者団体における「歴史修正主義」の台頭と「政治化」による戦後派世代の参加――1980年代～2000年代までの偕行社の動向を事例に」（『フォーラム現代社会学』21巻、2022年）、「特攻隊慰霊顕彰会の歴史――慰霊顕彰の「継承」と固有性の喪失」（『戦争社会学研究』４巻、2020年）など。

新曜社

陸軍将校たちの戦後史

「陸軍の反省」から「歴史修正主義」への変容

初版第１刷発行　2024年３月19日
初版第２刷発行　2024年７月１日

著　者　角田　燎
発行者　塩浦　暲
発行所　株式会社　新曜社
〒101-0051　東京都千代田区神田神保町3-9
電話（03）3264-4973（代）・FAX（03）3239-2958
e-mail　info@shin-yo-sha.co.jp
URL　https://www.shin-yo-sha.co.jp/
印刷所　星野精版印刷
製本所　積信堂

ISBN978-4-7885-1839-1 C3036